After Effects CC

程明才 编著

中文版超级学习手册

U0300012

人民邮电出版社

北京

图书在版编目（CIP）数据

After Effects CC中文版超级学习手册 / 程明才编
著. -- 2版. -- 北京 : 人民邮电出版社, 2020.10（2021.12重印）
ISBN 978-7-115-54432-2

Ⅰ．①A… Ⅱ．①程… Ⅲ．①图像处理软件—手册
Ⅳ．①TP391.413-62

中国版本图书馆CIP数据核字(2020)第124403号

内 容 提 要

本书是畅销书《After Effects CC 中文版超级学习手册》的升级和修订版，使用新版软件 After Effects CC 2019 进行演示和讲解。全书共 22 章，对新版软件进行系统介绍，从初识 After Effects 到各类专项应用，由入门到进阶，知识点覆盖全面，讲解清晰透彻，易于读者学习。

本书是作者结合十多年行业实践与新版软件应用编写成的实战型教程，多数章节由理论、操作和实例 3 部分组成。本书提倡"先学合成，后学效果"，在本书的引领下，读者可以高效率学习，掌握实用技巧，并尽早投入工作实战。

本书既可以作为读者的自学教材，又可以作为高校师生的专业教学参考书。随书提供的学习资料有项目源文件、素材、视频教程、PPT 课件、测试题及答案、常用快捷键电子文档，读者可以从异步社区下载。

◆ 编　著　程明才
　　责任编辑　王峰松
　　责任印制　王　郁　焦志炜

◆ 人民邮电出版社出版发行　　北京市丰台区成寿寺路 11 号
　　邮编 100164　　电子邮件 315@ptpress.com.cn
　　网址　https://www.ptpress.com.cn
　　固安县铭成印刷有限公司印刷

◆ 开本：787×1092　1/16
　　印张：27.25　　　　　　　　　2020 年 10 月第 2 版
　　字数：822 千字　　　　　　　2021 年 12 月河北第 3 次印刷

定价：109.00 元

读者服务热线：(010)81055410　印装质量热线：(010)81055316
反盗版热线：(010)81055315
广告经营许可证：京东市监广登字 20170147 号

前言

After Effects（以下简称 AE）是当前一款主流的视频合成和效果制作软件，也是视频制作人员和相关专业师生需要学习和使用的常用软件之一，从哪学起以及如何更好地学习是众多初学者共同关心的问题。本书以 Windows 平台为例，从基础知识入手，通过大量实例和操作逐步带领读者深入学习，帮助读者快速掌握 AE 软件的使用方法和技巧。

一、如何选择合适的版本

1．了解新旧版本的命名规则

AE 自 1993 年首次发布后，其命名规则大致经历了 3 个阶段。

第一个阶段以软件名称 + 版本号命名，包括 After Effects 1.0 至 After Effects 7.0。

第二个阶段以软件名称 +CS（版本号延续）命名，包括 After Effects CS3（8.0）至 After Effects CS6（11.0）。

第三个阶段以软件名称 +CC+ 年号（版本号延续）命名，其中 2013 年发布的 After Effects CC（12.0）例外，之后分别为 After Effects CC 2014（13.0）、过渡升级产品 After Effects CC 2015（13.X）、After Effects CC 2017（14.0）、After Effects CC 2018（15.0）、After Effects CC 2019（16.0）。

在第三个阶段，After Effects CC 官方发布了正式的简体中文版，为国内的软件用户开启了一个易学易用的 AE 视频制作新时代。

2．Windows 平台下 32 位与 64 位的差别

当前的 Windows 平台分为 32 位和 64 位，AE 在 CS5 版本之后（包括后续所有 CC 版本），均需要安装在 64 位系统下，以充分发挥主流软硬件的性能。

3．软件版本向下兼容

AE 软件版本向下兼容，较新的高版本软件可以打开早期的低版本项目文件；但反过来，老版本软件则不能打开新版本软件制作的项目文件。较新的版本通常更匹配较新的硬件，比起早先的低版本运行速度更快，有利于处理高清、4K 甚至 8K 的视频。

当前，相关行业里处理视频使用的版本大多为 After Effects CC，也有部分 After Effects CS6 模板的项目文件在沿用。对于早期的项目文件，理论上新版本软件可以较好地兼容使用。

4．软件插件的问题

丰富的插件是 AE 广受欢迎的原因之一。同软件一样，AE 插件相应地也有早期的 32 位与当前的 64 位之分。随着 AE 版本的更新，使用的插件也需要确认是否支持新版软件。通常，主流的插件也会跟随软件的升级而不断更新。

5．模板调用的问题

网络上海量的模板资源能够让人以入门水平制作出大师级的作品。对于模板项目文件，虽然理论上高版本兼容低版本，应该可以打开使用，但还存在调用的素材是否能对应上或是否齐全、是否存在需要安装的插件、是否需要指定的字体、AE 表达式有没有中英文对应出错的情况等问题。这些问题将在书中有关章节一一讲解。

6．AE 与 PS、Pr 的关系

1990 年发布的 Photoshop（以下简称 PS）和 1991 年发布的 Premiere（以下简称 Pr）与 AE 同为 Adobe 公司旗下的软件产品，它们各有分工：PS 是一款差不多和办公软件一样普及的图像处理和创作软件；AE 被称为"会动的 PS"，可以将图文和视频素材进行合成制作，创作精彩的动态视频；Pr 则是一个专业的视频剪辑软件。

处理静态图像的 PS 和处理动态视频的 Pr、AE 很好区分，而同样用于制作视频的 Pr 和 AE 则可以简单地从视频长度和素材使用方式上来区分：Pr 剪辑常按分钟计算，AE 合成常按秒计算；Pr 是将素材前后横向连接来剪辑，通常只使用三五个图层，而 AE 是将素材上下纵向叠加合成，通常使用更多的乃至上百个图层。例如，在节目制作中，常使用 AE 包装制作片头、片尾和中间特效部分，使用 Pr 将包装结果连同节目素材一起剪辑成片。

二、如何安排学习计划

AE 是一款功能强大、工具和效果众多的软件，与 PS 相似，入门和简单地使用不难，但要深入地掌握和运用，则需要经过几个月甚至更长时间的学习和实践。在无序地学习 AE 软件时，新手通常会被众多精彩眩目的效果或插件所吸引，导致在一些效果制作上花费过多的时间；或者一味依赖现成的模板进行简单的替换、修改操作，而对软件缺乏足够和全面的认识。

下面以本书为例，对软件的学习做一个规划。由于每个人知识背景不一样，学习方式和目的也不同，学习计划仅供参考。本书的目的是帮助初学者尽快入门，并较为全面地介绍 AE 的各项功能，使初学者可以进一步选择自己的主攻方向。

花一周的时间了解 AE 的基本操作方式（参考第 1 ～ 4 章）。

花两天的时间专门学习关键帧动画（参考第 5 章）。

花三天的时间学习图层的叠加合成和嵌套制作（参考第 6、7 章）。

花一周的时间学习三维合成（参考第 8 ～ 10 章）。

花两天的时间学习键控操作（参考第 11 章）。

花两天的时间学习动态蒙版抠像（参考第 12 章）。

花三天的时间学习文本动画（参考第 13 章）。

花一天的时间学习形状图形动画（参考第 14 章）。

花一天的时间学习人偶控点动画（参考第 15 章）。

花两天的时间学习 3D 文字和图形制作（参考第 16 章）。

花一天的时间学习镜头跟踪与稳定（参考第 17 章）。

花一周的时间学习脚本与表达式（参考第 18 章）。

花一天的时间学习时间、预览、输出与备份（参考第 19 章）。

长期学习和实践内置效果与外挂插件（参考第 20 章）。

长期学习和实践影片调色（参考第 21 章）。

长期分析和总结项目（包括模板）的制作经验（参考第 22 章）。

在每个阶段的学习过程中进行自我测试（参考每章末尾的测试题）。

在实践中总结和使用快捷键（参考附录的快捷键列表）。

以上总计需要一个多月的时间来进行初步的学习，之后如果想提高水平和扩展知识，需要从多方面入手，例如参考软件自身的中文帮助（包括所有内置效果在内的软件各项知识点的中文帮助）、参考 AE 相关的技术网站、借鉴优秀的模板、在实际业务中实践等。需要强调的一点是，初学者在没有全面了解和掌握软件的各项知识点之前，不要把大量的时间花在效果制作和插件的使用上。与其在初期一个多月的学习过程中把大量的时间用在学无止境的效果制作上，不如先扎实打好 AE 各项操作的基础，效果只是随遇随学，即遵循先学合成、后学特效的原则。

三、本书各章操作和实例数一览

章　名	操作和实例	章　名	操作和实例
第1章　初识After Effects	10个	第12章　蒙版抠像	9个
第2章　各类素材的导入和使用设置	12个	第13章　文本动画	14个
第3章　时间轴与合成视图面板的操作	14个	第14章　形状图形动画	6个
第4章　一个常规制作流程	1个	第15章　人偶控点动画	10个
第5章　关键帧动画	12个	第16章　3D文字和图形	6个
第6章　图层的模式、遮罩与蒙版	17个	第17章　镜头跟踪与稳定	8个
第7章　合成嵌套的使用	7个	第18章　脚本与表达式	16个
第8章　三维图层的合成	10个	第19章　时间、预览、输出与备份	18个
第9章　三维场景中的摄像机操作	9个	第20章　内置效果与外挂插件	2个
第10章　三维场景中的灯光操作	4个	第21章　调色效果	21个
第11章　键控操作	7个	第22章　模板资源和AE使用小技巧	1个

资源与支持

本书由异步社区出品，异步社区（https://www.epubit.com/）为您提供相关资源和后续服务。

配套资源

本书提供如下资源：

- 本书操作和实例的项目源文件和素材
- 视频教学文件
- PPT 课件
- 精选常用的快捷键文档
- 本书彩图

要获得以上配套资源，请在异步社区本书页面中单击 配套资源 ，跳转到下载界面，按提示进行操作即可。注意：为保证购书读者的权益，该操作会给出相关提示，要求输入提取码进行验证。

提交勘误

作者和编辑尽最大努力来确保书中内容的准确性，但难免会存在疏漏。欢迎您将发现的问题反馈给我们，帮助我们提高图书的质量。

当您发现错误时，请登录异步社区，按书名搜索，进入本书页面，单击"提交勘误"，输入勘误信息，单击"提交"按钮即可，如下图所示。本书的作者和编辑会对您提交的勘误进行审核，确认并接受后，您将获赠异步社区的 100 积分。积分可用于在异步社区兑换优惠券、样书或奖品。

扫码关注本书

扫描下方二维码，您将会在异步社区微信服务号中看到本书信息及相关的服务提示。

与我们联系

我们的联系邮箱是 contact@epubit.com.cn。

如果您对本书有任何疑问或建议，请您发邮件给我们，并请在邮件标题中注明本书书名，以便我们更高效地做出反馈。

如果您有兴趣出版图书、录制教学视频，或者参与图书翻译、技术审校等工作，可以发邮件给我们；有意出版图书的作者也可以到异步社区在线投稿（直接访问 www.epubit.com/selfpublish/submission 即可）。

如果您来自学校、培训机构或企业，想批量购买本书或异步社区出版的其他图书，也可以发邮件给我们。

如果您在网上发现有针对异步社区出品图书的各种形式的盗版行为，包括对图书全部或部分内容的非授权传播，请您将怀疑有侵权行为的链接发邮件给我们。您的这一举动是对作者权益的保护，也是我们持续为您提供有价值的内容的动力之源。

关于异步社区和异步图书

"异步社区"是人民邮电出版社旗下 IT 专业图书社区，致力于出版精品 IT 技术图书和相关学习产品，为作译者提供优质出版服务。异步社区创办于 2015 年 8 月，提供大量精品 IT 技术图书和电子书，以及高品质技术文章和视频课程。更多详情请访问异步社区官网 https://www.epubit.com。

"异步图书"是由异步社区编辑团队策划出版的精品 IT 专业图书的品牌，依托于人民邮电出版社数十年的计算机图书出版积累和专业编辑团队，相关图书在封面上印有异步图书的 LOGO。异步图书的出版领域包括软件开发、大数据、人工智能、软件测试、前端、网络技术等。

异步社区

微信服务号

目录

第1章
初识 After Effects

After Effects（以下简称 AE）是 Adobe 公司出品的视频制作软件，用于视频的合成包装与特效设计，可快速制作出电影级别的视觉效果。AE 适用于从事设计和视频特效的机构，包括电视台、动画制作公司、个人后期制作工作室以及多媒体工作室。我们平时在电视、电影、网络中看到的很多视频特效，都可以使用 AE 来参与制作。本章带领读者先了解 AE 的功能、界面和基本操作。

1.1 AE 的一些效果展示与功能简介

AE 可以让静态的图片运动起来，例如这里有一张飞机图片和一张楼房图片，利用 AE 可以制作出一架飞机从楼顶飞过的动画，如图 1-1 所示。

图 1-1　制作飞机飞过的动画

　　这里是一个人手、弓、箭和云分离的分层图像，利用 AE 可以制作出拉弓射箭的动画，如图 1-2 所示。

图 1-2　制作拉弓的动画

　　利用 AE 可以进行影视制作中经常使用的抠像制作，如图 1-3 所示。

图 1-3　抠像制作

　　利用 AE 可以进行影视制作中经常使用的调色制作，如图 1-4 所示。

图 1-4　调色制作

　　AE 可以利用一张天际线的图片和一张飞鸟的图片建立三维场景，制作飞鸟动画，合成摄像机长距离推拉镜头效果，如图 1-5 所示。

图 1-5　制作图片场景动画和合成摄像机长距离推拉镜头效果

　　AE 可以在画面中添加风雪效果，如图 1-6 所示。

图 1-6　添加风雪效果

AE 可以设计制作绚丽的动态元素，如图 1-7 所示。

图 1-7　制作绚丽的动态元素

AE 可以合成包装影片中的特效文字，如图 1-8 所示。

图 1-8　制作特效文字动画

AE 可以制作大片字幕效果，如图 1-9 所示。

图 1-9　制作大片字幕

AE 可以进行各种日常制作，例如制作动态文字展示、为画面制作镜头光斑、搭建三维场景、设计图形元素动画、利用几个图标合成效果动画、调整人偶动画、使模糊的画面清晰、使用效果制作撕纸动画、使用表达式进行复杂制作等，如图 1-10 所示。

图 1-10　各种日常制作

　　当然仅用以上的图例展示 AE 的功能还远远不够，通过本书的讲解，读者会了解到该软件更多的功能和应用。例如 AE 还可以对视频画面进行修复、去噪点、去除其中的污点或穿帮元素；可以制作动态视频，从普通变速到无级变速和超慢动作等。除了对素材进行合成和添加特殊效果，在没有素材的情况下，也可以模拟和创建各类效果、制作文字动画、制作精彩节目包装等。

　　AE 在早期的版本应用中，便可以制作出非常高端的视频特效，像《钢铁侠》《幽灵骑士》《加勒比海盗》《绿灯侠》等大片，都使用 AE 制作各种特效。

　　AE 被称为"会动的 Photoshop"，是国内使用非常广泛的视频合成软件，也是视频效果制作人员的标配软件之一。

1.2　如何使用 AE 进行合成制作

　　AE 作为一个主流的视频合成软件，广泛支持各种主流的视频、音频、图形、图像等影视后期制作文件格式，并将这些文件合成为最终的视频作品。其制作过程也不难理解，一个简单的合成过程是：先在 AE "项目"面板中导入所需的素材；接着按适当尺寸、长度等规格预设一个空影片，叫作"合成"，这个"合成"将在时间轴面板中打开；然后将各个素材添加到"合成"中，按上下层叠加的方式显示画面。这就是最简单的合成制作。

　　下面将 3 个不相关的素材进行简单合成，帮助初学的读者简单了解 AE 的合成过程。素材分别为一张室内背景图片、一张带有透明背景通道的电视图片和一段视频，如图 1-11 所示。

图 1-11　背景图片、电视图片和视频

合成过程 1：将这些素材导入 AE 的"项目"面板中，如图 1-12 所示。

图 1-12　素材导入 AE 的"项目"面板中

合成过程 2：建立一个适当尺寸和长度的"合成"，然后将背景和电视先放到这个"合成"内，室内背景放在底层，电视放在上层，效果如图 1-13 所示。

图 1-13　时间轴面板中的素材图层和效果

合成过程 3：将这两个元素缩放到合适的大小，摆放到合适的位置，如图 1-14 所示。

图 1-14　调整素材画面的大小和位置

合成过程 4：使用效果将背景变色、变暗和变虚，即将背景弱化，如图 1-15 所示。

图 1-15　使用效果调整背景

合成过程 5：在 AE 中为电视简单创建一个摆放用的桌面，并将桌面和电视的底座调暗以减少反差，模拟电视放在桌面上的效果，如图 1-16 所示。

图 1-16　创建一个桌面

合成过程 6：将视频素材放置在最顶层，如图 1-17 所示。

图 1-17　将视频放到时间轴面板中

合成过程 7：用蒙版工具沿电视屏幕区域绘制一个"蒙版"，使得视频只在电视中出现，即可完成制作，如图 1-18 所示。

这个过程操作，初学者可仅做了解，后面还有动手操作的实例。通过这个演示，我们可以大致了解到，AE 的合成制作就是将素材放到建立的"合成"中叠加、制作（包括使用效果处理画面、创建新的元素、使用蒙版工具等修改画面），得到最终结果。

图 1-18　沿电视屏幕区域绘制一个"蒙版"后的效果

1.3　软件安装最低系统要求

Windows 系统要求如下。

处理器：具有 64 位支持的多核 Intel 处理器。

操作系统：Microsoft Windows 10（64 位）版本 1703（创作者更新）及更高版本。

内存（RAM）：至少 16GB（建议 32GB）。

硬盘空间：5GB 可用硬盘空间，安装过程中需要额外可用空间（无法安装在可移动闪存设备上），用于磁盘缓存的额外磁盘空间（建议 10GB）。

显示器分辨率：1280×1080 或更高的显示分辨率。

可选：Adobe 认证的 GPU 显卡。

Mac OS 系统要求如下。

处理器：具有 64 位支持的多核 Intel 处理器。

操作系统：MacOS 版本 10.12(Sierra)、10.13(High Sierra)、10.14(Mojave)。

内存（RAM）：至少 16GB（建议 32GB）。

硬盘空间：6GB 可用硬盘空间，安装过程中需要额外可用空间（无法安装在使用区分大小写的文件系统的卷上或可移动闪存设备上），用于磁盘缓存的额外磁盘空间（建议 10GB）。

显示器分辨率：1440×900 或更高的显示分辨率。

可选：Adobe 认证的 GPU 显卡。

1.4　软件工作区界面

启动 AE，首先会出现"主页"界面，如图 1-19 所示，提供几个常用的"新建项目""打开项目""最近使用项"等快捷选项，这些选项在进入主界面后也有。

图 1-19　"主页"界面

单击右上角"关闭"按钮，关闭"主页"界面，进入 AE 的主界面。主界面在此时是一个空的界面，除了顶部项目文件名称和菜单之外，其他各个区域主要有"项目"、时间轴、合成视图这三大面板，另外还有工具栏和其他面板。新建一个空的合成时，界面如图 1-20 所示。

图 1-20　主界面区域划分

以下从打开对应章节的项目文件开始，在进行操作的同时介绍主界面。

操作 1：工作区切换和面板调整

（1）选择"文件 > 打开项目"命令（快捷键为 Ctrl+O），弹出"打开"对话框，选择本书提供资料中对应的文件"CH01 操作 .aep"并打开。在打开项目后，可以看到主界面中的各个面板区域，其中始终有一个面板以突出颜色轮廓显示，表明当前这个面板处于优先操作的激活状态。当鼠标指针在某个面板上单击时，这个面板将被激活，如图 1-21 所示。

（2）界面中的各个面板区域大小可变，可以通过调整界线来改变相邻面板的大小。将鼠标指针移至两个面板或 3 个面板相邻处，鼠标指针会变为双箭头或多箭头形状，然后拖动鼠标，可改变面板之间的大小比例，如图 1-22 所示。

图 1-21　打开一个项目后的主界面

图 1-22　左右、上下及自由改变面板之间大小比例

操作2：工作区切换和恢复

（1）AE 针对不同的制作需求预设了几种工作区布局，默认界面处于"标准"工作区状态。打开工具栏右侧的工作区下拉选项列表（或者选择"窗口＞工作区"命令），可以看到有多种面板组合的布局方式。例如将工作区设置为"效果"，可以看到界面左侧原"项目"面板关闭显示，与效果有关的"效果和预设"及"效果控件"面板显示在界面中。工作区的菜单如图 1-23 所示。

提示

将工作区设置为"浮动面板"，可以看到界面中除"项目"、时间轴、合成视图三大面板之外的其他几个面板脱离原布局浮动在界面上，可以随意移动。当使用多个监视器时，可以将应用程序窗口显示在主监视器上，将浮动窗口置于副监视器上。

图 1-23　工作区菜单

图 1-24　恢复工作界面的重置菜单

（2）将工作区设置为"所有面板"，可以看到 AE 显示出众多的面板。由于屏幕显示面积有限，大多面板仅显示出名称标签，这也是设置不同工作区来有选择地显示少数几个面板的原因。

（3）用户可以通过切换不同的工作区来使用合适的面板布局，当不小心弄乱了界面的面板时，例如在"标准"工作区状态多打开或关闭了一些面板，想恢复到原先的状态，可以选择"窗口＞工作区＞将'标准'重置为已保存的布局"命令，这样就可以恢复到初始的状态，如图 1-24 所示。

操作3：自定义工作区

可以为自己建立一个或多个自定义的面板布局，方便操作时切换。例如经常使用渲染输出时，可以

建立一个方便操作的自定义工作区，操作如下。

（1）调整界面中的面板布局，例如显示常用的"项目"、时间轴、合成视图 3 个面板和"渲染队列"面板，如图 1-25 所示。

图 1-25　调整面板布局

（2）选择"窗口 > 工作区 > 另存为新工作区"命令，在弹出的对话框中设置名称，如"我的渲染输出"，如图 1-26 所示。

（3）还可以为自定义的工作区分配快捷键，AE 为工作区准备了 Shift+F10、Shift+F11 和 Shift+F12 共 3 组快捷键，可以任意重新分配给常用的工作区。选择"窗口 > 将快捷键分配给'我的渲染输出'工作区 >Shift+F11"命令，这样原来的 Shift+F11 快捷键将改变为"我的渲染输出"工作区，如图 1-27 所示。

图 1-26　新建自定义工作区

图 1-27　为自定义工作区分配快捷键

1.5　面板、工具和快捷键

软件界面中通常一直显示有顶部的工具栏和"项目"、时间轴、合成视图三大常驻面板。

界面左上角常驻着"项目"面板，起着放置和管理素材、合成的作用，平时所显示的"项目"面板列数比较少，为几项最为重要的"名称""类型"等。可以打开"项目"面板上部的弹出菜单，将"列数"子菜单下众多的选项勾选，使"项目"面板以列的方式显示出来，这样可以了解到"项目"面板中各素材与合成的详细属性。

界面下部的时间轴面板是最重要的操作面板之一，合成制作的大部分操作都集中在时间轴面板中的众多图层上。时间轴面板通常占据着界面下面一半的区域，其左侧是图层的各类设置属性栏，右侧是时间标尺区域，每个图层在其所处的时间范围内显示，上面图层叠加在下面图层的画面之上，通常需要使用多种方法将上下多个同一时段的图层共同显示在合成视图面板中。

三大面板中最直观的当然就是显示效果画面的合成视图面板了，在这里，"项目"面板中的素材、时间轴中合成的效果完全得到展示。在合成视图面板中可以对画面以不同的大小比例进行全貌或局部显示，可以使用粗略的分辨率快速查看动画的大致效果，也可以用精细的分辨率精确预览最终的效果。在合成视图面板中，预览动画的速度取决于软硬件的配置与制作的复杂程度。

除了三大基本的面板之外，标准工作区界面中还有"信息""音频""预览""效果和预设"面板，以及建立文字时进行设置操作的"字符""段落"面板。

操作 4：面板自由组合操作

（1）这里的界面中显示有多个面板，各种面板均可以拖动改变位置，可以将多个面板拖至一个面板组上排列放置。拖动面板，当浅蓝色目标区域提示在中央时，面板以排列方式加入目标所在的面板组，如图 1-28 所示。

图 1-28　拖动面板到中央时以排列方式加入目标所在的面板组

（2）拖动时，当浅蓝色区域提示在一侧、之上或之下时，面板并排或上下放置，并占据相应的显示空间面积，如图 1-29 所示。

图 1-29　拖动面板到一侧时并排放置

操作 5：界面操作中的常用快捷键

快捷键在 AE 中有着重要意义，可以加快操作，让使用者更专注制作效果。特别是在烦琐、复杂的操作中，快捷键能显著提高工作效率。使用快捷键时要注意针对的是哪个面板。

　　初学者学习使用 AE 的快捷键，也是了解 AE 功能的很好的方法。AE 的快捷键在菜单命令后面有相应的提示。因为 AE 的快捷键非常多，在学习的时候可分开来逐步了解。

　　（1）按 Ctrl+0 键，可以切换"项目"面板的显示和关闭。

　　（2）按 Ctrl+1 至 9 键，可以切换其他不同面板的显示和关闭。

　　（3）按 Ctrl+Alt+0 键，可以切换"渲染队列"面板的显示和关闭。

　　（4）按 ~ 键，可以将面板最大化。操作时是将鼠标指针移至某个面板上按 ~ 键。例如将鼠标指针停留在合成视图面板中，不必单击，按 ~ 键后合成视图面板放大至全屏，再按 ~ 键后恢复原来的大小。

　　（5）按 Ctrl+\ 键，可切换到满屏或最大化界面。当 AE 界面在电脑屏幕中非满屏时，按这个快捷键会使主界面满屏；当主界面满屏时，按这个快捷键会将顶端的项目文件名称隐藏，将界面最大化，再次按 Ctrl+\ 键返回。

操作 6：预览合成的几个快捷键

　　（1）按空格键，及时预览当前时间指示器后的动画。

　　（2）按小键盘的 0 键，可以通过计算完整预览合成的视频音频动画。

　　（3）按 Page Up 键，预览上一帧画面（当前时间指示器向左移动一帧）。

　　（4）按 Page Down 键，预览下一帧画面（当前时间指示器向右移动一帧）。

　　（5）按 Del 键，仅预览音频。

提示

　　在 AE 中左右移动时间指示器用的不是左右方向键，而是上、下翻页键 Page Up 和 Page Down 键，如果使用左右方向键；需要同时配合 Ctrl 键，否则会误移动选中图层的位置。

操作 7：常用的工具快捷键

　　AE 工具面板中有多种操作工具，其右侧加入了工作区选择栏和 Adobe 软件帮助搜索栏的内容。最常用的工具是第一个选择工具，在切换使用其他工具之后常切换回选择工具状态。

　　在工具按钮右下角若带有小三角形标记，则表明这是一组同类工具，在其上按住鼠标左键不放会显示出其他隐藏的工具。如果按住 Alt 键单击带有小三角形标记的按钮，会循环切换显示出所隐藏的工具，如图 1-30 所示。

提示

　　工具栏也是一个面板，单击工具栏的左端，可以将其转变为浮动面板。用鼠标左键按住浮动面板中"工具"名称处的标签，将其拖至菜单下方，出现浅绿色的提示时释放鼠标，这样浮动的工具面板又恢复成菜单下方的工具栏。

图 1-30　显示工具组中隐藏的工具

　　工具通常也可以使用快捷键来操作，先掌握以下几个最常用的，其他的会在本书相关章节中讲解。

　　（1）按 V 键，即选择工具，可以对素材、图层、效果、属性等进行选择。

　　（2）按 H 键，即手形工具，可以在有扩展内容的面板中拖动查看未显示全的内容。在其他工具状态下按住空格键或鼠标中键也可临时激活手形工具，当释放空格键或鼠标中键时自动返回原工具状态，有时这样操作会更快捷。

　　（3）按 Z 键，即放大工具（Alt+Z 键则为缩小工具），可以在合成视图中放大缩小并查看对象。

　　（4）按 W 键，即旋转工具，选中图层画面并拖动鼠标时会对其进行旋转。

　　（5）按 Q 键，即蒙版工具，可以绘制矩形等形状。蒙版工具右下角带有小三角形标记，表明这里有一组同类工具，当连续按 Q 键时，会循环选中蒙版工具组中的其他形状工具。

（6）按 G 键，即钢笔工具，可以通过画线条来绘制形状。

（7）按 Ctrl+T 键，即文本工具，可以用来在合成视图中单击并创建文本内容。

1.6 首选项预设

安装好 AE 初次使用时，通常先要进行操作项目的预设，让软件在以后的使用过程中更加符合自己的使用习惯。

操作 8：初次使用时的首选项预设

打开 AE，选择"文件 > 项目设置"命令，在打开的"项目设置"对话框中，将"时间显示样式"选择为"时间码"，将"默认基准"由 30 修改为 25。因为默认的时间码基准（时基）是按照美国 NTSC 制式设置的，而国内的电视和影像设备使用 PAL 制视频，所以改成 25，即视频以 25 帧 / 秒的帧速率为默认基准，如图 1-31 所示。

图 1-31 在"项目设置"对话框中将"默认基准"由 30 改为 25

选择"编辑 > 首选项 > 导入"命令，在打开的"首选项"对话框中，同样将"序列素材"由原来的 30 修改为 25。这两个数值的区别为，一段由 30 个图片组成的动态画面导入 AE 时，按"30 帧 / 秒"的设置导入后长度为 1 秒，而按"25 帧 / 秒"的设置导入后长度为 1 秒 05 帧。所以这里的设置取决于项目合成设置中使用什么样的默认基准。因为国内使用 PAL 制视频默认基准为 25 帧 / 秒，所以这里也统一为"25 帧 / 秒"，如图 1-32 所示。

图 1-32 在"首选项"对话框中将"序列素材"也修改为 25

接着，在"首选项"中选择显示"媒体和磁盘缓存"的内容，将"符合的媒体缓存"下的"数据库"和"缓存"默认在系统盘上的文件夹设置为系统盘之外的磁盘，磁盘缓存也可以重新指定路径，如图 1-33 所示。

图 1-33 重新指定缓存路径到非系统盘上

接着在"首选项"中选择显示"自动保存"的内容，将"保存间隔"复选框勾选上，并设置时长和最大项目版本等，这些是防止发生意外导致丢失长时间工作成果的保险措施，如图 1-34 所示。

图 1-34 在"首选项"对话框中设置"自动保存"

现有一个 AE 项目文件，先看看其最终效果，如图 1-35 所示。

图 1-35 项目文件原来的效果

这里在其基础上只要稍微修改一下文字，就能成为对使用者有用的视频，其操作如下。

（1）打开文件"换字模板 1.aep"，在时间轴的"你的文字 1"面板中，双击文本图层，将原来的文字修改为任意文字，如这里的"123 工作室"，如图 1-36 所示。

图 1-36 在"你的文字 1"面板中修改文字

（2）在时间轴的"你的文字 2"面板中，双击文本图层，将原来的文字修改为"123 工作室"。

（3）在时间轴的"最后效果"面板中，按小键盘的 0 键渲染即可预览结果，如图 1-37 所示。

图 1-37 完成制作预览结果

提示

如果修改文字后，预览的结果没有更新，可以选择"编辑 > 清理 > 所有内存与磁盘缓存"命令，再重新按小键盘的 0 键预览结果。

AE 软件拥有广大用户基础，市场上存在着大量各式各样的 AE 模板。所谓 AE 模板，是由 AE 软件生成的一种工程文件，其中包括音乐、图片、视频、脚本等，使用者可以学习和借鉴，或者根据实际需要直接拿来使用，这样对节省时间和提升效果都有很大帮助。不过要想更顺畅地运用 AE 模板，还是需要多多学习 AE，对 AE 的操作使用越熟悉越好，这样才能让自己从"不明觉厉"过渡到"明觉不厉"的状态。

1.8 实例：欢迎学习 AE 打板动画

下面在一个项目文件实例的基础上进行添加制作，使用本章所学到的操作知识进行实践，效果如图1-38 所示。

图 1-38　实例效果

实例的合成流程如图 1-39 所示。

图 1-39　实例的合成流程

步骤 1：使用菜单打开一个项目

选择"文件>打开项目"命令（快捷键为 Ctrl+O），打开项目文件"欢迎进入 AE CC 的影视世界 .aep"。

步骤 2：从"项目"面板中打开合成的时间轴面板

在"项目"面板中，双击打开名称为"打板内容"合成的时间轴面板，在合成视图中也相应显示"打板内容"的画面，如图 1-40 所示。

图 1-40　从"项目"面板中打开合成

步骤 3：在合成视图面板中调整显示状态

在合成视图面板的左下角将显示比例选择为"适合"，这样合成视图中的画面就会在当前视图面板中以最适合的大小显示，如图 1-41 所示。

图 1-41　使用"适合"的显示比例

步骤 4：使用右键菜单创建文本

在"打板内容"时间轴面板的空白处右击，选择"新建 > 文本"命令（也可选择顶部菜单中的"图层 > 新建 > 文本"命令），如图 1-42 所示。

图 1-42　使用菜单新建文本

步骤 5：输入并设置文本

输入"欢迎进入"，按主键盘上的 Enter 键换行，接着输入"AE CC 的影视世界"，然后按小键盘上的 Enter 键结束输入状态。建立文本时，界面中会自动增加显示与文本设置相关的两个面板，即"字符"和"段落"面板。在其中设置文字大小、字体、"居中"对齐方式，并将文字移至屏幕中合适的位置，如图 1-43 所示。

图 1-43　输入并设置文本

提示

创建文字时也可以先选择工具栏中的文本工具，然后在视图中单击，输入文字。当屏幕上方的"自动打开面板"复选框处于勾选状态时，"字符"和"段落"面板将会随文字的使用一同被打开。另外，输入文字时，主键盘上的 Enter 键用来换行，小键盘上的 Enter 键用来结束输入，主键盘和小键盘在快捷键的定义上有所区别。

步骤 6：调整视图的解析度

在时间轴面板中单击"欢迎进入 AE CC 的影视世界"标签，切换到其时间轴面板，查看效果，可以看到用"四分之一"的视图解析度时文字不太清晰，在视图面板下部将解析度设为"完整"，以最清晰的状态显示，如图 1-44 所示。

图 1-44　切换时间轴面板并对比解析度

步骤 7：创建纯色层

按 Ctrl+Y 键（或选择"图层 > 新建 > 纯色"命令）打开"纯色设置"对话框，在其中将"名称"设为"放射条"，将"颜色"改为白色后单击"确定"按钮，在时间轴中建立一个纯色层，如图 1-45 所示。

图 1-45　创建纯色层并设置

步骤 8：绘制放射条图形

将鼠标指针移至合成视图内，按 ~ 键将合成视图面板最大化，并在合成视图下部的 按钮上单击，选择"标题 / 动作安全"命令，在合成视图中将显示出中心十字参考线。按 G 键在工具栏选择 钢笔工具，确认"放射条"为选中状态，在合成视图从中心点开始依次单击 3 个点绘制一个放射条图形，再单击第 1 个点封闭图形路径并结束绘制，如图 1-46 所示。

图 1-46　放大视图并使用钢笔工具绘制图形

步骤 9：设置放射条的"缩放"与"不透明度"

操作完毕后，按 V 键返回"选择"工具状态，按 ~ 键将合成视图缩小返回，在时间轴中将"放射条"层拖移至"打板动画"层之下，并单击"放射条"图层前的小三角形图标展开其下的"变换"属性，将"缩放"改为（150，150%），"不透明度"改为 20%，如图 1-47 所示。

图 1-47　调整图层顺序并设置"缩放"与"不透明度"

步骤 10：复制放射条并旋转

单击"放射条"图层前面的小三角形图标将其属性收合，按 Ctrl+D 键（或选择"编辑 > 重复"命令）创建一个副本层。按住 Shift 键的同时按 3 次小键盘的 + 键，将其顺时针旋转 30°，如图 1-48 所示。

图 1-48　创建副本层并使用快捷键旋转

提示

旋转图层时也可以使用工具栏中的旋转工具，此处按小键盘的快捷键配合 Shift 键每次旋转 10° 更方便操作。按小键盘的 + 键顺时针旋转图层，小键盘的 - 键逆时针旋转图层。

步骤 11：复制多个放射条组成放射状图形背景

同样，再按 Ctrl+D 键创建一个新副本层，按住 Shift 键的同时，按 3 次小键盘的 + 键，将新副本再顺时针旋转 30°。重复此操作，直到形成放射状背景。然后在合成视图面板下部的 按钮上单击，取消勾选"标题 / 动作安全"命令，关闭视图中"标题 / 动作安全"参考线的显示，如图 1-49 所示。

图 1-49　复制新副本层并旋转组成放射状背景

步骤 12：创建纯色层

按 Ctrl+Y 键（或选择"图层 > 新建 > 纯色"命令）打开"纯色设置"对话框，在其中将"名称"设为"光晕"，将"颜色"改为黑色后单击"确定"按钮，在时间轴中建立一个纯色层，如图 1-50 所示。

图 1-50　建立纯色层并设置

步骤 13：添加光晕效果

将工作区选择为"效果"，在"效果和预设"面板中将"生成"下的"镜头光晕"效果拖至"光晕"图层上。确认时间轴左下角的"展开或折叠转换控制空格"图标为打开，此时显示有图层的模式栏，将"光晕"图层的模式选择为"相加"。在"效果控件"面板中调整"光晕中心"的位置点为打板图形的左上角区域，如图 1-51 所示。

图 1-51　从"效果和预设"面板添加效果并在"效果控件"面板中设置

步骤 14：预览最终效果

按小键盘的 0 键预览最终效果。

■ 测试题

1．你了解或者觉得 AE 能做什么？

2．如何选择适合的工作区？如果不小心弄乱了界面的面板，如何恢复？

3．分别列举几个界面操作、预览合成以及常用工具的快捷键。

第2章
各类素材的导入和使用设置

能够使用哪些类型和格式的素材、怎样导入和使用这些素材，是制作时先要确认的事项。AE 在这一方面的兼容性较好，能够使用的素材格式较多。不过，针对不同的素材和不同的制作需求，也需要用不同的方法来导入和设置这些素材。本章对 AE 如何使用各类素材进行讲解。

2.1　支持多种类型图片和视频音频素材

AE 中导入素材文件的方式较多：可以选择"文件 > 导入 > 文件"命令（快捷键 Ctrl+I，或者双击"项目"面板的空白处）打开"导入文件"对话框，从一个文件夹中选择一个或多个文件，将其同时导入"项目"面板中；也可以选择"文件 > 导入 > 多个文件"命令（快捷键 Ctrl+Alt+I）打开"导入多个文件"对话框，从一个文件夹中选择一个或多个文件，单击"导入"，将其导入"项目"面板中，然后继续在没有关闭的"导入多个文件"对话框中选择其他文件夹和文件；另外还可以将文件夹及其中的文件一同导入"项目"面板中。

AE 支持当前主流视频制作中各种视频、音频和图片素材格式，这里介绍常见的素材格式。

2.1.1 视频素材格式

MOV 格式

MOV 是一种大家熟悉的流式视频格式，即 QuickTime 影片格式，它是 Apple 公司开发的一种音频、视频文件格式，用于存储常用数字媒体类型。MOV 格式被众多的多媒体编辑及视频处理软件所支持，用 MOV 格式来保存影片是一个非常好的选择。

AVI 格式

AVI 即音频视频交错 (Audio Video Interleaved) 的英文缩写。AVI 格式由微软公司开发，调用方便，图像质量好，压缩标准可任意选择，是应用最广泛、也是应用时间最长的格式之一。

MPEG 格式

MPEG（运动图像专家组）是 Motion Picture Experts Group 的缩写，这类格式包括 MPEG-1、MPEG-2 和 MPEG-4 等多种视频格式。MPEG-1、MPEG-2 属于早期使用的第一代数据压缩编码技术；MPEG-4（ISO/IEC14496）则是基于第二代压缩编码技术制定的国际标准，它以视听媒体对象为基本单元，采用基于内容的压缩编码，实现数字视频音频、图形合成应用及交互式多媒体的集成。

WMV 格式

WMV 是一种编码方式独特的、在 Internet 上实时传播多媒体的技术标准。WMV 格式的主要优点在于：可扩充的媒体类型、本地或网络回放、可伸缩的媒体类型、流的优先级化、多语言支持、扩展性等。

3GP 格式

3GP 是一种 3G 流媒体的视频编码格式，主要是为了配合 3G 网络的传输速度而开发的，也是早期手机中较为常见的一种视频格式，其特点是网速占用较少、画质较差。

FLV 格式

FLV 是 Flash Video 的简称，FLV 流媒体格式是一种较新的视频格式。它形成的文件极小、加载速度极快，使得网络观看视频文件成为可能。它的出现有效地解决了视频文件导入 Flash 后导出的 SWF 文件体积庞大、不能在网络上很好地使用的问题。

F4V 格式

F4V 作为一种更小、更清晰、更利于在网络传播的格式，逐渐取代了传统 FLV 格式，是 Adobe 公司为了迎接高清时代而推出的支持 H.264 的 F4V 流媒体格式。它和 FLV 格式主要的区别在于，FLV 格式采用的是 H.263 编码，而 F4V 格式则支持 H.264 编码的高清晰视频，码率最高可达 50Mbit/s。

提示

AE 支持大多主流的视频文件格式，以及一些特定设备拍摄的素材格式，例如 REDONE 摄影机拍摄的 R3D 视频格式。不过也有一些视频文件的用途并不是提供制作编辑，例如 RMVB、MKV 等常用的影片播放格式，这些格式的视频需要先使用第三方转换工具(例如格式工厂等)将其转换为可编辑的文件格式。

2.1.2 音频素材格式

WAV 格式

WAVE（*.WAV）是微软公司开发的一种声音文件格式，用于保存 Windows 平台的音频信息资源，被 Windows 平台及其应用程序所支持。WAV 格式支持 MSADPCM、CCITT A LAW 等多种压缩算法，支持多种音频位数、采样频率和声道，其声音文件质量和 CD 相差无几，也是目前较为流行的声音文件格式，几乎所有的音频编辑软件都支持 WAV 格式。

MP3 格式

MP3 格式诞生于 20 世纪 80 年代的德国。所谓 MP3，指的也就是 MPEG 标准中的音频部分。MP3 格式问世不久，就凭着较高的压缩比和较好的音质创造了一个全新的音乐领域。MPEG 格式对音频文件的压缩是一种有损压缩，MPEG-3 音频编码具有 10:1~12:1 的高压缩率，基本保持低音频部分不失真，而牺牲了声音文件中 12kHz 到 16kHz 高音频部分的质量来换取文件的尺寸。因为 MP3 格式没有版权保护，谁都可以使用，目前 MP3 作为主流音频格式的地位难以被撼动。

AIFF 格式

AIFF（Audio Interchange File Format）格式和 WAV 格式非常像，大多数的音频编辑软件都支持。它是 Apple 公司开发的一种音频文件格式，是苹果电脑上面的标准音频格式，属于 QuickTime 技术的一部分。AIFF 虽然是一种很优秀的文件格式，但由于它是苹果电脑上的格式，因此在 Windows 平台上并没有得到广泛的运用。

WMA 格式

WMA（Windows Media Audio）是微软公司推出的与 MP3 格式齐名的一种音频格式。WMA 格式号称"低码流之王"，在 128kbps 及以下码流的试听中 WMA 格式的音质完全超过了 MP3 格式，但是当码流上升到 128kbps 以后，WMA 格式的音质却并没有如 MP3 格式一样随着码流的提高而大大提升。

2.1.3　图片素材格式

JPEG 格式

JPEG 文件后缀名为 jpg 或 jpeg，是最常用的图像文件格式之一。JPEG 是一种很灵活的格式，具有调节图像质量的功能，允许用不同的压缩比例对文件进行压缩，支持多种压缩级别，压缩比例通常在 10:1 到 40:1 之间。它是一种有损压缩格式，能够将图像压缩在很小的储存空间，图像中重复或不重要的资料会丢失，因此容易造成图像数据的损伤。尤其是在使用过高的压缩比例时，解压缩后恢复的图像质量将明显降低。如果追求高品质图像，就不宜采用过高压缩比例。

PNG 格式

PNG 是一种较新的图像文件格式。PNG 格式能够提供比 GIF 格式小 30% 的无损压缩图像文件，同时提供 24 位和 48 位真彩色图像支持以及其他诸多技术性支持。

PNG 格式支持高级别无损耗压缩，支持 Alpha 通道透明度，支持伽玛校正，支持交错，受最新版本的 Web 浏览器支持。不过较早版本的浏览器和程序可能不支持 PNG 格式。

TGA 格式

TGA 格式的结构比较简单，属于一种图形、图像数据的通用格式，在多媒体领域有很大影响力，是计算机生成图像向电视转换的一种首选格式。TGA 图像格式最大的特点是可以做出形状不规则的图形、图像文件，一般图形、图像文件都为四方形，若需要有圆形、菱形甚至是镂空的图像文件时，即需要透明背景时，TGA 格式可就派上用场了。TGA 格式支持压缩，使用不失真的压缩算法，是一种比较好的图片格式。

BMP 格式

BMP 是一种与硬件设备无关的图像文件格式，使用范围非常广。BMP 文件格式是 Windows 环境中交换与图有关的数据的一种标准，因此在 Windows 环境中运行的图形图像软件都支持 BMP 图像格式。BMP 支持 1 位到 24 位颜色深度，与现有 Windows 程序（尤其是较早期的程序）广泛兼容。但 BMP 格式不支持压缩，生成的文件非常大。

TIFF 格式

TIFF 是一种主要用来存储包括照片和艺术图在内的图像的文件格式，图像格式复杂，支持多种编码方法，其中包括 RGB 无压缩、RLE 压缩及 JPEG 压缩等。TIFF 格式文件存储内容多，可以像 PSD 格式文件似的进行分图层存储，文件占用存储空间大，其大小是相应的 GIF 格式图像的 3 倍，是相应的 JPEG 格式图像的 10 倍。TIFF 与 JPEG 和 PNG 等都是较为流行的高位彩色图像格式。

GIF 格式

GIF 是一种基于 LZW 算法的连续色调的无损压缩格式，其压缩率一般在 50% 左右，不属于任何应用程序。目前几乎所有相关软件都支持它，公共领域有大量的软件在使用 GIF 格式图像文件。GIF 格式的图像深度从 1 位到 8 位，即 GIF 格式最多支持 256 种色彩。GIF 格式的另一个特点是在一个 GIF 文件中可以存储多幅彩色图像，如果把存于一个文件中的多幅图像数据逐幅读出并显示到屏幕上，就可构成一种最简单的动画。

PSD 格式

PSD 是 Photoshop 图像处理软件的专用文件格式，可以支持图层、通道、蒙版和不同色彩模式的各种图像特征，是一种非压缩的原始文件保存格式。PSD 格式的文件有时会很大，但由于可以保留所有原始信息，对于尚未制作完成的图像，用 PSD 格式保存将会大大方便后续处理。

AI 格式

AI 是一种矢量图形文件格式，是 Adobe 公司的 Illustrator 输出格式。与 PSD 格式文件相同，AI 格式的文件也是一种分层文件，每个对象都是独立的，它们具有各自的属性，如大小、形状、轮廓、颜色、位置等。以这种格式保存的文件便于修改，并可以在任何尺寸大小下按最高分辨率输出。

2.2 导入动态序列图片素材

视频是由一系列连续的静帧图像构成的，当一组连续的图片被导入后快速播放也就成为了视频。这里专为动态的序列图片提供了一种导入成视频的选项。

操作 1：导入序列素材及帧速率设置

（1）在"项目"面板中双击打开"导入文件"对话框，选择对应文件夹中的第一个文件，勾选"PNG序列"复选框，单击"导入"按钮，将图片序列当作一段视频导入"项目"面板，如图 2-1 所示。

图 2-1　导入图片序列

（2）在"项目"面板中双击导入的素材，打开素材合成视图面板，按空格键可以预览动态画面，如图 2-2 所示。

图 2-2　播放导入的图片序列动画

（3）选择"编辑 > 首选项 > 导入"命令，打开"首选项"对话框，显示"导入"部分的设置内容，从中可以看到所设置的序列素材导入时默认的帧速率。上面按 PAL 制式 25 帧 / 秒的方式导入的 30 帧的序列动画长度为 1 秒 05 帧；如果这里默认为 NTSC 制式的 30 帧 / 秒，那么导入 30 帧的序列动画长度将会变成 1 秒，如图 2-3 所示。

图 2-3　"首选项"对话框中的帧速率设置会影响导入后素材的长度

2.3　导入透明背景素材的通道设置

在 AE 中合成画面时，上层会遮挡下层的画面，具有透明背景的素材对于合成使用十分有利。这些透明背景的素材具有 Alpha 通道属性，有些不同通道设置的文件在导入时需要注意对其通道的正确选择。

操作 2：导入透明背景的图片素材

（1）在"项目"面板中双击打开"导入文件"对话框，选择"TGA 预乘 .tga"图片文件，单击"导入"按钮，将会弹出"解释素材"对话框。一般在不知道图片使用何种 Alpha 通道时，可以单击"猜测"按钮让系统自动进行判断，这时自动选择为"预乘 - 有彩色遮罩"，单击"确定"按钮，将图片导入"项目"面板。双击打开图片的素材合成视图面板，在其中打开"切换透明网格"开关，查看透明效果，如图 2-4 所示。

图 2-4　查看选择"预乘 - 有彩色遮罩"后的透明背景效果

（2）再次导入同一图片文件，这次选择"直接 - 无遮罩"选项，同样在素材合成视图面板中查看透明效果，此时会发现这个选项并不正确，所导入图像在透明背景中显示有黑色的边缘，影响使用的效果，如图 2-5 所示。

图 2-5　查看选择"直接 - 无遮罩"后的透明背景效果

操作 3：导入透明背景的视频素材

在"项目"面板中双击打开"导入文件"对话框，选择"透明背景文字 .avi"文件，单击"导入"按钮，将其导入"项目"面板。双击打开其素材合成视图面板，在其中打开"切换透明网格"开关，播放查看透明效果，如图 2-6 所示。

图 2-6　导入透明背景的 AVI 视频

2.4　导入分层素材及方式设置

Photoshop 等软件可以提供分层的图像，由多层具有透明部分的图像组成，导入 AE 可以将其作为单独的一个图像，也可以作为多个具有透明部分的图像使用。分层图像往往在进行一些设计元素组合摆放的制作时有很多优势，可以利用其他软件将部分效果提前设计好，最后在 AE 中进行动画制作和效果处理。

操作 4：以合并图层的方式导入分层图像

在"项目"面板中双击打开"导入文件"对话框，选择"时刻钟 .PSD"文件，单击"导入"按钮，弹出"导入种类"下拉列表框，在其中将"导入种类"选择为"素材"，"图层选项"设为"合并的图层"，单击"确定"按钮将其导入"项目"面板，如图 2-7 所示。

图 2-7　合并图层方式导入

操作 5：以选择某一层的方式导入分层图像

在"导入种类"下拉列表框中将"导入种类"选择为"素材"，"图层选项"更改为"选择图层"，选择其中的"图层 5"，将"素材尺寸"设为"文档大小"，单击"确定"按钮将其导入"项目"面板，如图 2-8 所示。

图 2-8　导入某一层图像

操作 6：导入原来尺寸的图层

　　在"导入种类"下拉列表框中将"导入种类"选择为"素材"，图层选项更改为"选择图层"，选择其中的"图层 5"，将"素材尺寸"设为"图层大小"，单击"确定"按钮将其导入"项目"面板。因为这个"时刻钟 .PSD"文档的尺寸为 1920×1080，而其中"图层 5"的尺寸为 2078×1397，所以在以文档尺寸导入时会以 1920×1080 为标准对画幅之外的内容进行裁切。这里选择以图层的方式导入后，可以看到更大的源图层尺寸的画面被完整导入，另外可以打开素材合成视图面板下方 "切换透明网格"开关查看黑色的内容，如图 2-9 所示。

图 2-9　导入时保留原图层尺寸

提示

　　在导入分层图时，需要注意是否有大于文档尺寸的图像，防止制作中需要的图像在导入时却被裁切的现象发生。

操作 7：以合成方式导入分层图像

　　在"导入种类"下拉列表框中将"导入种类"选择为"合成"，单击"确定"按钮将其导入"项目"面板，可以看到全部图层被导入并放置在一个文件夹中，并按源文件名称和属性自动建立一个合成，如图 2-10 所示。

图 2-10　以合成方式导入

操作 8：导入分层图像时尺寸选项的区别

　　同样，在导入合成时也有文档与图层两种方式的尺寸区别。在"导入种类"下拉列表框中将"导入种类"选择为"合成－保持图层大小"，单击"确定"按钮将其导入"项目"面板，可以看到这次导入相同的合成与放置图层的文件夹，但各个图层的尺寸将不再与合成保持统一。可以打开"项目"面板菜单，选择"列数 > 视频信息"命令，显示出"视频信息"栏目，查看各层的尺寸，如图 2-11 所示。

图 2-11　在"项目"面板中查看视频信息

2.5　解释素材及应用解释

对于已经导入"项目"面板的素材，可以再次更改某些属性设置，例如帧速率、像素比等。

操作 9：导入和查看视频素材存在的不同属性

在"项目"面板中双击打开"导入文件"对话框，选择"电影机 .mov"及其相同内容不同规格的文件，单击"导入"按钮将这些文件一同导入"项目"面板。可以选择"项目"面板菜单中的"列数"选项中的相关栏目，在"项目"面板中显示出"帧速率""视频信息""媒体持续时间""大小"这几项栏目，用来分析和比较，如图 2-12 所示。

图 2-12　在"项目"面板中显示出栏目比较视频

这些常用视频规格的素材具有相同的时长、相同的画面和相同的编码方式，可以进行以下比较。

（1）同等情况下（视频信息中的画幅大小相等）分辨率越高，占用存储空间越大，例如"电影机 2K.mov"为 22.4MB。

（2）像素比越小占用存储空间越大，例如"电影机 HDTV.mov"的像素比为 1.00，比" 电影机 HDV.mov"的 1.33 小，前者为 18.7MB，后者为 14.8MB。

（3）帧速率越大占用存储空间越大，例如"电影机 HDTV.mov"帧速率为 25，"电影机 .mov"帧速率为 23.976，前者为 18.7MB，后者为 18.0MB。

通常占用存储空间越大，视频画质也越高，也就是说画质的高低有多方面综合因素，其中在制作中主要受分辨率、像素比和帧速率影响。除此之外的其他因素还有：前期拍摄现场光线条件、摄影设备品质及设置合理性的影响，后期制作过程中添加效果、调色等影响，输出时视频编码压缩的影响等。

操作 10：重新解释素材的帧速率属性

在"项目"面板中选中"电影机 .mov"，选择"文件 > 解释素材 > 主要"命令，打开"解释素材"对话框。在其中将"匹配帧速率"改为 25 帧 / 秒，这样在"项目"面板中素材属性得到更新，素材长度相对减短，如图 2-13 所示。

图 2-13　解释素材的帧速率

操作 11：重新解释素材的像素长宽比属性

在"项目"面板中选中"电影机 HTV.mov"，选择"文件 > 解释素材 > 主要"命令，打开"解释素材"对话框。在其中将"像素长宽比"改为"方形像素"，这样在"项目"面板中素材属性得到更新，如图 2-14 所示。

图 2-14　解释素材的像素比

双击打开"电影机 HTV.mov"素材的合成视图面板，可以看到无论![icon]"切换像素长宽比校正"按钮是否打开，其画面始终为变窄的效果。

重新在"解释素材"对话框还原像素长宽比为 1.33，在素材合成视图面板中打开或关闭![icon]"切换像素长宽比校正"按钮，对比画面，如图 2-15 所示。

图 2-15　对比像素长宽比对画面宽度的影响

提示

HTV 的 1440×1080 实际上是由 4:3 的视频采用 1.33 的像素长宽比后，将画面变宽为 16:9，HDTV 的 1920×1080 则是真正的 16:9。两者的画质对比中通常细微的区别是无法用肉眼识别的。另外，对于拍摄的素材，对画质起关键作用的还是信噪比等一些其他指标。

2.6　导入其他项目

除了导入视频音频和图片素材之外，AE 还可以导入相关的项目文件，例如 Premiere Pro CC（以下简称 Pr CC）、其他 AE、之前版本的项目文件等。

在"项目"面板中双击打开"导入文件"对话框，选择 Pr CC 的一个项目文件"Pr 项目 CAR.prproj"，单击"导入"按钮，弹出"导入 Premiere Pro 序列"对话框。在其中选择"CAR 剪辑版"这个 Pr CC 中的序列，单击"确定"按钮将其导入"项目"面板，如图 2-16 所示。不用经过先由 Pr CC 将"CAR 剪辑版"序列时间轴中的内容输出为某个文件再提供给 AE 这样的中转，AE 可以直接使用其序列作为素材文件。如果在制作的过程中，导入的 Pr CC 序列内容有所修改，因为两个软件存在着动态链接的关系，AE 中也会及时得到更新的结果。

图 2-16　导入 Pr CC 项目文件

在"项目"面板中双击打开"导入文件"对话框，选择 AE 的一个其他项目文件"换字模板 1.aep"，单击"导入"按钮，将其以文件夹的方式连同原来的项目状态全部导入"项目"面板，可以像打开原来的项目一样方便地进行制作，如图 2-17 所示。

提示

在"项目"面板中导入其他 AE 项目文件不影响原来的项目文件，也不会更新原来项目的修改，两者没有动态链接关系。除了相同版本之外，AE 也可以导入以前版本的项目文件。

图 2-17　导入其他 AE 文件

2.7　实例：导入素材合成效果文字

本实例通过导入几个视频、图片和音频文件素材，包括图片序列、带有透明通道的视频以及分层的图像素材，建立合成，最后制作成一段视频音频动画。实例的最终效果如图 2-18 所示。

图 2-18　实例效果

实例的合成流程图示如图 2-19 所示。

图 2-19　实例的合成流程图示

步骤 1：导入素材

（1）导入"AE CC 文字"序列。在"项目"面板中双击打开"导入文件"对话框，选择本实例文件夹下"AE CC 文字"文件夹中的第一个文件，将"Targa 序列"复选框勾选，单击"导入"按钮，弹出"解释素材"对话框。在其中单击"猜测"按钮，再单击"确定"按钮，将序列文件导入"项目"面板，如图 2-20 所示。

图 2-20　导入序列图片

提示

这里导入序列图片使用 25 帧 / 秒的帧速率，可以选择"编辑 > 首选项 > 导入"命令，设置序列素材为 25 帧 / 秒。

（2）导入"光斑"序列。用同样的方式导入光斑序列。

（3）导入环形动画素材。在"项目"面板中双击打开"导入文件"对话框，选择"环形 1.mov"至"环形 5.mov"这 5 个文件，单击"导入"按钮，将其导入"项目"面板。这 5 个动画元素也是带有透明背景的文件。

（4）导入分层背景。在"项目"面板中双击打开"导入文件"对话框，选择"分层背景 .PSD"文件，单击"导入"按钮，在弹出的对话框中将"导入种类"选择为"合成－保持图层大小"，单击"确定"按钮将其导入"项目"面板。可以看到 AE 自动以文件名称建立合成，并建立文件夹放置分层图像，其中图像的尺寸也各不相同，如图 2-21 所示。

图 2-21　导入分层图像

（5）导入音乐。同样，将"片头音乐01.wav"文件导入"项目"面板。

步骤2：建立合成

按Ctrl+N键打开"合成设置"对话框，将合成名称设为"AE片头"，将"预设"选择为"HDTV 1080 25"，将持续时间设为10秒，单击"确定"按钮，建立合成。

步骤3：放置图层

（1）先放置背景素材。将"背景渐变色.jpg""光晕.png""烟雾.mov"拖至时间轴中并以从下往上的顺序放置，如图2-22所示。

图2-22　放置图层

（2）选中"烟雾"层，按P键展开其"位置"参数，调整第一个数值即x轴参数，将其位置移至左边缘，这里为677。

（3）选中"光晕"层，展开其变换，将"缩放"设为（260，260%），将位置设为（0，1080），放大并将中心移至左下角。

（4）确认时间轴面板左下角的图"展开或折叠转换控制窗格"按钮为打开状态，显示出模式栏，将"烟雾"层的"模式"选择为"叠加"，如图2-23所示。

图2-23　设置图层的变换属性和模式

（5）从"项目"面板选中"环形1.mov"至"环形5.mov"并将其拖至时间轴中，保持选中这5个图层的状态，按Ctrl+Alt+F键将画面缩放至合成全屏的大小，按S键可以看到"缩放"数值改变为（150，150%），接着将"模式"选择为"叠加"，如图2-24所示。

图2-24　放置图层设置大小和模式

（6）接着从"项目"面板中将光斑和文字序列素材拖至时间轴，文字放在顶层。选中光斑层，将其"模式"设为"相加"方式，按 T 键展开其"不透明度"并设为 50%，如图 2-25 所示。

图 2-25　放置图层设置"不透明度"和"模式"

（7）因为文字动画的长度较短，这里导入其最后一幅画面，连接在动画之后。在"项目"面板中双击打开"导入文件"对话框，选择"AE CC 文字"文件夹中的最后一个文件，确认"Targa 序列"不被勾选，单击"导入"按钮，弹出解释素材对话框。在其中单击"猜测"按钮，再单击"确定"按钮将其导入"项目"面板，然后拖至时间轴中文字动画的下层，将时间移至第 1 秒 17 帧处，按 [键移动其入点，即在文字动画结束之后立即出现，如图 2-26 所示。

图 2-26　导入图片并放置到时间轴

步骤 4：合成动画

（1）为添加的静止文字制作一个缓慢缩小的动画。选中文字图层，按 S 键展开其"缩放"属性，在第 1 秒 17 帧处单击打开"缩放"前面的秒表开启关键帧记录，当前数值为（100，100%）；按 End 键将时间移至合成结束的位置，即 9 秒 24 帧处，将"缩放"数值设为（80，80%），如图 2-27 所示。

图 2-27　添加缩放动画

在两个关键帧之间文字慢慢变小，如图 2-28 所示。

图 2-28　查看缩放效果

（2）为画面添加新的光晕效果。先按 Ctrl+Y 键打开"纯色设置"对话框，从中将"名称"设为"光晕1"，将"颜色"设为黑色。单击"新建"按钮在时间轴中建立纯色层，然后将其移至"烟雾"层之上，将"模式"设为"相加"，选择"效果 > 生成 > 镜头光晕"命令，添加效果，如图 2-29 所示。

图 2-29　建立纯色层并添加效果

（3）将"镜头光晕"效果的"镜头类型"设为"105 毫米定焦"，将时间移至 0 帧，单击打开"光晕中心"和"光晕亮度"前面的秒表，开启关键帧记录。"光晕中心"第 0 帧时为（960，1080），第 1 秒 16 帧时为（960，540）；"光晕亮度"第 0 帧时为 0%，第 10 帧时为 150%，第 1 秒 16 帧时为 120%。这样动画文字飞入时伴随有背景高亮的光晕，如图 2-30 所示。

图 2-30　设置光晕效果动画

（4）选中"光晕 1"层，按 Ctrl+D 键创建一个副本层，按主键盘上的 Enter 键将其重命名为"光晕2"，移至顶层，将时间移至第 3 秒处，按 [键将入点移至第 3 秒处。快速按两次 U 键展开其更改过的属性，将"镜头类型"设为"50-300 毫米变焦"，删除所有原来的关键帧，将"光晕亮度"设为 80%。在第 3 秒时，再次单击打开"光晕中心"前面的秒表，将数值设为（600，620），即光晕中心点位于两行文字之间的左侧。将时间移至第 9 秒 24 帧，将数值设为（1230，620），即光晕中心点位于两行文字之间的右侧，如图 2-31 所示。

图 2-31　创建图层副本并修改效果

（5）最后，从"项目"面板中将音乐素材拖至时间轴中，完成制作。可以按小键盘的 0 键预览最终的视频音频效果。

测试题

1. 如何将连续图片导入为视频素材，其帧速率有什么影响？
2. 常用透明背景素材有哪些？
3. PSD 分层素材有哪几种导入方式？
4. 如何解释素材，通常可以解释哪几项？

第3章
时间轴与合成视图面板的操作

打开软件，导入素材之后，接下来就需要建立合成。在合成的时间轴面板中放置素材图层或创建新图层进行制作，在合成视图面板中查看时间轴中的制作效果。本章介绍建立合成的选项、在时间轴面板中的操作和在合成视图面板中的操作。

3.1 建立合成

建立了一个合成，也就意味着建立了一个影片"容器"，可以在其中进行处理制作。完成制作后，即可将这个"容器"输出为最终的影片。

操作1：建立合成的方法

（1）可以在启动 AE 时的欢迎屏幕中单击"新建合成"。
（2）在主界面中选择"合成 > 新建合成"命令。
（3）在"项目"面板中单击面板下部的"新建合成"按钮。
（4）在"项目"面板的空白处右击，选择"新建合成"命令。
（5）使用快捷键 Ctrl+N 来建立合成。
（6）在"项目"面板中将素材拖至面板下部的"新建合成"按钮上释放，按素材的属性新建合成。
（7）在"项目"面板中的素材上右击，选择"基于所选项新建合成"命令。

操作2：向"新建合成"按钮同时拖放多个素材建立合成

在"项目"面板中将多个选中的素材拖至面板下部的"新建合成"按钮上时，会有建立一个或多个合成的选项，操作如下。

（1）在"项目"面板中导入 3 个素材文件，选中这 3 个素材，将其拖至面板下部的"新建合成"按钮上再释放，会弹出对话框，如图 3-1 所示。

图 3-1　从多素材建立合成的选项

（2）如果选择创建多个合成，则会根据 3 个素材各自的尺寸、帧速率和长度来建立以各自名称命名的合成；如果选择创建单个合成，则按"使用尺寸来自"中素材的尺寸、帧速率、命名方式建立一个合成，合成长度为最长素材的时长；如果其中有静止图像，则会按设定的"静止持续时间"来预设静止图像的时长，当然这个长度也可以在合成中更改；如果勾选序列图层，则会将几个素材在合成中前后连接起来，并且可以预设是否重叠和重叠时长，当然这个功能也可以选择"动画 > 关键帧辅助 > 序列图层"命令来操作，如图 3-2 所示。

图 3-2　创建多个合成与创建一个合成

（3）如果选择创建单个合成，并勾选序列图层，则会将几个素材在合成中前后连接起来，并且可以预设是否重叠和重叠时长，当然这个功能也可以选择"动画 > 关键帧辅助 > 序列图层"命令来操作，如图 3-3 所示。

图 3-3　多个素材层前后连接

3.2　合成预设该选哪一项

建立合成命令时，会弹出"合成设置"对话框，需按制作目的进行相应的设置，例如定义视频的分辨率、像素比和帧速率等。AE 中有多种常用视频制作的预设，这样就不用每次都进行参数设置，而众多预设的选择也是合成制作的第一个关键工作。这里打开"预设"下拉菜单，显示出 5 个部分的预设，第 1 部分为"自定义"，第 2 部分为早期标清电视中 NTSC 和 PAL 制式的预设，第 3 部分为高清视频的预设，第 4 部分为 4K 和 8K 视频的预设，第 5 部分为电影的预设，如图 3-4 所示。

图 3-4　建立合成时提供的视频预设

操作 3：合成预设的选择使用

（1）制作早期的标清视频，即"标准清晰度视频"。在标清预设中可以看到有 NTSC 和 PAL 的区别，国内使用 PAL 制式，所以首先可以排除 NTSC 的选项。而 PAL 制式又有 4 种针对不同像素比的选项，其中 PAL D1/DV 的像素比为 1.09:1，PAL D1/DV 宽银幕的像素比为 1.46:1，另外两种按方形像素的预设得到相同的播放结果。制作标清视频通常会选择 PAL D1/DV，其分辨率为 720×576，帧速率为 25 帧 / 秒，是国内电视台播放节目的格式，也是高清之前音像光盘、磁带等制品主流的视频规格。标清视频的预设选项如图 3-5 所示。

图 3-5　标清视频的预设选项

（2）制作 1080P 视频，也称"高清晰度视频""高清视频"。在国内制作时首先在帧速率为 25 帧 / 秒的选项中选择。高清制作通常选择的"预设"为"HDTV 1080 25"，其分辨率为 1920×1080，使用像素比为 1:1 的方形像素，帧速率为 25 帧 / 秒，是标清后的主流视频规格。另外的一种"HDV 1080 25"的分辨率为 1440×1080，通过改变像素比 1.33:1，也能达到 16:9 的画面长宽比，如果拍摄素材使用了这一分辨率，制作时可以保持一致选择此项。高清视频的预设选项如图 3-6 所示。

图 3-6　高清视频的预设选项

（3）制作 720P 视频，也称"准高清视频"。选择"HDV/HDTV 720 25"，其分辨率为 1280×720，像素比为 1:1 的方形像素，帧速率为 25 帧 / 秒，是美国一些电视台视频格式的标准，也是网络上常用的一种兼顾画质与传播能力的折中方案。国内使用 25 帧 / 秒，美国则使用 29.97 帧 / 秒，如图 3-7 所示。

图 3-7　准高清视频的预设选项

（4）制作电影视频包装特效时，根据需要可能会选择胶片（2K）或胶片（4K）的预设。由于电影视频画面的像素数量较大，通常以 K 为单位表示，1K=1024，2K=2048，4K=4096，即 1K 画面宽度为 1024px，2K 画面宽度为 2048px，4K 画面宽度为 4096px，以上这些都是指水平方向的像素数量。早期常规的电影视频统一为 24 帧 / 秒，如图 3-8 所示。

图 3-8　电影视频的预设选项

（5）制作自定义视频，可以进行手动预设。例如小尺寸的网页视频 320×240，像素比为 1:1 的方形像素，帧速率为 15 帧 / 秒。早期网页视频一般采用较低的帧速率来控制文件的大小，而其他用途的视频帧速率一般有电影使用的 24 帧 / 秒、PAL 制式视频使用的 25 帧 / 秒和 NTSC 制式视频使用的 30 帧 / 秒。针对某些实际需求，例如为一个 2:1 的大屏幕制作播放的视频节目，可以自定义 2:1 的画面长宽比，2000×1000，使用方形像素，帧速率设为 25 帧 / 秒，如图 3-9 所示。

图 3-9　一种网页视频和一个大屏幕的自定义设置

提示

对于经常使用的自定义设置，可以单击"预设"右侧的 按钮新建预设，这样下次可以直接选用。

3.3 时间轴面板中的操作

每个合成都有自己的时间轴面板，绝大多数合成操作将在时间轴面板中完成。时间轴面板的左侧是图层的控件栏目区，显示图层名称和部分常用的栏目，其他栏目可以在需要的时候打开显示；时间轴面板的右侧是时间图表区，包括当前时间指示器和时间标尺图层条等，如图 3-10 所示。

图 3-10　时间轴面板

合成的当前时间由当前时间指示器（CTI）予以指示，该指示器是时间图表中的垂直线。合成的当前时间还显示在时间轴面板左上角。

操作 4：时间轴面板基本操作

（1）打开和关闭时间轴面板。

在"项目"面板建立一个新的合成时会自动打开其时间轴面板。在"项目"面板中双击已存在的合成会打开其时间轴面板，双击多个选中的合成会同时打开多个时间轴面板。当同时显示多个时间轴面板时，可单击上面的标签进行切换，可以一个个关闭多余的时间轴面板；也可以打开时间轴面板菜单，选择"关闭组中的其他面板"或者"关闭其他时间轴面板"命令，只保留当前合成的时间轴面板，如图 3-11 所示。

图 3-11　只保留当前合成的时间轴面板的命令

（2）显示、单显、锁定、消隐栏目。

在时间轴面板左侧，通过 "图层"开关，可以切换视频或图片图层的使用状态，使其关闭不在合成画面中显示。

如果是音频素材则通过 "音频"开关来决定是否使用。

打开 "独奏"开关则在合成中排除其他层，只启用当前层或打开相同标记的层。

打开 "锁定"开关，可以锁定层，防止对其意外操作，关闭后才能对其修改。

打开 "消隐"开关可以切换为 状态，这样打开时间轴面板上部的 总开关后，这个标记的图层将在时间轴中隐藏。该开关主要用在有较多的图层时减少图层显示以方便操作，如图 3-12 所示。

图 3-12　用"消隐开关"切换显示和隐藏图层

提示

不同于 "图层" 开关的是， "消隐" 的开关不影响当前层在合成视图面板中的状态，只是为了方便其他图层在时间轴面板的操作。

（3）切换窗格。

单击时间轴面板左下部的 "图层" 开关按钮、 "转换控制" 按钮和 "时间栏" 按钮，可以切换这些栏目的显示和关闭，其中 "图层" 开关和转换控制比较常用，一般在制作中都可显示出来，也可以为了节省空间只显示出其中一个，通过单击 切换开关/模式 来切换显示。时间栏中有 "入" "出" "持续时间" "伸缩"，一般在涉及相关操作的时候才显示出来，操作完毕后关闭显示，如图 3-13 所示。

图 3-13　切换窗格

（4）显示和隐藏栏目。

时间轴面板中除了默认显示出来的栏目，还有一些隐藏的栏目可以在时间轴右上角的弹出菜单 "列数" 下的子菜单中勾选显示；也可以在已显示栏目上右击，从弹出菜单中的 "列数" 下的子菜单中勾选显示，例如勾选 "父级和链接" 可以将其栏目显示出来。要隐藏某个栏目，可以在其上右击，选择 "隐藏此项" 命令，如图 3-14 所示。

（5）调整栏目的左右排序。

左右拖动栏目，可以自定义其左右排列的顺序，如图 3-15 所示。

图 3-14　显示或隐藏栏目

图 3-15　拖动栏目左右排列的顺序

3.4　时间轴中的图层操作

合成是影片的框架，每个合成都有其自己的时间轴，典型的合成包括多个不同类型的图层：视频素材、音频素材、动画文本、矢量图形、静止图像以及在 AE 中创建的纯色层、摄像机、灯光、调节层等。

操作 5：按顺序将素材拖至时间轴中

在时间轴可以单独选中素材拖至时间轴中，也可以选择多个素材一同拖至时间轴中。当选择多个素材时，可以配合 Ctrl 键累加选择，也可以配合 Shift 键选中首尾之间全部素材，这样拖至时间轴中将会按选择的顺序从上至下放置图层。

（1）在 "项目" 面板中素材按名称正常排序，先选中 01 素材，再按住 Shift 键单击 06 素材，拖至时间轴中，将按 01 至 06 从上至下排序。

（2）在 "项目" 面板中素材按名称正常排序，先选中 06 素材，再按住 Shift 键单击 01 素材，拖至时间轴中，将按 06 至 01 从上至下排序。

（3）在"项目"面板中先选中 01 素材，再按住 Ctrl 键依次单击 03、05、02、04、06 素材，拖至时间轴中，将按选择时的顺序从上至下排序，如图 3-16 所示。

图 3-16　选择的顺序影响放置的排序

操作 6：选择图层

（1）在时间轴中单击图层可以将其选中，配合 Ctrl 或 Shift 键单击可以选中多层。

（2）按小键盘的数字可以选中相同序号的图层，超过第 9 层时可以通过快速键入数字来选择，例如快速键入 2 和 1 键可以选中第 21 层。

（3）按住 Shift 键并按小键盘的数字键可以增加选中多个键入序号的图层。

（4）按 Ctrl+ 上下方向键可以选择上一层或下一层，按 Ctrl+Shift+ 上下方向键可以向上或向下增加选中多个图层。

（5）按 Ctrl+A 键全选时间轴中的图层，按 Ctrl+Shift+A 键取消全部选中状态。

提示

锁定标记的图层不可选中，这样可防止被修改。

操作 7：调整图层上下顺序

（1）使用鼠标可以将选中的一个图层或多个图层上下拖动，改变图层顺序。

（2）也可以使用 Ctrl+Alt+ 上下方向键将选中的一个图层或多个图层上下移动，改变图层顺序。

（3）按 Ctrl+Alt+Shift+ 上下方向键可以将选中图层移至时间轴顶层或底层。

操作 8：缩放时间标尺

（1）按主键盘的 + 或 – 键，可以放大或缩小时间标尺的刻度显示。

（2）可以拖动时间轴时间图表区顶部的时间导航器两端来放大或缩小时间标尺的刻度显示。

（3）可以拖动时间轴时间图表区左下部的时间缩放导航器来放大或缩小时间标尺的刻度显示。

（4）在时间标尺刻度放大的状态下，按住顶部的时间导航器或下部左右查看滑条，或使用 手形工具（空格键临时切换）左右拖动，都可以向左或向右查看时间位置，如图 3-17 所示。

图 3-17　缩放时间标尺

操作 9：移动和定位时间

（1）拖动时间定位器可以将时间移至某个时间点。

（2）按 Page Up、Page Down 或 Ctrl+ 左右方向键可以向左或向右移动 1 帧距离的时间位置。

（3）按 Shift+Page Up、Shift+Page Down 或 Ctrl+Shift+ 左右方向键可以向左或向右移动 10 帧距离的时间位置。

（4）按 Home、End 或 Ctrl+Alt+ 左右方向键，可以将时间定位到合成开始或结束位置。

（5）单击时间轴左上角的时码，激活为输入状态，输入时码来定位时间点。可以直接输入数字而省略标点，按右对齐位数自动变换时码。例如用小键盘输入 100 即定位到第 1 秒 00 帧处（省略标点）；按 25 也定位到第 1 秒 00 帧处（自动换算 25 帧为 1 秒）；还可以输入算式，例如单击激活原来 1 秒的时码，输入 +100 会变成 2 秒，如图 3-18 所示。

图 3-18　输入时码算式来定位时间

操作 10：调整图层左右的入、出点

（1）选中图层，移动时间定位器到某一时间点，按 [键和] 键可以将图层的入点或出点移动到当前时间点，图层整体移动，如图 3-19 所示。

图 3-19　移动图层的入点

（2）选中图层，移动时间定位器到某一时间点，按 Alt+[键和 Alt+] 键可以剪切图层的入点或出点到当前时间点，图层位置不变，如图 3-20 所示。

图 3-20　剪切图层的入点

操作 11：复制和分割图层

（1）按 Ctrl+C 和 Ctrl+V 键复制和粘贴选中的 1 个或多个图层。
（2）按 Ctrl+D 键可以重复创建选中的 1 个或多个图层的副本。
（3）按 Ctrl+Shift+D 键可以分割选中的 1 个或多个图层，如图 3-21 所示。

图 3-21　分割图层

3.5　合成视图面板的显示与操作

在合成视图面板中可以按多种方式来显示合成的画面。合成视图面板左上部是相关合成的名称，单击可切换合成。面板下方有显示的百分比、参考线、当前时间码、分辨率选项、"切换透明网格"开关、"像素比校正"按钮等。合成视图面板如图 3-22 所示。

图 3-22   合成视图面板

操作 12 ： 合成视图操作

（1）缩放视图操作。

在合成视图面板左下角的百分比选项中可以选择视图显示大小的百分比，选择"适合"选项时，将始终根据合成视图面板的大小来自动调整比例显示画面全貌。也可以使用如下快捷键来进行缩放操作。

按 < 键和 > 键缩放视图画面显示的大小。

按 / 键以 100% 比例显示画面。

按 Alt+/ 键以适合大小的比例显示画面。

（2）显示分辨率精度操作。

在合成视图面板下部的分辨率选项中可以选择以"完整""二分之一""三分之一""四分之一""自定义"来显示视图中的画面。此外也有一个"自动"选项，根据当前画面显示比例来自动选择分辨率，例如 50% 以上自动使用完整分辨率；33.3% 至 50% 自动使用二分之一的分辨率；25% 至 33.3% 自动使用三分之一的分辨率。

（3）显示参考线。

单击打开 按钮，可以选择显示标题/动作安全框、网络、参考线和标尺等。

（4）使用快照。

单击 按钮可以为当前合成视图中的画面拍摄快照，用来与后来制作调整的画面作比较；经过制作调整之后，按住 按钮将对比显示拍摄的快照。

（5）显示目标区域。

单击打开 按钮，然后在合成视图中绘制矩形局部显示区域，这样有利于在复杂计算的制作过程中更快地刷新局部关键的画面显示。也可以选择"合成 > 剪裁合成到目标区域"命令将合成的尺寸重新定义为所绘制区域的大小。

（6）切换像素长宽比校正。

对非正方形像素比的合成画面，单击 按钮将切换当前像素比与正方形像素比的显示。

（7）预览操作。

可以通过按空格键或拖动时间轴中的时间定位器在合成视图中预览视频效果，也可以在"预览"面板中通过相关播放按钮进行预览操作。

操作 13 ： 合成视图、素材视图、图层视图、流程图

视图面板有不同的类型，如合成视图、素材视图、图层视图以及流程图。

（1）双击合成会显示合成视图的状态。

（2）在"项目"面板中双击素材，会显示素材视图。

（3）在时间轴中双击素材层，会显示素材视图。

（4）在时间轴中双击创建的纯色层，会显示其图层视图。

（5）在时间轴中选中合成层，在其上右击，选择"打开图层"命令，会显示图层视图。

（6）在合成视图中单击按钮，会显示合成的流程图示，如图 3-23 所示。

图 3-23　合成的流程图示

3.6　实例：制作滚动的大屏幕

本章介绍的时间轴和合成视图中，时间轴可以进行很多复杂的操作，是整个合成制作的主要工作对象；合成视图的作用主要是显示功能，同时也可以直接对素材画面进行摆放、旋转、缩放、对齐等操作。这里将利用多个图片在合成视图中进行对齐排列，制作一个滚动的大屏幕动画，效果如图 3-24 所示。

图 3-24　实例效果

实例的合成流程图示如图 3-25 所示。

图 3-25　实例的合成流程图示

步骤1：导入素材

在"项目"面板中双击打开"导入文件"对话框，将本实例准备的一个视频文件、一个音频文件和多个图片文件全部选中，单击"导入"按钮，将其导入"项目"面板，如图3-26所示。

图3-26　导入素材

步骤2：建立海报合成

（1）建立海报合成。

按Ctrl+N键打开"合成设置"对话框，将合成"名称"设为"海报01"。可以先将"预设"选择为"HDTV 1080 25"，这样确定了方形像素比和帧速率。然后将"宽度"修改为400、"高度"改为225，再将持续时间设为15秒，单击"确定"按钮建立合成。

（2）放置海报调整大小。

可以从"项目"面板中将"海报01.jpg"拖至时间轴中，展开图层的变换属性，适当调整其"位置"和"缩放"属性，使其在画面中合理地显示。也可以从"项目"面板中将"海报01.jpg"直接拖至合成视图中，确认使用的是工具栏的▶选择工具，在合成视图中对图像进行拖动，或者拖动边角时按住Shift键进行等比缩放，等比例缩放到当前合成宽度，如图3-27所示。

图3-27　放置素材并调整大小位置

提示

按合成的宽度、高度缩放素材画面时，也可以使用3组快捷键的方式，分别为Ctrl+Alt+F、Ctrl+Shift+Alt+H和Ctrl+Shift+Alt+G；或者选择"图层 > 变换"命令进行缩放。

步骤3：建立长画合成

（1）建立长画面合成。

按Ctrl+N键打开"合成设置"对话框，将合成名称设为"长画面"，合成的其他参数设置默认沿用上次使用的设置状态，将"宽度"修改为原来400的6倍，即2400；"高度"修改为原来225的3倍，可以在原来225的后面输入"*3"，即乘以3，数值会自动换算为675；单击"确定"按钮建立合成，如图3-28所示。

（2）放置和复制图层。

从"项目"面板中将合成"海报01"拖至时间轴中，按Ctrl+D键5次创建副本，如图3-29所示。

图 3-28　建立自定义合成

图 3-29　创建副本层

（3）排列和对齐。

选择"窗口 > 对齐"命令显示出"对齐"面板。按 Ctrl+A 键全选时间轴中的图层，在"对齐"面板中"将图层对齐到"选择为"合成"，单击 ▊ 按钮顶对齐，如图 3-30 所示。

图 3-30　顶对齐

选择最下方图层，单击 ▊ 按钮左对齐；然后选择最上方图层，单击 ▊ 按钮右对齐，如图 3-31 所示。

图 3-31　水平左对齐和右对齐

再按 Ctrl+A 键全选图层，单击 ▊ 按钮水平均匀分布，将这 6 个海报图像等距离水平分布排列，如图 3-32 所示。

图 3-32　水平均匀分布

（4）复制图层。

在时间轴中选中这 6 个图层，按 Ctrl+C 键复制，再按 Ctrl+V 键粘贴，新的图层被放置在时间轴上层，处于选中状态。在将图层对齐到"合成"的方式下，单击 ▊ 按钮垂直对齐，如图 3-33 所示。

图 3-33　复制图层并垂直居中对齐

再次按 Ctrl+V 键粘贴，紧接着单击 █ 按钮底对齐，这样排列摆放好海报画面，如图 3-34 所示。

图 3-34　复制图层并垂直靠下对齐

步骤 4：建立屏幕合成

（1）建立屏幕合成。

按 Ctrl+N 键打开"合成设置"对话框，将合成"名称"设为"屏幕"、"宽度"设为 1200、"高度"设为 675，持续时间设为 15 秒，单击"确定"按钮建立合成。

（2）放置图层。

从"项目"面板中将"长画面"拖至时间轴中，如图 3-35 所示。

图 3-35　放置合成层

步骤 5：建立大屏幕场景合成

（1）建立大屏幕场景合成。

按 Ctrl+N 键打开"合成设置"对话框，将合成"名称"设为"大屏幕场景"，将"预设"选择为"HDTV 1080 25"，将持续时间设为 15 秒，单击"确定"按钮建立合成。

（2）将"屏幕""背景视频 .mov""电影背景音乐 .wav"拖至新建合成的时间轴中，如图 3-36 所示。

图 3-36　放置素材

（3）选中"屏幕"层，将时间移至后部画面中大屏幕静止的位置，参照背景的大屏幕，选择"效果 > 扭曲 > 变形"命令，并设置"变形样式"为"凸出"、"弯曲"为"-26"，如图 3-37 所示。

图 3-37　添加变形画面效果

（4）查看背景视频的动画在第 1 秒 10 帧处画面中的场景停止下来，所以将添加的大屏幕设为在此时出现。选中"屏幕"层，按 T 键显示其不透明度，将时间移至第 1 秒 10 帧处，单击打开不透明度 前面的秒表，开启关键帧记录，设"不透明度"为"0%"。将时间移至第 2 秒 10 帧处，设"不透明度"为"100%"，这样大屏幕将逐渐显示出来，如图 3-38 所示。

图 3-38　设置逐渐显示的动画

步骤 6：替换海报画面

（1）创建海报合成副本。

在"项目"面板中选中合成"海报 01"，按 Ctrl+D 键会创建一个副本"海报 02"，并删除其中的图层。因为屏幕中将放置 18 张海报的图像，所以继续按 Ctrl+D 键，直到出现"海报 18"为止。双击打开"海报 02"的时间轴，从"项目"面板中放置新的海报图像，并调整大小和位置。然后用相同的方法替换所有海报合成中的图像。

提示

这里先将海报素材放到海报合成中，然后将海报合成放到"长画面"合成中进行对齐排列，而不是直接对齐排列海报素材。这是因为各个海报素材尺寸不一，通过放到海报合成这个环节解决了尺寸不一的问题。利用 AE 便捷的操作，合成数量多或图层多并不代表制作难度大、耗费时间长，有清晰的思路和正确的操作方法会很快完成看似烦琐的制作任务。

（2）切换到"长画面"合成的时间轴，选中第 2 层，按住 Alt 键从"项目"面板中将"海报 02"拖至时间轴的第 2 层上释放，将其替换。用同样的方法将"长画面"时间轴中所有图层替换为不同的画面，如图 3-39 所示。

图 3-39　替换不同画面

步骤 7：设置屏幕滚动的动画

（1）切换到"屏幕"时间轴，选中"长画面"层，按 P 键展开"位置"属性，配合"大屏幕场景"合成中屏幕显示出现的时间点，将时间移至 2 秒 10 帧处。单击打开"长画面"层"位置"前面的秒表，开启关键帧记录，单击"对齐"面板的 按钮左对齐，此时位置数值变为（1200，337.5），如图 3-40 所示。

图 3-40　设置起始位置关键帧

（2）按 End 键将时间移至合成的结尾，即 14 秒 24 帧处，单击"对齐"面板的 按钮右对齐，此时位置数值变为（0，337.5），如图 3-41 所示。

图 3-41　设置结束位置关键帧

步骤8：调整大屏幕效果

（1）切换到"大屏幕场景"合成，选中"屏幕"层，选择"效果＞风格化＞发光"命令，并设置"发光强度"为"0.3"，为屏幕上添加适当的光感效果，如图3-42所示。

图3-42　添加光感效果

（2）完成制作，按小键盘的0键预览完整的视频音频效果。

测试题

1．从合成预设中列举国内常用的标清和高清预设。

2．列举在时间轴移动时间定位器的快捷键。

3．列举合成视图面板操作的常用快捷键。

第4章
一个常规制作流程

AE 的操作使用有其一套通用的操作流程，例如首先进行素材的导入，制作之前需要建立合成，最后输出结果等。本章以实例来说明一个具体的流程制作。

4.1 AE 制作流程介绍

通常一个常规的合成制作的流程包括以下几个步骤。

（1）导入和组织素材。

AE 启动后将新建项目文件，对于需要利用的素材要先导入"项目"面板。在导入图片素材时，可能涉及通道、序列、分层画面、像素长宽比等不同类型的解释方式；在导入视频素材时，也可能涉及通道、帧速率、像素长宽比等不同类型的解释方式。除了可以导入视频、音频和图片素材，还可以导入相关的项目文件；如果素材较多，可以在"项目"面板中建立文件夹分类管理。

（2）在合成中放置图层。

AE 所有的合成操作和效果应用都是针对于合成中的图层进行的。在这些合成与效果制作之前，需要先建立合成，然后在合成的时间轴中放置素材图层；或者由 AE 本身创建层。这些层的存在是下一步的操作基础。

（3）合成图层动画。

对于时间轴中的图层可以进行多种操作，将这些图层叠加、合成到一个画面中，通过建立关键帧等手段为其制作动画效果，使视频、图像和音乐合成到一起，形成视频影片。

（4）制作特殊效果。

对于制作合成到一起的画面，往往还需要进一步为其添加某些特殊效果，例如调整风格、色彩，添加粒子、光效，或者应用一个追踪、爆炸等特技效果，使制作最终达到预想的目的。因为一些特效效果添加后会增加软件的运算量，所以在不影响合成操作与动画设置的情况下，一般在制作流程后续阶段来应用效果。

（5）输出和备份。

完成制作后，将最终合成添加到渲染队列中，按需导出结果或输出为需要的文件，并且备份整个制作项目。

在上述整个流程的 5 个步骤中，除了最先的导入素材和最后的输出备份，中间的 3 个步骤并没有严格的先后顺序关系：可能会在放置部分图层后，立即为其制作动画和添加效果，然后再放置其他部分图层，继续添加效果或制作动画。

4.2 实例：旋转地球制作流程

本实例是制作一个旋转地球的场景动画，在地球上按顺序插放着写有 AE 操作流程 5 个步骤的路牌。而所有这些效果，使用准备好的 8 个图片即可完成，实例最终效果如图 4-1 所示。

图 4-1　旋转地球实例效果

实例的合成流程图示如图 4-2 所示。

图 4-2　实例的合成流程图示

步骤 1：导入和组织素材

（1）导入制作中使用的所有文件：一个背景、一个地面景物、一个地球贴图、一个飞机、3 个路牌、一幅气球图片素材和一段音乐，其中图片素材如图 4-3 所示。

图 4-3　图片素材

（2）在"项目"面板中单击新建文件夹图标，或者右击并选择"新建文件夹"命令，在"项目"面板中建立文件夹并命名为"图片素材"，将所有图片拖曳至文件夹中，如图 4-4 所示。

步骤 2：在合成中放置图层

（1）按 Ctrl+N 组合键打开"合成设置"对话框，在其中将合成"名称"设为"地面景物与路牌"，将"预设"选择为"胶片（4K）"，将持续时间设为 20 秒，单击"确定"按钮建立新合成。

提示

选择使用胶片（4K）是想利用其较大的宽度和高度尺寸，制作一个大的画面，方便操作。最终视频效果并不以 4K 的尺寸输出，而只取其中的一部分区域。另外，这里在 4K 的合成中没有涉及动画制作，否则需要统一帧速率。

图 4-4　导入素材并将图片整理到文件夹中

（2）按 Ctrl+Y 键打开"纯色设置"对话框，将"名称"设为"地球参照"，将"宽度"和"高度"均设为 1000，指定任意颜色，单击"确定"按钮建立新的纯色层，如图 4-5 所示。

图 4-5　创建纯色层

（3）确认"地球参照"层为选中状态，在工具栏中双击 ⬭ "椭圆工具"按钮，为纯色层添加一个正圆形的蒙版，如图 4-6 所示。

图 4-6　绘制正圆形蒙版

（4）从"项目"面板中将"地面景物 .png"拖至时间轴上层，然后将"地球参照"层放大到与景物适应的大小，这里"缩放"为（160，160%）。可以打开合成视图面板下部的 ![] "切换透明网格"开关查看结果，如图 4-7 所示。

图 4-7　设置"缩放"属性

（5）从"项目"面板中将"背景 .jpg"拖至时间轴底层，将其移至画面上部合适的位置，这里"背景 .jpg"的"位置"为（2048，540），如图 4-8 所示。

图 4-8　放置图层并调整位置

提示

最终的视频将以"背景 .jpg"画面的区域为准。另外，在这里也可以很直观地对比一下高清画幅（背景 .jpg）与 4K 画幅（当前合成画面）的大小比例。

（6）准备放置路牌画面。先建立另一个合成，按 Ctrl+N 键打开"合成设置"对话框，在其中将合成名称设为"路牌 1"，将"预设"选择为"HDTV 1080 25"，将持续时间设为 20 秒，单击"确定"按钮建立新合成。

（7）从"项目"面板中将"路牌 03.png"拖至新时间轴中，缩放大小，调整位置，使准备放置文字的牌板居中，如图 4-9 所示。

图 4-9　放置图层并调整大小和位置

（8）在时间轴空白处右击，选择"新建 > 文本"命令，输入"1. 导入和组织素材"，然后按小键盘的 Enter 键结束输入状态，如图 4-10 所示。

图 4-10 新建文本

（9）在"字符"面板和"段落"面板对文字进行设置，这里设置字体为黑体，颜色为黑色，大小为 80 像素，对齐方式为居中，如图 4-11 所示。

图 4-11 设置文本

（10）在"项目"面板中，选中"路牌 1"，按 Ctrl+D 键将创建一个重复的副本"路牌 2"，继续按 Ctrl+D 键创建副本"路牌 3""路牌 4""路牌 5"，如图 4-12 所示。

提示

在 AE 中制作同类元素的时候，通常会采用这个方法，即先做好其中一个，然后创建出副本，通过修改副本的方式来制作其他同类元素，这样有利于保持元素的一致性，操作起来也更快捷。

图 4-12 按 Ctrl+D 键创建副本

（11）打开"路牌 2"合成的时间轴，修改文字为"2. 在合成中放置图层"，将图片更换为"路牌 01.png"并调整大小和位置，如图 4-13 所示。

图 4-13 调整"路牌 2"合成

（12）打开"路牌 3"合成的时间轴，修改文字为"3. 合成图层动画"，将图片更换为"路牌 02.png"并调整大小和位置，如图 4-14 所示。

图 4-14 调整"路牌 3"合成

（13）打开"路牌 4"合成的时间轴，修改文字为"4. 制作特效效果"，图片为"路牌 03.png"并调整大小和位置。打开"路牌5"合成的时间轴，修改文字为"5.输出和备份"，将图片更换为"路牌01.png"并调整大小和位置，如图4-15所示。

图4-15　调整"路牌5"合成

（14）在时间轴中切换到"地面景物和路牌"面板，从"项目"面板中将"路牌1"拖至时间轴顶层。展开"路牌1"的变换，将其"缩放"设为（92，92%），然后在锚点的第2个数值（即 y 轴数值）上拖动鼠标指针，使图形的轴心在画面中心点处不动，图形远离轴心上移至地球表面合适的位置，这里 y 轴数值为1940，如图4-16所示。

图4-16　调整图层的"缩放"和锚点

（15）在时间轴中选中"路牌1"，按Ctrl+D键4次，创建4个重复的副本。然后先选中第2个路牌层，按住Alt键从"项目"面板中将"路牌2"拖至其上释放并将其替换为"路牌2"；再依次选中第3至第5路牌层，分别按住Alt键拖动替换为新的"路牌3"至"路牌5"，如图4-17所示。

图4-17　创建副本层

（16）选中这5个路牌层，按R键展开其旋转，分别拖动数值，将其按顺时针顺序放置，如图4-18所示。

图4-18　调整图层旋转角度

（17）将"地面景物 .png"层拖至顶层，关闭"地球参照"和"背景 .jpg"层的显示，即完成当前合成的设置，如图 4-19 所示。

图 4-19　调整图层顺序和关闭图层显示

（18）建立另一个合成，按 Ctrl+N 键打开"合成设置"对话框，在其中将合成"名称"设为"旋转地球流程动画"，将"预设"选择为"HDTV 1080 25"，将持续时间设为 20 秒，单击"确定"按钮建立新合成。

（19）从"项目"面板中将"地面景物和路牌"拖至新的时间轴中，作为一个素材图层，调整其位置的 y 轴数值为 1556，这样只显示图层上部局部画面，如图 4-20 所示。

图 4-20　放置图层并调整位置

提示

可以先在合成视图中粗略调整位置，然后在时间轴的"变换"属性下将位置参数修正为精确的数值，也可以显示出"对齐"面板并使用其中的"顶对齐"。

（20）从"项目"面板中将"地球贴图 .jpg"拖至时间轴中，选择"效果 > 透视 >CC Sphere"命令，为其添加一个将平面贴图转变为球体的效果。对 CC Sphere 下的属性进行设置，首先将其影响中心点位置的"Offset"（偏移）的数值与"地面景物和路牌"层的"位置"数值保持一致，然后调整"Radius"（半径）的数值将其放大，再调整"Light"（灯光）下的属性数值并设置其光影效果，如图 4-21 所示。

图 4-21　设置效果

（21）此时会发现地球的纹理过大，可以选中"地球贴图 .jpg"层，选择"效果 > 风格化 > 动态拼贴"命令，添加"动态拼贴"效果，并将其拖至已添加的 CC Sphere 效果上方，调整效果的先后顺序。将"动态拼贴"效果的"拼贴宽度"和"拼贴高度"均设为 20，将纹理变得细小，如图 4-22 所示。

（22）从"项目"面板中将"飞机 .png""气球 .png""背景 .jpg""旋转地球背景音乐 .wav"放置到

时间轴中，并将"地面景物和路牌"移至顶层，如图4-23所示。

图4-22 查看图层与纹理效果

图4-23 放置素材并调整图层顺序

步骤3：合成图层动画

（1）选中"地面景物和路牌"层，按R键展开其旋转属性。再展开"地球贴图.jpg合成1"层"CC Sphere"效果下的"Rotation Z"，按住Alt键单击"Rotation Z"前面的◎时间变化秒表，添加表达式。接着用鼠标左键按住◎"表达式关联器"按钮拖至"地面景物和路牌"的"旋转"属性上释放，建立属性关联，如图4-24所示。

图4-24 添加表达式关联

（2）在第1秒处单击打开"地面景物和路牌"下"旋转"前面的秒表，开启关键帧记录，将此时数值设为45°，如图4-25所示。

图4-25 添加关键帧并设置

（3）在第18秒处将"旋转"数值设为-213°，使景物及地球一同旋转起来，如图4-26所示。

图4-26 设置关键帧

（4）双击"气球"图层，打开其图层视图，在工具栏中使用矩形工具为其建立一个只包括右侧大气球的蒙版。在工具栏中使用锚点工具将图层的锚点移至大气球上，如图 4-27 所示。

图 4-27　为图层建立蒙版

（5）在时间轴中选中"气球 .png"层，按 Ctrl+D 键创建一个重复的副本层，按主键盘上的 Enter 键可以将其重新命名，这里命名为"小气球 .png"。双击打开其图层视图，删除矩形蒙版，在工具栏中选择椭圆工具，为左侧的小气球建立一个小的蒙版，同样使用锚点工具将图层的锚点移至这个气球上，如图 4-28 所示。

图 4-28　创建副本并重命名和添加蒙版

（6）在时间轴中选中"小气球 .png"层，按 P 键显示"位置"属性。在第 0 帧时单击打开其前面的秒表，为其设置位移动画，第 0 帧时设为（-100，800）、第 19 秒 24 帧时设为（400，200），如图 4-29 所示。

图 4-29　设置左侧图像位置关键帧动画

（7）在时间轴中选中"气球 .png"层，按 P 键显示"位置"属性。在第 0 帧时单击打开其前面的秒表，为其设置位移动画，第 0 帧时设为（-100，800）、第 19 秒 24 帧时设为（1700，160），如图 4-30 所示。

图 4-30　设置右侧图像位置关键帧

（8）在时间轴中选中"飞机 .png"层，将时间移至第 6 秒，按 [键将其入点移至第 6 秒处，按 P 键显示"位置"属性。在第 6 秒时单击打开其前面的秒表，设为（-260，1000），将时间移至第 12 秒，设为（2200，1000），并按 Alt+] 键剪切出点，如图 4-31 所示。

图 4-31　设置图层关键帧和入、出点

（9）在工具栏中选择■顶点工具，向上拖动路径的曲线手柄，将直线路径变为曲线路径，如图 4-32 所示。

图 4-32　调整路径的曲线手柄

（10）飞机的直线路径改为曲线后，飞机自身还一直处于直线飞行的状态，选择"图层 > 变换 > 自动定向"命令，打开"自动方向"对话框。选择"沿路径定向"，单击"确定"按钮，飞机沿曲线路径自动调整自身的飞行方向，如图 4-33 所示。

图 4-33　设置图层的自动定向

（11）为动画部分的地球转动设置一个缓缓起动和渐渐停止的效果。选中"地面景物和路牌"层，按 U 键展开其关键帧，单击时间轴上方的▣"图表编辑器"按钮，将图层状态切换到动画关键帧的图表编辑器状态。双击旋转属性名称，选中两个关键帧，然后单击图表编辑器右下方的▨"缓动"按钮，这样关键帧由直线变为曲线，曲线越接近水平地球旋转越慢，如图 4-34 所示。

图 4-34　将关键帧设为缓动的曲线方式

步骤 4：制作特殊效果

（1）选中"背景 .jpg"图层，选择"效果 > 模糊和锐化 > 高斯模糊"，设置"模糊度"为 20，并将"重复边缘像素"切换为"开"，如图 4-35 所示。

（2）同样为"气球 .png"层添加"高斯模糊"，设置"模糊度"为 10，如图 4-35 所示。

（3）再为"小气球 .png"层添加"高斯模糊"，设置"模糊度"为 15，如图 4-35 所示。

图 4-35　添加快速模糊效果

（4）在时间轴空白处右击，选择"新建 > 调整图层"命令，建立"调整图层 1"，位于时间轴顶层。

（5）选中"调整图层 1"，选择"效果 > 颜色校正 > 曲线"，添加调色效果。在"效果控件"面板的调色曲线的右上处单击建立一个点，并向上拖动一些，这样可以增强亮色调。再在调色曲线的左下处单击建立一个点，并向下拖动一些，降低暗色调。这样整个画面效果更加鲜艳亮丽，如图 4-36 所示。

图 4-36　设置曲线调色效果

步骤 5：输出和备份

（1）通过以上的制作完成最终的效果，最后可以按小键盘的 0 键进行完整的视频音频预览。

（2）可以选择"合成 > 添加到渲染队列"命令，或按 Ctrl+M 键，将"旋转地球流程动画"合成添加到"渲染队列"面板中，如图 4-37 所示。

（3）在"输出模块"后的设置项上单击，打开其"输出模块设置"对话框，在其中设置"格式"为"QuickTime"、"通道"为"RGB"，单击"确定"按钮，如图 4-38 所示。

图 4-37　添加最终合成到"渲染队列"面板中　　　　　　图 4-38　进行输出模块设置

（4）在"渲染队列"面板设置好"输出模块"和"输出到"的文件路径和名称后，单击"渲染"按钮即可渲染输出，如图 4-39 所示。

图 4-39　渲染输出过程

（5）默认输出的 QuickTime 文件为动画编码的 MOV 格式，文件存储占用空间较大。如果要输出存储占用空间较小的文件，可以在完成制作的最终合成中选择"合成 >Adobe Media Encoder 队列"命令，或者按 Ctrl+Alt+M 键，将"旋转地球流程动画"合成添加到 Adobe Media Encoder 的"渲染队列"中，设置好格式编码和文件名称，单击右上角的"启动队列"按钮，即可输出存储占用空间较小的 MP4 文件，如图 4-40 所示。

图 4-40　添加到 Adobe Media Encoder 的渲染队列

（6）最后，还需要确认项目文件是否保存好，或者进行备份。可以通过整理工程完整无缺地将所有素材和当前项目备份到一个文件夹。选择"文件 > 整理工程 > 收集文件"命令，打开"收集文件"对话框，在其中将"收集源文件"选项选择为"全部"，单击"收集"按钮，指定路径，即可完整地进行备份，如图 4-41 所示。

图 4-41　对项目进行备份

测试题

1．简述 AE 常规制作流程。
2．制作流程是否要严格遵循先后顺序？
3．如何输出制作好的视频？

第 5 章
关键帧动画

关键帧是计算机动画的术语。帧就是动画中最小单位的单幅影像画面，相当于电影胶片上的一格镜头，在动画软件的时间轴上帧表现为一格或一个标记。关键帧也相当于二维动画中的原画，指角色或者物体运动或变化中的关键动作所处的那一帧。在 AE 的制作过程中会有大量关键帧操作，而在关键帧操作过程中有许多细节设置需要了解，这也是学习中的一个重点。本章对关键帧的基本操作和进一步的细节设置进行分类讲解。

5.1 关键帧的基本操作

AE 中，关键帧与关键帧之间的动画可以由软件计算出来，制作者只要关注关键帧的设置便能控制整个动画。当使用关键帧创建动画时，通常至少要使用两个关键帧：一个用于变化开始时的状态，一个用于变化结束时的状态。

操作 1：关键帧基本操作

（1）查看弹跳动画的关键帧。

对于静态的素材可以设置一些属性的关键帧变化让其动起来。先查看一个设置好关键帧的图层，按U 键可以显示图层已设置的关键帧，按空格键或小键盘的 0 键预览动画。使用关键帧导航处的 ◄ ◆ ► "向左"或"向右"按钮来转到左一个或右一个关键帧时间位置，也可以按快捷键 J 或 K 来向左或向右转到某个关键帧的位置，如图 5-1 所示。

图 5-1　查看弹跳关键帧动画

提示

不要小看这个简单的模拟足球弹跳的动画，在掌握好关键帧部分的知识点之前，想要制作出自然流畅的动画效果可不容易。

（2）添加关键帧和选中关键帧。

在时间轴中的属性名称前有一个 时间变化秒表，单击成为 打开秒表状态，将会记录属性的参数值，再次单击会变回 关闭秒表状态。

当打开秒表时，时间轴中的当前时间处将添加一个关键帧，将时间移至另一处，单击时间轴左侧关键帧导航处的 将再添加一个关键帧。可以单击选中或框选选中时间轴中的关键帧，选中时将以高亮的颜色显示，如图 5-2 所示。

图 5-2　添加关键帧和选中关键帧

（3）移动关键帧。

选中一个或多个关键帧左右拖动，可以改变关键帧的位置。

选中一个或多个关键帧后，按住 Alt 键的同时按键盘上的左右方向键，也可以逐帧向左或向右移动关键帧。

按住 Shift 键的同时移动关键帧，可以将关键帧的位置吸附到当前时间指示器的位置、其他图层的一端、标记点处等可对齐时间处，如图 5-3 所示。

图 5-3　移动关键帧

（4）在同一属性中复制粘贴关键帧。

可以在同一属性中选中一个或多个关键帧，先按 Ctrl+C 键复制，然后在其他的时间位置按 Ctrl+V 键粘贴关键帧，如图 5-4 所示。

图 5-4　在同一属性中复制和粘贴关键帧

（5）在不同属性中复制粘贴关键帧。

对于相同维度数组的关键帧，先按 Ctrl+C 键复制，然后再选中相同维度的不同属性，按 Ctrl+V 键也可以粘贴关键帧，如图 5-5 所示。

图 5-5　在不同属性中复制粘贴关键帧

（6）累加选择关键帧。

按住 Shift 键的同时单击选择或框选，可以累加选择关键帧，如图 5-6 所示。

图 5-6　累加选择关键帧操作

（7）使用关键帧索引。

在时间轴单击　按钮，选择"使用关键帧索引"命令，关键帧图标将变成带有序号的关键帧索引，便于准确识别关键帧的顺序，如图 5-7 所示。

图 5-7　使用关键帧索引

5.2　运动路径的关键帧

在设置位置的关键帧动画时，关键帧路径有直线和曲线的区别，在制作中可以相互转换，对于路径曲线的形状也可以通过关键帧手柄来调整。

操作 2：转换位置关键帧的曲线路径为直线路径

在第 0 帧、第 10 帧和第 20 帧处建立 3 个关键帧，设置台球碰壁后变向运动的关键帧，此时的关键帧为默认的曲线路径，如图 5-8 所示。

图 5-8　关键帧为默认的曲线路径

方法一：双击"位置"属性的名称，将 3 个关键帧全部选中，然后在其中一个关键帧上右击，选择"关键帧插值"命令，打开"关键帧插值"对话框，从中将"空间插值"选择为"线性"，如图 5-9 所示。

图 5-9　在"关键帧插值"对话框中进行设置

方法二：将关键帧恢复为原来的"自动贝塞尔曲线"路径，双击"位置"属性的名称，将3个关键帧全部选中，然后在工具栏中选择转换顶点工具，在合成视图中的其中一个关键帧上单击，原来的曲线路径将转变为直线路径，如图5-10所示。

图5-10　使用转换顶点工具调整

提示

使用转换顶点工具单击合成视图中的关键帧，将在曲线路径和直线路径之间来回切换。

此外，在首选项中可以更改每次添加位置关键帧的路径时是使用直线还是曲线，选择"编辑 > 首选项 > 常规"命令，在打开的对话框中将"默认的空间插值为线性"勾选上，单击"确定"按扭，然后重新打开 AE 软件，如图5-11所示。这样新建立的位置路径将是直线，不过因为使用曲线路径的情况占大多数，所以一般情况下不勾选这一复选框。当使用直线路径时，使用以上两种方法将曲线转换成直线即可。

图5-11　修改首选项中默认的空间插值为线性

操作 3：调整位置关键帧的曲线路径

（1）将"项目"面板中准备的"天空 .jpg"拖至"项目"面板的"新建合成"按钮上释放，建立"天空"合成。然后将"人物 1.png"拖至时间轴中放在顶层，"缩放"设为（35，35%），将时间移至第 0 帧，单击打开"位置"前面的秒表，开启关键帧，如图5-12所示。

图5-12　打开秒表开启关键帧

（2）将时间移至第 1 秒处，单击关键帧导航处的■按钮添加一个关键帧，同样在第 2 秒、第 3 秒处添加关键帧，此时的"位置"数值均相同。

（3）将时间移至第 0 帧处，设置"位置"参数的 y 轴数值为 +300；将时间移至第 1 秒，设置"位置"参数的 x 轴数值为 +300；将时间移至第 2 秒，设置"位置"参数的 y 轴数值为 -300；将时间移至第 3 秒，设置"位置"参数的 x 轴数值为 -300。这样数值自动运算变化，如图5-13所示。

图5-13　添加关键帧和用运算方式修改关键帧

（4）将时间移至第 4 秒，选中第 0 帧的关键帧，先按 Ctrl+C 键复制，再按 Ctrl+V 键粘贴，如图 5-14 所示。

图 5-14　在结尾处复制开始关键帧

（5）此时动画的关键帧数值都确定好了，运动路径要达到一个近似圆形的循环，可以通过调整关键帧手柄来实现。在合成视图中单击选中其中的一个关键帧，在关键帧两侧会显示两个手柄，使用选择工具或转换顶点工具可以调整路径的弯曲度，这样可以将路径调整为圆形。在时间轴中全选关键帧可以显示出全部的手柄，如图 5-15 所示。

提示

在将路径调整为圆形时，可以暂时建立一个正圆的图形，放在下层，作为路径弯曲度参考。

图 5-15　调整手柄使路径变成圆形

（6）此时人物按圆形路径移动，但方向没有发生变化。选中"位置"属性，选择"图层 > 变换 > 自动定向"命令，在打开的对话框中，将"自动方向"设为"沿路径定向"，单击"确定"按钮，这样人物始终保持初始的头部向中心的状态，如图 5-16 所示。

图 5-16　设为"沿路径定向"的方式

5.3　速度变化的关键帧

在简单的移动关键帧动画中，存在着匀速的运动和变速的运动。在两个关键帧之间，软件会自动计算出运动的速度，不仅能制作出匀速的动画，按指定的设置还能制作出先快后慢的动画和先慢后快的动画，或者由慢起动至加速运动、再减速结束的动画等，这个变速的设置要点就是关键帧的速率。

操作 4：关键帧速率的操作

（1）打开"操作 11 时间线性插值操作"合成，选择"台球"层，按 P 键展开其"位置"属性。在第 0 帧时打开"位置"前面的秒表记录关键帧，第 0 帧时设为（1565，540），即从右侧开始移动。将时间移至第 4 秒处，设为（165，540），即终点为左侧，如图 5-17 所示。

（2）按小键盘的 0 键进行预览，可以看到此时台球以均匀的速度移动。在一个关键帧上右击，选择"关键帧插值"命令，在打开的对话框中，将"临时插值"设置为默认的"线性"，如图 5-18 所示。

图 5-17　设置关键帧

图 5-18　查看关键帧的临时插值

（3）单击时间轴上方的▣开关，切换到图表编辑器显示方式，单击"位置"前面的▣按钮，在图表编辑器中显示当前这个属性。单击▣"选择图表类型和选项"按钮，在弹出菜单中勾选"编辑速度图表"，在图表编辑器中显示时间插值的曲线。此时时间插值为水平的直线，即时间从 0 帧至第 4 秒保持均匀速度，数值不变，如图 5-19 所示。

图 5-19　查看时间插值曲线

（4）单击时间轴上方的▣按钮切换到图层显示方式，选中两个"位置"关键帧，然后在任意一个关键帧上右击，选择"关键帧插值"命令，在打开的对话框中，将"临时插值"设为"贝塞尔曲线"，此时可以看到关键帧的形状发生了变化，如图 5-20 所示。

图 5-20　转变为贝塞尔曲线关键帧

（5）单击时间轴上方的▣按钮，切换到图表编辑器显示方式，拖动后一个关键帧的手柄向下移至 0 像素 / 秒的水平线处，然后再拖动前一个关键帧的手柄向上移至 1000 像素 / 秒的水平线处，如图 5-21 所示。

（6）按小键盘的 0 键预览动画，此时台球从开始移动后速度逐渐放慢，直至终点处停止。这个速度变化在合成视图的移动路径中以位置点显示，即路径直线上右侧运动较快时，点之间的距离相对较大，左侧运动较慢时，点之间的距离相对较小。点之间的距离逐渐减小变得密集，说明速度也是在逐渐减慢，如图 5-22 所示。

图 5-21　调整关键帧曲线

图 5-22　关键帧动画速度逐渐减慢

5.4　关键帧的时间插值和空间插值

通过上面运动路径关键帧和速度变化关键帧的操作，已经体验了关键帧插值的效果。关键帧插值就是在两个已知的数值之间填充未知数值的过程。关键帧之间的插值可以用于对运动、效果、音频电平、图像调整、透明度、颜色变化等添加动画。

关键帧插值又分为时间插值和空间插值，分别对应上面的速度变化和路径变化。两者在操作上有着明显的不同，时间插值动画只能在时间轴中设置关键帧数值，空间插值动画可以在合成视图中调整关键帧数值。

操作 5：关键帧的时间插值和空间插值的区别

（1）时间插值动画只能在时间轴中设置关键帧数值。

时间插值影响属性随着时间的变化方式，如"不透明度"只具有时间插值属性，需要在时间轴中进行属性的数值设置。例如正常状态时"不透明度"为 100%，当设置为 50% 时将会变为半透明，设置为 0% 时则不再显示，如图 5-23 所示。

图 5-23　"不透明度"只能在时间轴中设置

（2）空间插值动画可以在合成视图中调整关键帧数值。

空间插值影响运动路径或形状，如"位置"同时具有时间和空间属性，"缩放"同时具有时间和形状属性。可以在时间轴中进行属性的数值操作，也可以在合成视图面板中进行直观的空间位置操作。例如在制作足球落下弹起的动画时，可以将时间移至第0帧处，打开"位置"关键帧后，在合成视图中将足球拖至画面顶部，这样确定了第1帧关键帧"位置"的数值。将时间移至第1秒时，将足球拖至下方的地板上，这样确定了第2帧关键帧"位置"的数值。再将时间移至第2秒时，将足球拖至顶部，这样确定了第3帧关键帧"位置"的数值。即可以在合成视图中调整关键帧数值，如图5-24所示。

图5-24　位置关键帧可以在合成视图或时间轴中设置

此外，还可以在合成视图中直接调整"缩放"动画，而对于具有空间属性的关键帧操作，通常可以采用先在合成视图面板中调整大致的空间位置或形状，然后在时间轴中将数值精确调整的做法。例如制作足球弹跳的关键帧动画具有空间属性，可以先大致确定几个关键帧在视图中的空间位置，然后在时间轴中精确调整数值，包括3次落到地板平面上的高度相同，即"位置"属性中y轴的数值保持一致。以下效果可以在学习完关键帧的内容后再作练习，如图5-25所示。

图5-25　在合成视图和时间轴中制作空间插值动画

5.5　关键帧插值的简单分类

关键帧插值可简单分为线性插值和贝塞尔曲线插值。

在时间关键帧插值中，线性插值即以上操作中关键帧之间水平直线插值的匀速效果，贝塞尔曲线插值即关键帧之间的上下高度不一样的曲线变速效果。

在空间关键帧插值中，线性插值即以上操作中关键帧之间直线的运动路径效果，贝塞尔曲线插值即关键帧之间曲线的运动路径效果。

此外无插值即表示没有关键帧，定格关键帧即表示关键帧之间没有过渡的插值数值。例如打开灯时亮度变化的动画，就可以使用定格关键帧来完成。

操作6：定格关键帧操作

（1）打开对应操作的合成时间轴面板，准备制作一个开灯和关灯时亮度的变化效果，从0帧开始为关灯状态，第1秒时开灯，第2秒时关灯。选中"灯光"层，按T键显示"强度"属性，在第0帧处打开"强度"前面的秒表记录关键帧，设"强度"为0%，如图5-26所示。

图 5-26　设置"强度"关键帧

（2）将时间移至第 1 秒处，设"强度"为 100%，第 2 秒处设"强度"为 0%，如图 5-27 所示。

图 5-27　继续设置"强度"关键帧

（3）预览动画，会发现光线有一个缓慢亮起后又缓慢暗下去的效果。选中这 3 个关键帧，然后在其中某个关键帧上右击，选择"关键帧插值"命令，在打开的对话框中将"临时插值"选择为"定格"，如图 5-28 所示。

图 5-28　转换为定格关键帧

（4）预览动画效果，亮度在第 1 秒处直接变亮，在第 2 秒处直接变暗，不再有中间过渡，每个关键帧之后的时间段属性也保持不变。查看关键帧的形状发生了变化，单击时间轴上方的█按钮切换到图表编辑器显示方式，在图表编辑器中可以查看到 3 个关键帧直接变化的水平线段，如图 5-29 所示。

图 5-29　定格关键帧曲线显示为水平线段

5.6　不同形状时间关键帧的插值操作

下面再来区分关键帧的不同形状，这些是针对时间关键帧插值类型设置的形状区分，常见的◆形状即线性关键帧，其他几种关键帧如图 5-30 所示。

线性关键帧与定格关键帧上面已有列举，也比较好区分。对于贝塞尔曲线的 3 个类型，从以下操作中来说明。

图 5-30　不同形状的时间关键帧类型

操作 7：贝塞尔曲线关键帧操作

（1）打开对应操作的合成时间轴面板，"台球"层的"位置"设置了 3 个关键帧，第 0 帧为（1600，900），第 3 帧为（900，160），第 9 帧为（165，900），此时通过关键帧的形状可以看出时间关键帧插值为线性，在合成视图中可以看到前两帧之间的直线路径中显示的位置点之间的距离相等，即线性匀速的动画效果，同样后两帧之间也是匀速动画效果。为了对比下一步操作，在两个位置点处显示了辅助线，如图 5-31 所示。

图 5-31　查看运动路径上的关键帧位置点

（2）单击时间轴上方的 █ 按钮切换到图表编辑器显示方式，确认选中"编辑速度图表"，查看水平匀速的线性插值方式，如图 5-32 所示。

（3）单击 █ 按钮返回图层显示状态，在中间关键帧上右击，选择"关键帧插值"命令。在打开的对话框中将"临时插值"选择为"自动贝塞尔曲线"，此时可以看到中间关键帧的形状发生变化，在合成视图中可以看到关键帧之间的直线路径中显示的位置点之间的距离发生变化，开始时间距变大，结束时间距变小。这是因为前两帧之间的速度比后两帧之间的速度更快，"自动贝塞尔曲线"自动作了微调，使中间帧具有缓冲的效果，如图 5-33 所示。

图 5-32　均速的关键帧曲线为水平状态

图 5-33　自动贝塞尔曲线为前后关键帧作缓冲调节

（4）单击时间轴上方的 █ 按钮切换到图表编辑器显示方式，可以看出在中间关键帧的两侧有明显的速度缓冲调节，有利于动画的流畅性，如图 5-34 所示。

（5）"自动贝塞尔曲线"是软件按默认的缓冲算法自动识别出的效果，大多情况下属于对关键帧速率的微调。如果达不到需要的效果，可以拖动其两侧的手柄来调整曲线的形状手动调整合适的速率。例如这里对中间关键帧两侧的手柄进行操作，拖动手柄向上移动，可以将关键帧的速率提高，然后将两侧手柄稍微拉长，时间曲线调整如图 5-35 所示。

（6）单击 █ 按钮返回图层显示状态，会发现此时中间关

图 5-34　查看关键帧曲线调节为前后平滑过渡

键帧由于手动调整手柄，从"自动贝塞尔曲线"的形状改变为其他另外两种贝塞尔曲线的形状。在"信息"面板中可以查看当前"临时插值"的类型为"连续贝塞尔曲线"，如图 5-36 所示。

图 5-35 进一步调整曲线手柄　　　　　　　　图 5-36 手动调整使其转变成了"连续贝塞尔曲线"

（7）最后再来看"连续贝塞尔曲线"与"贝塞尔曲线"有什么不同。其实在上面将中间关键帧手柄向上拖动时，就可以看出这是一个"连续贝塞尔曲线"关键帧，因为"贝塞尔曲线"在上下拖动一侧手柄时，会得到一种将一个关键帧拆分开的效果。这里将"临时插值"选择为"贝塞尔曲线"，单击"确定"按钮，然后单击时间轴上方的 按钮切换到图表编辑器显示方式，拖动中间关键帧一侧的手柄向上移动，关键帧的速度不再是连续的状态，而是由较慢直接跳到一个较快的速度，如图 5-37 所示。

图 5-37 "连续贝塞尔曲线"与"贝塞尔曲线"的不同

通过以上的操作，区分开 3 种形状贝塞尔曲线关键帧的不同之处，这样才可以有针对性地对关键帧进行动画设置，制作带有缓冲或变速的关键帧动画效果。

从上面的操作中可以看出，一个关键帧可以影响其之前和之后两段关键帧曲线。在中间关键帧的两侧调节曲线手柄，可以像"连续贝塞尔曲线"那样衔接前后不同的速度，达到缓冲的效果；也可以像"贝塞尔曲线"那样，更加灵活地调节曲线形状，包括使关键帧前后的速度产生跳跃性的差别。因为关键帧的两侧同为贝塞尔曲线，这些差别需要在图表编辑器中才能直观地查看。此外，如果单个关键帧的一侧是"线性"，另一侧是"贝塞尔曲线"，其形状又会发生变化，容易识别。

操作 8：前后不同插值的混合型关键帧

（1）接着上面的操作继续在图表编辑器中调整关键帧，包括第 1 个关键帧的右侧手柄和第 3 个关键帧的左侧手柄，制作一个速度渐慢、直至停止的动画效果，如图 5-38 所示。

图 5-38 通过手柄调整关键帧曲线

（2）单击 ⊡ 按钮返回图层显示状态，会发现此时前后两个关键帧由于手动调整手柄，形状发生了变化。为了了解这个形状是属于哪一种贝塞尔曲线关键帧，在其中一个关键帧上右击，选择"关键帧插值"命令，在打开的对话框中查看"临时插值"的类型，会发现显示为"当前设置"，如图 5-39 所示。其实通过形状分析，可以得出这是一个混合类型关键帧的结论，第 1 个关键帧的左侧为"线性"的形状，右侧为"贝塞尔曲线"的形状。这与调整了原属于线性关键帧右侧手柄的操作正好相符：第 1 个关键帧左侧为"线性"进，右侧为"贝塞尔曲线"出；同样，第 3 个关键帧为"贝塞尔曲线"进和"线性"出。

图 5-39　混合类型的关键帧

在制作这个台球碰撞的动画中，会发现中间的关键帧不容易找准时间位置。例如上面的设置中，在台球桌上碰壁弹出的中间关键帧在开始和结束的时间段之间，由于有一个渐慢的速度变化，不会是在半程时间点处，此时可以使用漂浮关键帧来解决问题。

操作 9：漂浮关键帧的操作

（1）继续上面的操作，先按住 Ctrl 键在关键帧上单击，可以改变关键帧的类型，将其全部改变为线性关键帧，如图 5-40 所示。

（2）在中间关键帧上右击，选择"关键帧插值"命令。在打开的对话框中将"漂浮"选择为"漂浮穿梭时间"，单击"确定"按钮后，会发现中间的关键帧不仅改变了形状，时间位置也自动发生变化。这是由于"漂浮穿梭时间"的关键帧会根据前后两个关键帧的数值、时间和速率自动计算自身的时间位置，如图 5-41 所示。

图 5-40　按住 Ctrl 键单击关键帧

图 5-41　转换为"漂浮穿梭时间"关键帧

（3）将后一个关键帧向右侧拖至第 4 秒处，这时会发现漂浮关键帧跟随着自动调节时间位置，如图 5-42 所示。

（4）单击时间轴上方的 ⊡ 按钮切换到图表编辑器显示方式，在其中调整前后两个关键帧，设置一个台球运动渐慢的动画。此时会发现不用考虑中间台球碰壁的时间位置问题，它会随着前后两个关键帧速率曲线的调整而自动修正。这样，这里台球动画的调整与之前对 3 个关键帧的操作相比，既方便快捷，又准确无误，如图 5-43 所示。

图 5-42　漂浮关键帧自动调节时间位置　　　　图 5-43　设置漂浮关键帧后只需调整前后关键帧

（5）要将漂浮关键帧恢复为普通可编辑关键帧，可以在"关键帧插值"对话框中将"漂浮"再改回"锁定到时间"，或者在时间轴中拖动漂浮关键帧改变其时间位置。

5.7　图表编辑器操作

在上面的操作中已经多次涉及图表编辑器，在时间轴面板上部单击按钮，可以在图层模式和图表编辑器模式之间切换。在图表编辑器中，可以很方便地进行属性值、关键帧、关键帧插值、关键帧速率等的设置。图表编辑器以图表的形式显示所用效果和动画的改变情况。图表显示的主要有两项内容，一项为数值图形，显示当前属性的数值；另一项是速度图形，显示当前属性数值变化的速度情况。

操作 10：使用速度图表和值图表

（1）单击按钮，在弹出的菜单中选择要显示的类型，勾选"编辑值图表"，如图 5-44 所示。

（2）勾选"编辑速度图表"，如图 5-45 所示。

图 5-44　值图表显示

图 5-45　速度图表显示

（3）如果在勾选"编辑速度图表"的同时勾选了"显示参考图表"，"值图表"将一同显示出来，但值图表不可编辑，仅作参考，如图 5-46 所示。

同样，也可以在勾选"编辑值图表"的同时勾选显示"速度图表"。

前面在调整关键帧的速度操作中，已经对"速度图表"有所介绍，在"编辑速度图表"中，还可以进行如下操作。

图 5-46　编辑速度图表的同时显示值图表参考

操作 11：编辑速度图表中的操作

（1）打开操作对应的合成时间轴，在第 0 帧、第 1 秒、第 2 秒和第 3 秒处，分别设置足球的两个高点和落地点，制作弹跳动画，如图 5-47 所示。

图 5-47　设置弹跳动画初步的关键帧

（2）单击时间轴上方的按钮切换到图表编辑器显示方式，查看此时速度是水平的直线，即匀速的动画，足球在高点与落地点的速度相同，如图 5-48 所示。

（3）单独选中第 0 帧处的关键帧，单击右下方的"缓动"按钮，会发现这个关键帧的速度降为 0，从停止状态开始运动，即高点有一个从静止状态缓慢启动的下落进程，然后越落越快，如图 5-49 所示。

（4）单独选中第 2 秒处的关键帧，即足球的第 2 个高点

图 5-48　查看此时速度为匀速的水平直线

处，单击"缓动"按钮，会发现这个关键帧的速度降为0，并且影响了左右两侧的关键帧速度曲线，左侧速度渐缓至停止，右侧从停止进行加速运动，如图5-50所示。

图 5-49　调整第 0 帧后下落时速度加快的曲线　　　　　　图 5-50　调整第 2 秒前后关键帧曲线

（5）选中第 1 秒和第 2 秒处的关键帧，单击图表编辑器下部的 ■ "编辑选定的关键帧"按钮，选择"关键帧插值"命令。在打开的对话框中，将"临时插值"选择为"连续贝塞尔曲线"类型，如图5-51所示。

图 5-51　转换为连续贝塞尔曲线

（6）选择"连续贝塞尔曲线"类型的好处是可以同时调整当前关键帧两侧手柄的高度，便于统一这个关键帧入和出的速度。继续调整关键帧的速度，将曲线调整为合适的状态，曲线形状直接影响动画的流畅度，如图5-52所示。

图 5-52　调整关键帧曲线

（7）播放动画效果时会很快发现，此时的曲线不是最终需要的效果，所提供的默认的"缓动"按钮操作只是关键帧设置的一个快捷操作，最终还需要在此基础上进一步调整。这里要引入一个更加精确的设置方式，即"关键帧的速度"。先了解一下足球的这几个关键帧速度，下落时一直是加速过程，上升时一直是减速过程，所以曲线应该是 U 型。另外在播放动画时足球上升至高点处的动画过慢，可以加快高点的速度，减小对比。这里先大致调整曲线，大幅度调整曲线为 U 型，并将第 0 帧和第 2 秒处的速度向上移动，如图5-53所示。

图 5-53　调整关键帧曲线为 U 型

（8）此时手动调整的曲线不太规范，先在第 1 秒处的关键帧上右击，选择"关键帧速度"命令。在打开的对话框中，"进来速度"和"输出速度"的数值由于手动调整往往不一致，这里将"速度"均设为 2000 像素 / 秒，"影响"均设为 0%（0% 会自动变为 0.01%，可以忽略），如图5-54所示。

图 5-54　设置第 1 秒处关键帧"速度"和"影响"

（9）在第 2 秒处的关键帧上右击，选择"关键帧速度"命令。在打开的对话框中，将"速度"均设为 800 像素 / 秒，"影响"均设为 80%，如图 5-55 所示。

图 5-55　设置第 2 秒处关键帧"速度"和"影响"

（10）同样，设置第 0 帧的关键帧速度与第 2 秒一样，设置第 3 秒的关键帧速度与第 1 秒一样。

（11）查看关键帧的曲线形状，并播放动画效果。此时的动画速度比较流畅，也比较合理，如图 5-56 所示。

图 5-56　查看关键帧曲线和预览效果

（12）如果觉得动画的速度整体偏慢，可以双击"位置"属性名称，将关键帧全部选中。将鼠标指针移至选择区域右侧的控制点上，变化为左右指向的形状后，按住鼠标左键并拖动即可整体缩放关键帧选区的时间长度。这里将其整体缩短，如图 5-57 所示。

图 5-57　整体缩放关键帧选区的时间长度

对"速度图表"的操作掌握之后，相似的"值图表"会更加直观和易操作。

5.8　实例：制作划动手机屏幕图片的动画

本实例使用桌面、手机、手和屏幕上壁纸图片制作用手划动手机屏幕图片的动画。在制作动画时要考虑到手和屏图的缓冲动作，这就需要通过对关键帧的缓入和缓出来控制。实例效果如图 5-58 所示。

图 5-58　实例效果

实例的合成流程图示如图 5-59 所示。

图 5-59　实例的合成流程图示

步骤 1：导入素材

在"项目"面板中双击打开"导入文件"对话框，将本实例准备的 10 个图片文件全部选中，单击"导入"，将其导入"项目"面板，如图 5-60 所示。

图 5-60　实例素材

步骤 2：建立统一图片尺寸的合成

（1）建立"屏图 01"合成。按 Ctrl+N 键打开"合成设置"对话框，将合成名称设为"屏图 01"，可以先将"预设"选择为"HDTV 1080 25"，这样确定了方形像素比和帧速率，然后将"宽度"修改为 480，"高度"修改为 800，将持续时间设为 1 分钟（也可以是其他不小于最终合成的持续时间），单击"确定"按钮建立合成。

（2）在"项目"面板中，选中"屏图 01"合成，按 Ctrl+D 键 4 次，复制出"屏图 02"至"屏图 05"。

（3）从"项目"面板中将"Photo01.jpg"拖至"屏图 01"合成的时间轴中，缩放至符合手机屏幕的适当大小，这里为 95%，如图 5-61 所示。

图 5-61　在合成中放置和调整图片

（4）同样，在"项目"面板中将其他 4 个屏幕图片放到对应的合成中，缩放至符合手机屏幕的适当大小。

步骤 3：手机屏图排列的合成

（1）在"项目"面板中选中"屏图 01"合成，按 Ctrl+D 键复制一个合成。按 Ctrl+K 键打开新合成的"合成设置"面板，将合成名称设为"手机屏图排列"，在"宽度"后原 480 数值后输入"*5"，数值会自动变为 2400，即放大为原来的 5 倍，用来准备在合成中并排放置 5 个屏幕图像。单击"确定"按钮，并打开合成的时间轴。

（2）从"项目"面板中将"屏图 01"至"屏图 05"拖至时间轴中，选中"屏图 01"层，单击"对齐"面板中的 ■ 按钮左对齐。选中"屏图 05"层，单击"对齐"面板中的 ■ 按钮右对齐。再全选 5 个层，单击 ■ 按钮水平均匀分布，如图 5-62 所示。

图 5-62　放置和排列画面

步骤 4：手机划屏动画合成制作

（1）建立"手机划屏动画"合成。按 Ctrl+N 键打开"合成设置"对话框，将合成名称设为"手机划屏动画"，将"预设"选择为"HDTV 1080 25"，将持续时间设为 12 秒，单击"确定"按钮建立合成。

（2）从"项目"面板中将"手指 .png""纸袋 .png""笔记本 .png""手机 .png""桌面 .png"拖至时间轴中，展开"纸袋 .png""笔记本 .png""手机 .png"的"变换"属性，调整"位置""缩放""旋转"，适当摆放图像，如图 5-63 所示。

图 5-63　放置图像

（3）先设置手指划屏的动画关键帧，将时间移至第2秒，打开"手指.png"层"变换"属性下的"位置"和"缩放"前面的秒表记录关键帧，设置"位置"为（1200，1000）、"缩放"为（130，130%）、"旋转"为0°，如图5-64所示。

图 5-64　设置第 1 个手指关键帧

（4）将时间移至第2秒12帧，设置"位置"为（1000，1000）、"缩放"为（130，130%）、"旋转"为-5°，如图5-65所示。

图 5-65　设置第 2 个手指关键帧

（5）将时间移至第3秒，设置"位置"为（1130，1050）、"缩放"为（140，140%），如图5-66所示。

图 5-66　设置第 3 个手指关键帧

（6）设置手从屏幕之外进入画面的动画关键帧，将时间移至第1秒10帧，将"位置"设为（1250，1650）。将时间移至第1秒20帧，将"缩放"设为（140，140%），如图5-67所示。

图 5-67　设置第 4 个手指关键帧

（7）为划屏之前和之后设置缓冲动作，即手指伸至屏幕时渐慢，划屏时为匀速动作，划屏结束后手指由慢渐快。先选中第2秒处的位置关键帧，单击时间轴上部的▣按钮切换到图表编辑器状态，单击时间轴下部的▱按钮设置缓入关键帧。再框选选中2秒12帧处的位置关键帧，单击下部的▱按钮设置缓出关键帧，如图 5-68 所示。

图 5-68　设置关键帧曲线

（8）复制手指多次划屏动作的关键帧，框选选中 2 秒至 3 秒的 3 个属性的关键帧，按 Ctrl+C 键复制。将时间依次移至第 3 秒 12 帧处、第 5 秒和第 6 秒 12 帧处，分别按 Ctrl+V 键粘贴，这样手指做循环划动手机屏幕的动作，如图 5-69 所示。

图 5-69　复制关键帧

（9）将最后一个缩放关键帧移至第 7 秒 05 帧处，将最后一个位置关键帧移至第 8 秒，并修改"位置"为（1200，1650），即手指向下移出画面，如图 5-70 所示。

图 5-70　设置手指移出画面的关键帧

（10）从"项目"面板中将"手机屏图排列"拖至时间轴中，放置在"手机 .png"层下面。将其"缩放"设为（77，77%），"位置"设为（1700，580），这样左侧图像对应手机屏幕的大小和位置进行放置，如图 5-71 所示。

图 5-71　调整屏图大小和位置

（11）对照"手指 .png"层关键帧，设置"手机屏图排列"的位置关键帧。第 2 秒为（1700，580），第 2 秒 12 帧为（1480，580），第 3 秒 12 帧为（1330，580），第 3 秒 24 帧为（1110，580），第 5 秒为（960，580），第 5 秒 12 帧为（740，580），第 6 秒 12 帧为（590，580），第 6 秒 24 帧为（370，580），第 8 秒为（220，580），如图 5-72 所示。

图 5-72　对照手指动画设置屏图动画

（12）对照动画效果和"手指 .png"层的关键帧类型，设置"手机屏图排列"的关键帧类型，让每次划动位移的图像缓缓停止。按住 Shift 键（或 Ctrl 键）依次框选选中第 3 秒 12 帧、第 5 秒、第 6 秒 12 帧和第 8 秒的位置关键帧，单击时间轴上部的 ⊡ 按钮切换到图表编辑器状态，单击时间轴下部的 ⤢ 按钮设置缓入关键帧，如图 5-73 所示。

图 5-73　设置缓入关键帧

（13）此时的效果如图 5-74 所示。

图 5-74　预览效果

（14）按 Ctrl+Y 键按当前合成的尺寸建立一个纯色层，设置"位置"为（960，580）、"缩放"为（20，58%），即调整为屏幕的大小和位置。将其移至"手机屏图排列"层上面，设置"手机屏图排列"的 Trk-Mat 为 Alpha 纯色层，这样排列的图像只显示手机屏幕中的部分，如图 5-75 所示。

图 5-75　设置轨道遮罩

（15）这样即可完成实例的制作，再添加准备的音频素材，为实例配乐，按小键盘的 0 键预览最终的动画效果。

测试题

1．如何准确显示一个属性的关键帧序号？
2．如何快速转换路径关键帧的直线和曲线形状？
3．如何直观地调整关键帧间的速率？
4．简述关键帧的时间插值和空间插值的区别。
5．图表编辑器主要显示和调整关键帧的哪两类图表？如何切换显示？

第6章
图层的模式、遮罩与蒙版

在 AE 中进行多图层的合成操作时，上面图层的画面会遮挡下面图层的画面，所以在同时表现多层的画面内容时，需要采取一些手段，例如将上层画面的尺寸缩小，露出下层画面；将上层画面变得半透明；使用局部透明的素材；在上层画面中创建蒙版，使其只显示局部画面；使用两个图层之间的差值来显示画面；将上层图层的画面当作滤片，叠加到下层的画面上等。灵活运用这些手段，可以表现出多层画面一同显示的效果。本章集中讲解图层叠加的基本方式及图层模式、遮罩和蒙版操作。

6.1 带通道元素的叠加合成

在 AE 中对素材进行合成时，带有透明背景的素材比较受欢迎，这是一类比较便于叠加合成的素材类型。带透明背景的素材有静态的包含 Alpha 通道的图像文件，也有含 Alpha 通道的视频文件。

操作 1：透明通道素材的叠加合成

（1）在"项目"面板空白处双击打开"导入文件"对话框，从本章操作文件夹中导入以下准备好的素材文件：普通无透明信息的图片"合成素材 1 背景 .jpg"，带有透明通道的图片"合成素材 2 放射条 .png""合成素材 3 五星 .png""合成素材 4 点圈 .png"，带有透明通道的视频"合成素材 5 轮廓字动画 .mov"，还有"合成素材 6 标题动画序列"文件夹中带有透明通道的"标题动画"序列图片，分别如

图 6-1 所示。

图 6-1 导入的素材

提示

在导入 TGA 格式的序列图片时，选中第一个文件后，要勾选"Tgarga 序列"选项。

（2）按 Ctrl+N 键打开"合成设置"对话框，将"预设"选择为"HDTV 1080 25"，将持续时间设为 5 秒，单击"确定"按钮建立合成。

（3）从"项目"面板中将素材从下至上依次拖至时间轴中放置，如图 6-2 所示。

图 6-2 放置素材到时间轴中

（4）因为有透明的通道，所以可以很方便地进行叠加合成，效果如图 6-3 所示。

图 6-3 叠加合成的效果

操作 2：分层图像的叠加合成

（1）在"项目"面板空白处双击打开"导入文件"对话框，从本章操作文件夹中选择准备好的"盘子钟 .PSD"文件，单击"导入"按钮，然后会弹出选择"导入种类"对话框。如果选择第一项"素材"，同时选中"合并的图层"，单击"确定"按钮，将合并多层的图像为单个图层，如图 6-4 所示。

图 6-4　以"合并的图层"方式导入

（2）如果在对话框中将"导入种类"选择为"素材"，同时选中"选择图层"下的某一选项，例如分层文件中的"叉"，单击"确定"按钮，将只导入单个"叉"图层，如图 6-5 所示。

图 6-5　导入某一个图层

（3）如果在对话框中将"导入种类"选择为"合成"，单击"确定"按钮，将导入完整的分层图像，各层的尺寸强制为统一的大小，各层的锚点也均统一位于视图的中心位置，如图 6-6 所示。

图 6-6　以"合成"方式导入

（4）如果在对话框中将"导入种类"选择为"合成 - 保持图层大小"，单击"确定"按钮，也导入完整的分层图像，但各层的尺寸保持原始的大小，不一定相同，各层的锚点也可能因尺寸的不同而位于不同的位置。例如"叉"层和"刀"层的锚点位于各自图像的中心，而非统一位于视图的中心位置，如图 6-7 所示。

图 6-7　以"合成 - 保持图层大小"方式导入

提示

以"合并的图层"方式导入的文件，在"项目"面板中将其选中，在其上右击，选择"替换素材 > 带分层合成"命令，也会将其以"合成 - 保持图层大小"的方式重新导入。

（5）在进行某些动画的制作时，例如按视图中心旋转的动画，显然将"导入种类"选择为"合成"较为便利。因为锚点统一在中心点，可以方便地制作按视图中心旋转的动画效果，如图 6-8 所示。

图 6-8　以"合成"方式导入时锚点在视图中心

（6）而另一些效果，例如制作单个时刻数字的缩放动画，显然将"导入种类"选择为"合成 - 保持图层大小"较为便利。因为锚点在各个数字的中心点，可以方便地制作以单个数字为中心的缩放动画，如图 6-9 所示。

图 6-9　以"合成 - 保持图层大小"方式导入时锚点在各层图像中心

提示

多种选项为制作带来解决问题的多种可能，以上制作中如果既需要按中心旋转，又需要按单个缩放，可以通过按两种方式导入素材来实现，也可以通过重新调整图层锚点的位置来解决问题。

6.2　在合成视图中摆放元素

合成素材操作中经常涉及在视图中摆放素材，这里准备在合成中建立 3 个方块，按斜线摆放，并在方块上合成 3 个准备好的人物素材，使用参考线辅助操作，可以很方便地放置到准确的位置。

操作 3：在视图中显示辅助线确定位置

（1）从本章操作文件夹中导入准备好的"人物剪影 1.mov""人物剪影 2.mov""人物剪影 3.mov"3 个带有 Alpha 通道的视频文件，如图 6-10 所示。

图 6-10　导入带 Alpha 通道的视频文件

（2）按 Ctrl+N 键打开"合成设置"对话框，将"预设"选择为"HDTV 1080 25"，将持续时间设为 5 秒，使用品蓝色的背景色，单击"确定"按钮建立合成。

（3）先按 Ctrl+Y 键建立一个橙色的纯色层，命名为"矩形块"，将其缩小一些，默认为居中的状态。按 Ctrl+D 键两次，创建两个副本，分别大致拖至左上角和右下角，如图 6-11 所示。

图 6-11　创建副本

（4）在合成视图面板下部的█按钮上单击，选中"对称网格"，这样在合成视图中显示出绿色的对称网格参考线，水平和垂直方向均为 3 等分。可以对照参考线来摆放矩形，如图 6-12 所示。

图 6-12　显示对称网格参考线

提示

选择"编辑 > 首选项 > 网格和参考线"命令，可以在打开的对话框中自定义"对称网格"的"水平"和"垂直"参考线的数量。

（5）将人物剪影的素材拖至合成中，在视图面板中直观地调整大小和位置，如图 6-13 所示。

图 6-13　按参考线调整图像大小和位置

提示

想要更加精细地确定位置操作，还可以在合成视图面板下部的 按钮上单击，选择"网格"或"标尺"。使用"标尺"时，可以在"标尺"上按住鼠标左键拖出参考线，方便对齐操作。

操作 4：使用对齐排列

（1）除了使用参考线来进行对齐操作，还可以使用"对齐"面板中的"对齐"和"分布"功能。打开对应的操作合成，查看到有 4 个圆图形，准备对其进行对齐操作，如图 6-14 所示。

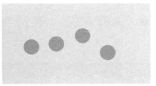

图 6-14　4 个圆图形

（2）先在合成视图面板下部的 按钮上单击，选中"标题 / 动作安全"，然后将两侧的图形分别对齐到参考线上，使其左右两侧距离相等。选择"窗口 > 对齐"命令显示"对齐"面板，选中全部 4 个图形，在"对齐"面板中设置"将图层对齐到"为"合成"，单击 按钮，将 4 个图形垂直居中对齐，如图 6-15 所示。

图 6-15　垂直居中对齐

（3）在"分布图层"下再单击█️按钮，将 4 个图形水平等距离分布，如图 6-16 所示。

图 6-16　水平等距离分布

6.3　使用蒙版合成画面

合成制作中经常会涉及没有透明背景的素材，使用蒙版保留局部图像，使其他部分透明化，是合成制作中常用的手段。AE 中蒙版功能强大，这也是 AE 处理多素材合成的一大优势。

操作 5：使用几种蒙版工具

（1）在 AE 的合成操作中，蒙版有着重要的作用，在工具栏中也占有两类共 10 种工具。可以在这两类工具上按住不放显示出下拉菜单，选择其他工具，也可以按住 Alt 键单击轮流切换到其他工具。在合成时间轴的空白处右击，选择"新建 > 纯色"命令，新建一个纯色层，使用与矩形工具同组的形状工具，可以建立形状蒙版。在创建蒙版之前需要先选中图层，另外按住 Shfit 键可以创建正方形或正圆形的蒙版，按住 Ctrl 键可以单击点为中心建立图形，如图 6-17 所示。

图 6-17　使用矩形工具和椭圆工具绘制蒙版

提示

形状工具组中除了矩形工具和椭圆工具之外的其他 3 个工具一般用在形状图层上，即不选中任何图层时在合成视图中创建出形状层，在形状层中可以通过参数进一步调整图形的圆角度、边数等。

（2）新建一个纯色层，先选中图层，使用与钢笔工具同组的钢尖工具可以绘制较复杂的或不规则的蒙版，如图 6-18 所示。

图 6-18　使用钢笔工具和钢尖工具绘制蒙版

提示

钢笔工具组中其他 4 个工具用来调整已创建的蒙版、添加蒙版路径的顶点、删除顶点、转换顶点使其具有曲线手柄或取消手柄，以及调整蒙版局部的羽化效果。

（3）新建一个纯色层，在工具栏中切换显示为"椭圆工具"按钮。先选中图层，然后在工具栏中双击"椭圆工具"按钮，可以按当前图层创建一个最大的蒙版形状，如图 6-19 所示。

图 6-19　双击"椭圆工具"按钮建立蒙版

（4）如果选中图层下的"蒙版 1"再双击其他的蒙版形状工具，例如星形工具，原来的椭圆形将被修改为星形，如图 6-20 所示。

图 6-20　改变蒙版为其他蒙版工具的形状

（5）在合成时间轴的空白处右击，选择"新建 > 纯色"命令。在打开的"纯色设置"对话框中，将"宽度"和"高度"均设为 800，单击"确定"按钮，这样建立一个正方形的纯色层；选中这个纯色层，双击工具栏中的椭圆工具，这样将创建一个正圆蒙版，如图 6-21 所示。

图 6-21　创建正圆蒙版

操作 6：切换合成视图和蒙版图层视图

（1）按 Ctrl+N 键打开"合成设置"对话框，将"预设"选择为"HDTV 1080 25"，将持续时间设为 5 秒，单击"确定"按钮建立合成。

（2）将本章操作文件夹中准备好的"楼顶天空 .jpg"导入"项目"面板，拖至时间轴中，准备为其天空部分添加蒙版。此时会发现图层的源图较大，在合成视图中还有没有显示的部分。双击图层，可以打开其图层视图面板，在这里更便于进行绘制蒙版的操作。使用钢笔工具在画面上沿楼房的边缘角点依次单击连接成一个封闭的蒙版，如图 6-22 所示。

图 6-22　使用钢笔工具建立蒙版

（3）在时间轴图层下将蒙版下的"反转"勾选上，这样完成去除天空部分蒙版的创建，切换回合成视图，如图 6-23 所示。

图 6-23　反转蒙版

操作 7：将蒙版图层合成到动画中

（1）通过上面的操作，可以很方便地将一个没有透明通道的画面也添加到图层的叠加合成中去。接着上面的操作，从"项目"面板中将"飞机 .tga"和"云天 .jpg"拖至时间轴中，放置在"楼顶天空 .jpg"层下面，"云天 .jpg"位于底层，如图 6-24 所示。

图 6-24　放置素材

（2）设置"飞机 .tga"层的"旋转"为 60°，在第 1 秒处单击打开"位置"前面的秒表，在合成视图中将飞机的位置移至右下角，设置"位置"为（1633，1126）。将时间移至第 4 秒处，将飞机的位置移至顶部，设置"位置"为（640，-386）。

（3）为"楼顶天空 .jpg"设置缩放动画，在第 0 帧处单击打开"缩放"前面的秒表，设为（85，85%），在第 4 秒 24 帧处设为（120，120%）。为"云天 .jpg"设置缩放动画，在第 0 帧处单击打开"缩放"前面的秒表，设为（100，100%），在第 4 秒 24 帧处设为（110，110%），如图 6-25 所示。

图 6-25　设置关键帧

（4）查看合成的动画效果，如图 6-26 所示。

图 6-26　预览效果

操作 8：蒙版属性调整

（1）接着上面的操作，为天空添加一朵白云，将"一朵云 .jpg"拖至时间轴中，放置在"云天 .jpg"的上层，调整大小和位置，如图 6-27 所示。

图 6-27　放置图层

（2）选中"一朵云 .jpg"层，选择工具栏中的椭圆工具，在云的部分绘制一个椭圆蒙版，如图6-28所示。

图 6-28　建立椭圆蒙版

（3）此时"一朵云 .jpg"蒙版中的画面与背景的"云天 .jpg"有着明显的分界线。展开蒙版属性，将"蒙版羽化"设为（600，600）；查看白云的边缘受影响的程度，适当扩大蒙版的范围，可以修改蒙版的形状将其放大，也可以调整"蒙版扩展"的数值，将"蒙版扩展"设为100，查看效果，白云与背景的蓝天已融为一体，如图6-29所示。

图 6-29　设置"蒙版羽化"

（4）最后为白云也设置相应的缩放动画。将鼠标指针移至第1层上面的时间轴栏目名称处右击，选择"列数 > 父级和链接"命令，显示出"父级和链接"栏目。在第0帧处，将"一朵云 .jpg"的"父级和链接"栏目设为"云天 .jpg"，这样白云与蓝天有一致的缩放动画，如图6-30所示。

图 6-30　设置父级关系

操作 9：多个蒙版的布尔运算

（1）按 Ctrl+N 键打开"合成设置"对话框，将"预设"选择为"HDTV 1080 25"，将持续时间设为5秒，使用品蓝色的背景色，单击"确定"按钮建立合成。

（2）按 Ctrl+Y 键建立一个白色的纯色层，命名为"方块"，将其"宽度"和"高度"均设为1000。

（3）选中"方块"层，双击工具栏中的"椭圆工具"按钮，在其上建立一个正圆形的"蒙版1"，如图6-31所示。

图 6-31　建立正圆形蒙版

（4）选中"蒙版1"，按 Ctrl+D 键，创建副本"蒙版2"。分别将这两个默认命名的蒙版重命名为"外圆"和"内圆"，然后设置"内圆"的运算方式为"相减"、"蒙版扩展"为 -50，如图6-32所示。

图 6-32　设置环形

（5）选中"内圆"蒙版，按 Ctrl+D 键创建副本。将副本重命名为"轴心"，设置"轴心"的运算方式为"差值"、"蒙版扩展"为 -450。

（6）在合成视图面板下部的 按钮上单击，选择"标题 / 动作安全"命令，打开辅助线的显示。在工具栏中选择矩形工具，在中部绘制一个长条矩形蒙版，将其命名为"纵向刻度"，使用"相加"方式。

（7）选中"纵向刻度"蒙版，按 Ctrl+D 键创建副本，将副本重命名为"横向刻度"。在"横向刻度"的蒙版路径上双击，将蒙版激活为可旋转状态，按住 Shift 键旋转蒙版路径，将其旋转为水平的角度，如图 6-33 所示。

图 6-33　创建蒙版副本并旋转

（8）选中"外圆"蒙版，按 Ctrl+D 键创建副本。将副本移至两个刻度蒙版的下方，重命名为"裁切刻度"，使用"相减"方式，"蒙版扩展"设为 -150，并将"轴心"重新移至底部，如图 6-34 所示。

图 6-34　创建蒙版副本并设置蒙版间的运算方式

（9）准备绘制两个指针，因为指针可以旋转，需要单独的图层来制作。选中"方块"层，按 Ctrl+D 键创建一个副本，将其重命名为"时针"。选中"时针"层，按 M 键展开所有蒙版，保留"纵向刻度"蒙版，将其他蒙版删除掉，然后双击蒙版的路径，将其转变为可缩放状态，将其顶部和底部适当向中心拖动。

（10）选中"时针"层，按 Ctrl+D 键创建副本，重命名为"分针"，并将"时针"旋转角度，避开重合。选中"分针"层，选中蒙版，然后双击蒙版的路径，将其转变为可缩放状态，将其顶部和底部适当拉长一些，并设置"蒙版扩展"为 -6，使形状相对窄一点，这样完成一个时钟图形的制作，如图 6-35 所示。

图 6-35　创建图层副本并设置分针图形

提示

如果要制作时钟的其他刻度，可以在新图层上建立刻度形状，然后创建副本并旋转即可。

操作 10：蒙版局部运算的羽化效果

（1）按 Ctrl+N 键打开"合成设置"对话框，将"预设"选择为"HDTV 1080 25"，将持续时间设为 5 秒，使用黑色的背景色，单击"确定"按钮建立合成。

（2）按 Ctrl+Y 键建立一个白色的纯色层，命名为"白色"，使用当前合成的尺寸。选中图层，在工具栏中选择钢笔工具，在其上绘制一个三角形，模拟一束光从右上角照射下来的效果。

（3）选中图层，在工具栏中双击矩形工具，在其上建立一个大的矩形蒙版。在矩形蒙版的路径上双击，将其转换为可旋转和移动的状态，将其旋转一定角度并移至下部，设为"相减"方式，设置"蒙版羽化"为（1000，1000），如图 6-36 所示。

图 6-36　建立蒙版并设置运算方式和羽化效果

（4）选中图层，在工具栏中选择椭圆工具，在光束的底部建立一个同等宽度的椭圆形蒙版，并设置少许的羽化效果，"蒙版羽化"为（5，5），如图 6-37 所示。

图 6-37　建立椭圆蒙版

（5）将"地板 .jpg"拖至时间轴中，放在底层，调整"缩放"和"位置"，并将"白色"层设为"叠加"图层模式。设置"白色"层的不透明度动画，使光束产生忽明忽暗的效果，如图 6-38 所示。

图 6-38　放置图像并设置光束亮度动画

操作 11：蒙版的局部羽化工具

（1）打开本章操作对应的合成，在时间轴中放置着一个足球图层，将足球移至画面的左侧，如图 6-39 所示。

图 6-39　放置足球图像

（2）按Ctrl+Y键打开"纯色设置"对话框，在其中单击"制作合成大小"按钮，使用当前合成的尺寸，设置颜色为RGB（255，78，0），单击"新建"按钮，建立一个橙色的纯色层。在工具栏中选择椭圆工具，选中纯色层并暂时关闭其显示，按照下层足球的范围绘制一个圆形的蒙版，调整为正好覆盖足球的大小和位置，然后打开纯色层的显示，如图6-40所示。

图6-40　建立纯色层并绘制蒙版

（3）在工具栏中选择■蒙版羽化工具，在蒙版路径上单击，并向右侧拖拉，这样拉出羽化的范围虚线。然后在左侧的虚线上单击，并拉向蒙版的路径上，减少左侧的羽化，如图6-41所示。

图6-41　使用蒙版羽化工具减少左侧羽化

（4）在羽化虚线的上下单击添加4个顶点，打开视图的"标题/动作安全"参考线，调整上下羽化顶点的位置，将右侧羽化点大幅度移至视图的右侧之外，形成喷射光焰的效果，如图6-42所示。

图6-42　设置右侧羽化效果

（5）将纯色层设为"叠加"模式，为足球制作火焰气流的效果。

（6）在时间轴栏目名称处右击，选择"列数 > 父级和链接"命令，显示出"父级和链接"栏目，将纯色层的"父级和链接"栏目设为足球所在图层，这样纯色层上的效果将与足球一起移动。

（7）选中足球的图层，按P键展开其"位置"，将时间移至第4秒24帧处，单击打开其"位置"前面的秒表，记录下当前数值的关键帧。再将时间移至第0帧处，将足球的位置移至画面的右侧，并设置路径为弧形，如图6-43所示。

图6-43　设置位置动画

（8）在第4秒24帧处，单击打开纯色层下"蒙版路径"前面的秒表，记录下当前路径的关键帧。

（9）将时间移至第2秒12帧处，修改纯色层蒙版的羽化点位置，如图6-44所示。

图 6-44 设置第 2 秒 12 帧处羽化关键帧

（10）将时间移至第 0 帧处，修改纯色层蒙版的羽化点位置，如图 6-45 所示。

图 6-45 设置第 0 帧处羽化关键帧

（11）查看最终的动画效果，如图 6-46 所示。

图 6-46 预览效果

操作 12：蒙版动画手写字

（1）在合成时间轴中右击，选择"新建 > 文本"命令，输入"1"，并在"字符"面板中设置文本大小、字体、颜色和上下的偏移，在"段落"面板中选择居中方式，如图 6-47 所示。

图 6-47 建立文字

（2）选中文本"1"的图层，在工具栏中选择钢笔工具，在视图中放大文字的显示，在字头处建立一个局部的蒙版，将蒙版命名为"局部"，如图 6-48 所示。

图 6-48 建立局部蒙版

（3）选中文本"1"的图层，在工具栏中选择矩形工具，在文本"1"的局部图形范围建立一个大的矩形蒙版，命名为"动作1"，设为"交集"运算方式，"蒙版羽化"的 x 轴设为 20。并将时间移至第 10 帧处，单击打开"蒙版路径"前面的秒表，记录下当前的路径关键帧，如图 6-49 所示。

图 6-49　建立蒙版并设置关键帧

（4）将时间移至 0 帧处，在矩形蒙版的路径上双击，将其转换为可移动状态，将其移至局部图形的左侧，这样制作好写出字头部分的动画，如图 6-50 所示。

图 6-50　设置蒙版动画制作字头部分书写动画

（5）选中文本"1"的图层，在工具栏中选择矩形工具，在文本"1"的图形范围建立一个大的矩形蒙版，命名为"动作2"，"蒙版羽化"的 y 轴设为 50。并将时间移至第 1 秒处，单击打开"蒙版路径"前面的秒表，记录下当前的路径关键帧，如图 6-51 所示。

图 6-51　建立蒙版并设置关键帧

（6）将时间移至第 10 帧处，在矩形蒙版的路径上双击，将其转换为可移动状态，并将其移至文本图形的顶部，制作好写出文本主体部分的动画，如图 6-52 所示。

图 6-52　设置蒙版动画制作文字其他部分的书写动画

（7）查看文本"1"写出来的动画效果，如图 6-53 所示。

图 6-53　预览效果

（8）同样，为其他数字制作写出来的效果，例如文本"2"。先分析制作蒙版书写动画的难度，为弯笔画建立"局部"蒙版，如图 6-54 所示。

图 6-54　建立局部蒙版

（9）为弯笔画部分添加"动作 1"蒙版，设为"交集"运算方式。因为有拐弯的动作，这里建立了 3 个关键帧来制作书写动画，可以从后向前设置关键帧，如图 6-55 所示。

图 6-55　设置蒙版关键帧来制作书写动画

（10）再为最后一横的笔画部分添加"动作 2"蒙版，设置两个关键帧制作书写动画，如图 6-56 所示。

图 6-56　添加蒙版并设置动画

（11）查看文本"2"写出来的动画效果，如图 6-57 所示。

图 6-57　预览效果

操作 13：画出来的运动路径

（1）按 Ctrl+N 键打开"合成设置"对话框，将"预设"选择为"HDTV 1080 25"，将持续时间设为 5 秒，单击"确定"按钮建立合成。

（2）将准备好的"游戏图 .jpg"拖至时间轴中。选中"游戏图 .jpg"图层，按 Ctrl+D 键两次再创建两个副本层。然后将这 3 层从上至下依次重命名为"角色""绿块""场景"，如图 6-58 所示。

图 6-58　创建副本

（3）选中"角色"层，在工具栏中选择矩形工具，在场景中为唯一的角色创建一个矩形蒙版，将其分离出来。并在工具栏中选择锚点工具，将图层的锚点移至角色的中部，单独显示"角色"层，如图 6-59 所示。

图 6-59　创建蒙版分离图形

（4）关闭"角色"层的显示，选中"绿块"层，在工具栏中选择矩形工具，在角色图形下方建立一块能覆盖角色的矩形，然后将图层向上移动，在画面中覆盖角色图形，如图 6-60 所示。

图 6-60　创建蒙版覆盖图形

（5）选中"场景"层，在工具栏中选择钢笔工具，在场景图中绘制一条角色移动的路径，并将蒙版的运算方式设为"无"，如图 6-61 所示。

图 6-61　创建蒙版路径

（6）展开"场景"层的蒙版，单击"蒙版路径"，按 Ctrl+C 键复制。然后打开"角色"层的显示，将时间移至第 0 帧，选中"角色"层，按 P 键展开其"位置"属性，单击"位置"，按 Ctrl+V 键粘贴。这样自动在"位置"属性中建立运动路径，将蒙版路径转化为运动路径，如图 6-62 所示。

图 6-62　将蒙版路径转化为运动路径

（7）查看视图中的动画，如图 6-63 所示。

图 6-63　预览动画

6.4　使用图层轨道遮罩合成画面

AE 中的轨道遮罩功能是通过一个图层的 Alpha 通道或亮度值定义其下面图层的透明区域。这两个图层为上下层的关系：上面图层为遮罩功能，图层的显示状态为关闭；下面图层应用遮罩显示出部分内容，遮罩可以通过选项来反转显示。

操作 14：亮度遮罩

（1）按 Ctrl+N 键打开"合成设置"对话框，将"预设"选择为"HDTV 1080 25"，将持续时间设为 5 秒，单击"确定"按钮建立合成。

（2）将准备好的"黑白剪影 .mov"拖至时间轴中，查看效果为黑色的背景，白色的动态人物视频，如图 6-64 所示。

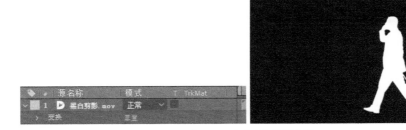

图 6-64　放置黑白剪影素材

（3）按 Ctrl+Y 键建立一个纯色层，选择一个颜色，这里为绿色。将纯色层移至"黑白剪影 .mov"层下面。

（4）将纯色层的轨道遮罩栏选择为"亮度遮罩'黑白剪影 .mov'"，建立轨道遮罩关系，上面图层的显示自动关闭，纯色层将以上层中的高亮区域来显示本层的内容，这样黑色区域全部变得透明，如图

6-65 所示。

图 6-65　设置轨道遮罩

提示

查看棋盘格状的透明背景，需要在合成视图面板下部打开"切换透明网格"开关。

操作 15：Alpha 遮罩

（1）按 Ctrl+N 键打开"合成设置"对话框，将"预设"选择为"HDTV 1080 25"，将持续时间设为
5 秒，选择一个浅灰色的背景色，单击"确定"按钮建立合成。

（2）按 Ctrl+Y 键创建一个浅黄色的纯色层，命名为"底色块"。在视图面板下方单击 "标题 / 动
作安全"按钮，显示参考线，建立一个矩形的"蒙版 1"。选择"蒙版 1"，按 Ctrl+D 键创建一个副本"蒙
版 2"，将两个蒙版居中排列，作为年历的底色块，如图 6-66 所示。

图 6-66　创建和排列矩形蒙版

（3）建立"20"和"14"两个文本层，将文字放置在两个矩形块中部，如图 6-67 所示。

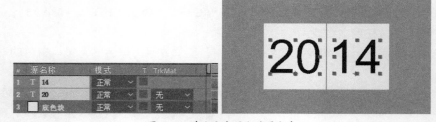

图 6-67　建立文本层和放置文字

（4）按 Ctrl+Y 键创建一个纯色层，命名为"遮罩 A"。在其上建立一个矩形蒙版，遮挡住文字，如
图 6-68 所示。

图 6-68　建立纯色层并绘制蒙版

（5）将"14"文本层的轨道遮罩栏选择为 Alpha 遮罩"遮罩 A"，如图 6-69 所示。

图 6-69　设置轨道遮罩

（6）选中"遮罩 A"层和"14"文本层，按 Ctrl+C 键复制，再按 Ctrl+V 键粘贴，这样在上层建立两个图层。将顶层的副本重命名为"遮罩 B"，双击第二层的文本副本层，修改为"15"。然后将"15"文字层"位置"的 y 轴数值设为 200，这样文字上移到遮罩的范围之外，不显示出来，如图 6-70 所示。

图 6-70　复制和修改

（7）在时间轴栏目名称处右击，选择"列数 > 父级和链接"命令，显示出"父级和链接"栏，将"14"层的"父级和链接"栏设为"15"层。

（8）展开"14"层和"15"层的"位置"属性，将时间移至第 1 秒处，单击"15"层"位置"前面的秒表记录下当前数值关键帧。将时间移至第 2 秒处，将"15"层位置的 y 轴设为"14 层"的数值，如图 6-71 所示。

图 6-71　设置父级关系和关键帧动画

（9）查看日期的变化效果，如图 6-72 所示。

图 6-72　预览效果

6.5　使用图层模式合成画面

图层模式（也称"图层混合模式"，或"传递模式"）控制每个图层如何与它下面的图层混合或交互。AE 中的图层模式与 Adobe Photoshop 中的混合模式相同。使用图层模式可以将图层之间以不同的颜色、亮度或 Alpha 通道方式进行混合显示。

操作 16：使用图层模式

（1）打开本章操作对应的合成，图层之间不同的图层模式会在合成视图中最终显示出不同的效果。底色层部分如图 6-73 所示。

图 6-73　打开合成

（2）纹理图部分如图 6-74 所示。

图 6-74　放置纹理图层并设置图层模式

（3）再添加文字，并将文字放在上层或不同层之间，如图 6-75 所示。

图 6-75　添加文字并设置图层模式

6.6　实例：合成特效工厂

本实例使用一个工厂图片和一个文字图片制作一段动画，使用蒙版绘制放射状的背景图形、电波动画、楼房轮廓，并制作局部颜色的变化，效果如图 6-76 所示。

图 6-76　实例效果

实例的合成流程图示如图 6-77 所示。

图 6-77　实例的合成流程图示

步骤 1：导入素材

在"项目"面板中双击打开"导入文件"对话框，将本实例准备的图片文件和音频文件全部选中，单击"导入"按钮将其导入"项目"面板。

步骤 2：建立"放射条单个"合成

（1）按 Ctrl+N 键打开"合成设置"对话框，将合成名称设为"放射条单个"，可以先将"预设"选择为"HDTV 1080 25"，这样确定了方形像素比和帧速率，然后将"宽度"和"高度"均修改为 2000，将持续时间设为 1 分（也可以是其他不小于最终合成的持续时间），单击"确定"按钮建立合成。

（2）按 Ctrl+Y 键打开"纯色设置"对话框，单击"制作合成大小"按钮，使用当前合成的尺寸，将颜色设为灰色 RGB（85，85，85），单击"确定"按钮建立纯色层。

（3）在工具栏中选择钢笔工具，在纯色层上绘制一条靠近中心点向一角发出的放射条，如图 6-78 所示。

图 6-78　绘制一个放射条

步骤 3：建立"放射条"合成

（1）从"项目"面板中将"放射条单个"拖至面板下部的"新建合成"按钮上释放，建立合成，在"项目"面板中按 Enter 键将其改名为"放射条"。

（2）打开"放射条"时间轴面板，选中"放射条单个"层，按 Ctrl+D 键创建副本，按住 Shift 键的同时按一下小键盘的 +（加号）键，旋转 10°，如图 6-79 所示。

图 6-79　创建副本并旋转角度

（3）同样持续创建副本后旋转，完成图形旋转放置的操作，如图 6-80 所示。

图 6-80　持续创建副本和旋转角度

步骤 4：建立"电波"合成

（1）按 Ctrl+N 键打开"合成设置"对话框，将合成名称设为"电波"，可以先将"预设"选择为"HDTV 1080 25"，这样确定了方形像素比和帧速率，然后将"宽度"和"高度"均修改为 500，将持续时间设为 10 秒，单击"确定"按钮建立合成。

（2）按 Ctrl+Y 键打开"纯色设置"对话框，单击"制作合成大小"按钮，使用当前合成的尺寸，将颜色设为深绿色 RGB（59，182，34），单击"确定"按钮建立纯色层。

（3）选中纯色层，在工具栏中双击"椭圆工具"按钮，为纯色层添加一个正圆形的"蒙版 1"。选中"蒙版 1"，按 Ctrl+D 键创建副本"蒙版 2"，将"蒙版 2"设为"相减"运算方式，"蒙版扩展"设为 -40，如图 6-81 所示。

图 6-81　创建副本蒙版并设置成环形

（4）取消蒙版的选择，选中纯色层，按 Ctrl+D 键创建一个副本。然后修改"蒙版 1"的"蒙版扩展"为 -80，"蒙版 2"的"蒙版扩展"为 -120。同样，取消蒙版的选择，选中纯色层，按 Ctrl+D 键创建另一个副本，然后修改"蒙版 1"的"蒙版扩展"为 -160,"蒙版 2"的"蒙版扩展"为 -200，如图 6-82 所示。

图 6-82　创建纯色层副本并修改"蒙版扩展"

（5）取消图层选择，按 T 键可以展开各层的"不透明度"属性，第 0 帧时单击打开顶层"不透明度"前面的秒表记录关键帧，设置第 0 帧为 0%，第 1 帧为 100%。然后选中这两个关键帧，按 Ctrl+C 键复制，将时间移至第 5 帧，选择第二层，按 Ctrl+V 键粘贴。将时间移至第 10 帧，选择第三层，按 Ctrl+V 键粘贴。

同样，设置第三层的"不透明度"，第 1 秒时设为 100%，第 1 秒 01 帧时设为 0%，复制这两个关键帧，分别在第 1 秒 05 帧时粘贴到第二层，第 1 秒 10 帧时粘贴到第一层，如图 6-83 所示。

图 6-83　设置关键帧动画

（6）查看电波发射的动画效果，如图 6-84 所示。

图 6-84　预览效果

步骤 5：建立"工厂图动画"合成

（1）在"项目"面板中将"工厂图 .jpg"拖至"项目"面板下部的"新建合成"按钮上释放，建立一个新合成。在"项目"面板中按 Enter 键命名为"工厂图动画"，并打开其时间轴。

（2）在工具栏中选择钢笔工具，选中"工厂图 .jpg"层，在其上按楼房边缘轮廓绘制蒙版。按主键盘上的 Enter 键将蒙版命名为"楼房边缘"，单击蒙版名称前面的色块，更改为便于查看的颜色，如图 6-85 所示。

图 6-85　绘制轮廓蒙版

（3）按 Ctrl+Y 键打开"纯色设置"对话框，单击"制作合成大小"按钮，使用当前合成的尺寸，将颜色设为深绿色 RGB（59，182，34），单击"确定"按钮建立纯色层。

（4）选中"工厂图 .jpg"的"楼房轮廓"蒙版，按 Ctrl+C 键复制，选中纯色层，按 Ctrl+V 键粘贴。取消蒙版的选择，选中纯色层，按 Ctrl+D 键两次，创建两个纯色层的副本，分别按主键盘的 Enter 键将这 3 个纯色层重命名为"中间楼房""右楼房""左楼房"，如图 6-86 所示。

图 6-86　复制蒙版和创建副本

（5）选中 3 个纯色层，按 T 键展开"不透明度"属性，都设为 50%，图层叠加"模式"设为"屏幕"模式，如图 6-87 所示。

图 6-87　设置"不透明度"和叠加"模式"

（6）暂时只显示"左楼房"和"工厂图蒙版"两个图层。选中"左楼房"层，按图像中左侧楼房的区域绘制蒙版，设为"交集"运算方式，命名为"左部分"，如图 6-88 所示。

图 6-88　设置和显示"左部分"

（7）暂时只显示"右楼房"和"工厂图蒙版"两个图层。选中"右楼房"层，按图像中右侧楼房的区域绘制蒙版，设为"交集"运算方式，命名为"右部分"，如图 6-89 所示。

图 6-89　设置和显示"右部分"

（8）暂时只显示"中间楼房"和"工厂图蒙版"两个图层。选中"左楼房"层的"左部分"蒙版按Ctrl+C 键复制，选中"中间楼房"层按 Ctrl+V 键粘贴。再选中"右楼房"层的"右部分"蒙版按 Ctrl+C键复制，选中"中间楼房"层按 Ctrl+V 键粘贴。将粘贴的两个蒙版设为"相减"运算方式，如图 6-90 所示。

图 6-90　设置和显示"中间楼房"

（9）从"项目"面板中将"工厂图 .jpg"拖至时间轴底层，将"电波"拖至时间轴顶层。展开"电波"层的变换属性，设置"不透明度"为 50%、"缩放"为（50，50%）、"位置"为（685，1125），使波形从图像中的天线上发出。将时间移至第 1 秒 15 帧处，按 Alt+] 键剪切出点，然后按 Ctrl+D 键创建一个副本，并设置入点为 1 秒 16 帧，使"电波"动画循环一次，如图 6-91 所示。

图 6-91　设置"电波"动画

（10）暂时关闭"左楼房"和"右楼房"层的显示，将时间移至第 2 秒，在图像中的中间楼房上部绘制一个蒙版，设为"交集"运算方式，"蒙版羽化"为（0，200），单击打开"蒙版路径"前面的秒表记录关键帧，如图 6-92 所示。

图 6-92　添加蒙版动画关键帧

（11）将时间移至第 3 秒，将蒙版放大至包括全部的中间楼房，制作蒙版区域从上向下扩展的动画，如图 6-93 所示。

图 6-93　添加蒙版动画关键帧

（12）打开"左楼房"的显示，将时间移至第 2 秒 20 帧，在图像中的左侧楼房下部绘制一个蒙版，设为"交集"运算方式，"蒙版羽化"为（0，100），单击打开"蒙版路径"前面的秒表记录关键帧。将时间移至第 3 秒 10 帧，将蒙版放大至包括全部的左侧楼房，制作蒙版区域从下向上扩展的动画，如图 6-94 所示。

图 6-94　添加蒙版动画关键帧

（13）打开"右楼房"的显示，将时间移至第 3 秒，在图像中的右侧楼房下部绘制一个蒙版，设为"交集"运算方式，"蒙版羽化"为（0，200），单击打开"蒙版路径"前面的秒表记录关键帧。将时间移至第 4 秒，将蒙版放大至包括全部的左侧楼房，制作蒙版区域从下向上扩展的动画，如图 6-95 所示。

图 6-95　添加蒙版动画关键帧

（14）从"项目"面板中将"放射条"拖至时间轴"工厂图 .jpg"层上面，展开"变换"属性，设置"缩放"为（150，150%）、"位置"为（960，2200）。将入点移至第 4 秒，单击打开"旋转"和"不透明度"前面的秒表记录关键帧。"旋转"在第 4 秒时为 0°，第 9 秒 24 帧时为 -30°；"不透明度"在第 4 秒时为 0%，第 5 秒时为 30%，如图 6-96 所示。

图 6-96　设置"变换"属性动画关键帧

（15）按 Ctrl+Y 键创建一个纯色层，将纯色层在视图中的位置下移，遮挡住叠加在建筑上的放射条。再将纯色层移至"放射条"层上面，入点与"放射条"相同，将"放射条"层的轨道遮罩栏设为"Alpha反转遮罩"，如图 6-97 所示。

图 6-97　建立纯色层并设置轨道遮罩

步骤 6：建立"合成特效工厂"合成。

（1）按 Ctrl+N 键打开"合成设置"对话框，将合成名称设为"合成特效工厂"，将"预设"选择为

"HDTV 1080 25"，将持续时间设为 8 秒，单击"确定"按钮建立合成。

（2）从"项目"面板中将"工厂文字 .png"和"工厂图动画"拖至时间轴。"工厂图动画"位于底层，按 P 键展开其"位置"，在第 0 帧时打开其前面的秒表记录关键帧，第 0 帧时为（960，900），第 4 秒时为（960，-250）。再选择"工厂文字 .png"，按 P 键展开"位置"，在第 4 秒时单击打开其前面的秒表，第 4 秒时为（960，-1000），第 4 秒 10 帧时为（960，470），第 4 秒 11 帧时为（960，450），第 4 秒 13 帧时为（960，470），设置文字下落和震动的动画关键帧，如图 6-98 所示。

图 6-98　放置图层并设置位置动画

（3）查看动画效果，如图 6-99 所示。

图 6-99　预览动画效果

（4）选中"工厂图动画"层，按 Ctrl+D 键创建一个副本，选择钢笔工具，沿图像前面的斜平面绘制蒙版，并将副本层移至顶层，如图 6-100 所示。

图 6-100　创建副本并绘制蒙版

（5）将音频素材拖至时间轴中配乐，完成实例的制作，可以按小键盘的 0 键预览视频音频效果。

测试题

1. 在合成视图中规范地摆放元素可以借助哪些功能？
2. 同一图层中多个蒙版是否只有相加和相减两种叠加方式？
3. 蒙版如何制作局部羽化？
4. 蒙版路径如何转化为运动路径？
5. 简述图层轨道遮罩的形式及设置方法。
6. 列举几个常用的图层模式。

第7章
合成嵌套的使用

在项目中对合成进行嵌套制作，是 AE 中进行制作的一种常用形式。合理的嵌套制作可以使制作项目更加容易，为制作带来很多便利，同时也有一些相关设置需要了解和注意。本章对合成嵌套使用中应注意的事项进行列举和讲解。

7.1 嵌套的作用

嵌套是指一个合成包含在另一个合成中，被当作图层来使用。嵌套合成有时称为"预合成"。在 AE 合成制作中，嵌套是常用的方法。

嵌套可用于管理和组织复杂合成，用户通过嵌套可以方便地完成以下功能。

（1）可以将复杂更改应用于整个合成。例如创建包含多个图层的合成，在总体合成中嵌套该合成，并对嵌套合成进行动画制作以及应用效果，以便所有图层在同一时间段内以相同方式更改。

（2）重复使用生成的动画效果。例如可以在一个合成中生成动画，然后根据需要将该合成拖至其他合成中多次使用。

（3）一步更新的作用。例如对嵌套合成更改设置时，这些更改将影响使用该嵌套合成的每个合成。

（4）更改图层的默认渲染顺序。例如可以指定 AE 在渲染效果之前渲染旋转变换，以便将效果应用于旋转的素材上。

（5）向图层添加其他系列的变换属性。例如可以使用嵌套来使地球绕地轴自转的同时也绕太阳公转。

操作 1：嵌套制作一排图形

（1）按 Ctrl+N 键打开"合成设置"对话框，将合成名称设为"一个图形"，将"预设"选择为"HDTV 1080 25"，将持续时间设为 5 秒，指定一个颜色，这里为品蓝色，单击"确定"按钮建立合成。

（2）按 Ctrl+Y 键打开"纯色设置"对话框，将"名称"设为"图形"，将"宽度"和"高度"均设为 200，指定一个颜色，这里为红色，单击"确定"按钮建立合成。

（3）选中纯色层，双击工具栏中的"星形工具"按钮，在纯色层上建立一个星形，如图 7-1 所示。

图 7-1　建立星形

（4）在"项目"面板中将"一个图形"合成拖至面板下方的"新建合成"按钮上释放，建立一个新合成。将"一个图形"合成嵌套在其中，合成的预设也来自"一个图形"合成，将新合成重命名为"嵌套制作一排图形"。

（5）选中"一个图形"合成，按 Ctrl+D 键 8 次，创建 8 个副本。然后将其中的两个星形放置在左右两侧，全选图层后单击"对齐"面板中的██按钮将星形等距离分布排列，如图 7-2 所示。

图 7-2　创建副本并排列成一行

（6）在"项目"面板中将"嵌套制作一排图形"合成拖至面板下方的"新建合成"按钮上释放，建立一个新合成。将"嵌套制作一排图形"合成嵌套在其中，将新合成重命名为"多排图形"。

（7）选中"嵌套制作一排图形"合成，按 Ctrl+D 键 4 次，创建 4 个副本。然后将其中的两排星形放置在上下两侧，全选图层后单击"对齐"面板中的██按钮将星形等距离分布排列，如图 7-3 所示。

图 7-3　创建副本并排列成多行

（8）这样，通过合成的嵌套操作，很容易完成这个效果的制作。同时，如果对图形进行修改，只需在"一个图形"合成中修改一个图形，其他两个合成中的图形将自动更新。例如切换到"一个图形"合成，选中"图形"层，双击工具栏中的"椭圆工具"按钮，添加一个圆形的蒙版，并设为"差值"运算方式，如图 7-4 所示。

图 7-4　添加蒙版修改图形

（9）切换到"一排图形"和"多排图形"合成，各层均自动更新图形的形状，如图 7-5 所示。

图 7-5　相关的嵌套合成中图形自动更新

7.2　嵌套中开关对显示效果的影响

嵌套中需要注意"图层折叠"和"连续栅格化"开关的使用，其不仅影响矢量图形本层的显示精度，也影响嵌套制作中将合成当作图层时的显示效果。

操作 2：嵌套合成的折叠变换

（1）打开本章操作对应的"缩小图"合成，其中有两个图像素材层，分别缩小 10%，居中放置，如图 7-6 所示。

图 7-6　打开合成

（2）在"项目"面板中将"缩小图"拖至面板下方的"新建合成"按钮上释放，建立一个新合成。将"缩小图"嵌套在其中，将新合成重命名为"缩小图嵌套"，打开其时间轴，将图层的"缩放"设为（1000，1000%）。此时可以看到，即使在"完整"分辨率的状态下，图像因放大也变得模糊，如图 7-7 所示。

图 7-7　图像放大时变得模糊

（3）打开"缩小图"层的 ⚙ "嵌套折叠"开关，查看效果，图像变得清晰，如图 7-8 所示。

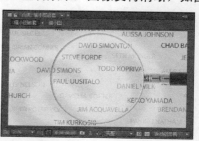

图 7-8　使用"嵌套折叠"开关将图像变得清晰

操作 3：嵌套合成的矢量变换和折叠变换

（1）在"项目"面板中选择"一个图形"合成，按 Ctrl+D 键创建一个副本，重命名为"矢量图文"。打开时间轴面板，在时间轴空白处右击，选择"新建 > 文本"命令，输入文字"五星"，并设置一个较小的尺寸，将文字居中，如图 7-9 所示。

图 7-9　打开合成并建立文字

（2）在"项目"面板中将"矢量图文"拖至面板下方的"新建合成"按钮上释放，建立一个新合成。将"矢量图文"嵌套在其中，将新合成重命名为"矢量图文嵌套"，打开其时间轴，将图层的"缩放"设为（1000，1000%），此时可以看到文字和图形因放大而变得模糊，如图 7-10 所示。

图 7-10　放大嵌套图层使得图像变模糊

（3）切换到"矢量图文"下，打开"图形"层的 开关，此时这个开关的作用是连续栅格化。再切换到"矢量图文嵌套"下，打开"矢量图文"层的 开关，此时这个开关的作用是嵌套折叠。查看效果，文字和图形变得清晰，如图 7-11 所示。

图 7-11　使用"连续栅格化"开关使图像变得清晰

提示

由于文字通常要求清晰的特殊性，原始文字层的"连续栅格化"开关始终为打开的状态。如果希望文字与同一画面中其他内容一样具有模糊的效果，则需要为其添加模糊效果，设置适当的模糊数值。

7.3　预合成图层及其属性设置

当在合成中将一个或多个图层直接转换为合成时，称为"预合成操作"，这与新建合成并放置这些图层一样，只存在操作上的区别。

操作4：预合成时保留属性

（1）在"项目"面板中选择"一个图形"合成，按Ctrl+D键创建副本，重命名为"图形预合成A"。

（2）打开"图形预合成A"的时间轴面板，调整"图形"层的属性变化，例如将"缩放"设为（300，300%），如图7-12所示。

图7-12　打开合成设置"缩放"属性

（3）选中"图形"层，选择"图层>预合成"命令（快捷键为Ctrl+Shift+C），打开"预合成"对话框。在其中选择保留所有属性的选项，并为新合成设置名称为"图形A保留属性"，如图7-13所示。

（4）单击"确定"按钮后，原来的纯色层转变为嵌套的合成层，并在层上保留了蒙版和修改过的属性设置，如图7-14所示。

图7-13　预合成时保留属性

图7-14　预合成后保留了属性设置

（5）双击合成层，切换到嵌套的"图形合成1保留属性"合成中，在下级合成中只有一个纯色层，如图7-15所示。

图7-15　查看嵌套合成中图层

操作5：预合成时移出属性

（1）在"项目"面板中选择"一个图形"合成，按Ctrl+D键创建副本，重命名为"图形预合成B"。

（2）打开"图形预合成B"的时间轴面板，调整"图形"层的属性变化，例如将"缩放"设为（300，300%）。

（3）在"图形"层上右击，选择"预合成"命令（快捷键为 Ctrl+Shift+C），打开"预合成"对话框。在其中选择属性移动到新合成这一项，并为新合成设置名称为"图形 B 移出属性"，如图 7-16 所示。

（4）单击"确定"按钮后，原来的纯色层转变为嵌套的合成层，并在层上移出了所有蒙版和修改过的变换属性，此时图层为默认的初始状态，如图 7-17 所示。

图 7-16　预合成时移出属性选项

图 7-17　预合成后移出了属性设置

（5）双击合成层，切换到嵌套的"图形 B 移出属性"合成中，原来的蒙版和修改过的属性被移出到这里的纯色层上，如图 7-18 所示。

图 7-18　查看嵌套合成中图层

7.4　合成导航器与合成标记

合成中可以添加图层的标记与合成的标记，在嵌套时合成转变为图层，合成标记也相应转变为图层标记。通过合成导航器可以查看合成嵌套的上下级关系，并切换到相应的合成。

操作 6：合成导航器与嵌套合成的标记

（1）在"项目"面板中选择"一个图形"合成，按 Ctrl+D 键创建副本，重命名为"原一级"。打开"原一级"合成时间轴，为其下的"图形"层进行一些设置，将"缩放"设为（200，200%），设置"旋转"第 0 帧时为 0°，第 2 秒时为 180°，在第 3 秒处按 Alt+] 键剪切出点。

（2）再选中图层，将时间移至第 2 秒处，按小键盘的 * 键为图层添加一个标记点。再将时间移至第 3 秒，从合成工作区域右侧将合成标记拖至第 3 秒处。这样添加了两个标记点，如图 7-19 所示。

（3）在"项目"面板中将"原一级"合成拖至面板下方的"新建合成"按钮上释放，建立一个新合成。将"原一级"嵌套在其中，将新合成重命名为"上二级"。打开其时间轴，会发现在"原一级"层上保留第 3 秒处的原合成标记。选中"原一级"层，按 Ctrl+D 键创建副本，并调整"位置"并排放置，如图 7-20 所示。

图 7-19　设置图层并添加两个标记点

图 7-20　嵌套合成并创建副本 1

（4）在"项目"面板中将"上二级"合成拖至面板下方的"新建合成"按钮上释放，建立一个新合成。将"上二级"嵌套在其中，将新合成重命名为"上三级"。打开其时间轴，选中"上二级"层，按 Ctrl+D 键创建副本，并调整"位置"并排放置，如图 7-21 所示。

图 7-21　嵌套合成并创建副本 2

（5）在嵌套关系的合成中，可以通过单击时间轴上部的 按钮打开合成微型流程图（快捷键为 Tab），在其中选择要切换的合成名称，或者在合成视图面板的左上部切换嵌套关系的合成，如图 7-22 所示。

图 7-22　切换合成方式

（6）单击合成视图右下角的 按钮可以将将合成视图切换为流程图，在其中查看合成的嵌套关系，如图 7-23 所示。

图 7-23　切换和查看流程图

7.5　实例：制作电影胶片动画

本实例将图片包装成为通过电影胶片放映的动画，其中的小画面均使用嵌套的方法来制作，效果如图 7-24 所示。

图 7-24　实例效果

实例的合成流程图示如图 7-25 所示。

图 7-25　实例的合成流程图示

步骤 1：导入素材

在"项目"面板中双击打开"导入文件"对话框，将本实例文件夹中准备的图片文件、视频文件和音频文件全部选中，单击"导入"按钮，将其导入"项目"面板。

步骤 2：建立"胶片单个"合成并设置效果

（1）建立"胶片单个"合成。按 Ctrl+N 键打开"合成设置"对话框，将合成名称设为"胶片单个"，可以先将"预设"选择为"HDTV 1080 25"，这样确定了方形像素比和帧速率，然后将"宽度"修改为800、"高度"修改为 450，持续时间设为 1 分（也可以是其他不小于最终合成的持续时间），单击"确定"按钮建立合成。

（2）按 Ctrl+Y 键打开"纯色设置"对话框，设置名称为"胶片"，单击"制作合成大小"按钮，使用当前合成的尺寸，将颜色设为 RGB（40，22，11），单击"确定"按钮建立纯色层。

（3）双击"胶片"层，打开其图层视图面板，在工具栏的"矩形工具"按钮上双击，为"胶片"层建立一个蒙版，设置名称为"蒙版 1"，如图 7-26 所示。

图 7-26　创建大的矩形蒙版

（4）在图层视图面板中用选择工具双击蒙版的边线，使其处于可变换状态，按住 Ctrl 键拖动其一个角点，居中缩小蒙版，可以打开视图面板底部的"切换透明网格"开关来查看效果。用手动拖动鼠标来调整大小通常只能凭感觉，这里还可以单击时间轴中的"形状"，打开"蒙版形状"对话框，将"单位"选择为"源的 %"，然后查看和修改"定界框"的百分比数值，如图 7-27 所示。

图 7-27　在"蒙版形状"对话框中设置精确的数值

（5）将蒙版默认的"相加"运算方式改为"相减"运算方式，如图 7-28 所示。

图 7-28　设置蒙版运算方式

（6）在工具栏中选择矩形工具，在"胶片"层左上角绘制胶片边缘的小方格，建立第二个蒙版，设置名称为"蒙版 2"，使用"相减"运算方式，将"蒙版扩展"设为 5，这样得到一个向外扩展的圆角方格。为了区别于前一个蒙版，单击"蒙版 2"前面的颜色方块，更改为蓝色，如图 7-29 所示。

图 7-29　创建小方格蒙版并进行设置

（7）选中"蒙版 2"，按 Ctrl+D 键创建一个副本"蒙版 3"，按 Shift+ ↓（向下方向）键，将副本方框下移。然后再重复按 Ctrl+D 键和 Shift+ ↓（向下方向）键，建立胶片一侧的小方格，如图 7-30 所示。

图 7-30　创建小方格蒙版副本

（8）选中左侧的小方格蒙版，这里为"蒙版 2"至"蒙版 7"，按 Ctrl+T 键转换为可变换状态。在视图中拖动变换框上部和下部的中点，将小方格调整到适当的大小和位置，如图 7-31 所示。

（9）保持"蒙版 2"至"蒙版 7"的选中状态，再按 Ctrl+C 键复制，然后取消蒙版的选择状态，选中"胶片"层，按 Ctrl+V 键粘贴，复制出另一列小方格蒙版。配合 Shift 键将其整体水平移至胶片的右侧，为了与之前的蒙版有所区别，这里将其颜色更改为绿色，如图 7-32 所示。

图 7-31　整体调整左侧小方格

图 7-32　复制右侧小方格

步骤 3：建立"胶片条"合成并设置效果

（1）在"项目"面板中将"胶片单个"拖至"项目"面板下部的"新建合成"按钮上释放，建立一个新合成。按 Ctrl+K 键打开"合成设置"对话框，将合成名称设为"胶片条"，在"高度"的数值后输入"*8"，即增高至原来的 8 倍，单击"确定"按钮，打开合成的时间轴，并查看视图效果，如图 7-33 所示。

图 7-33　创建合成副本并修改设置

（2）在时间轴中选中"胶片单个"层，连续按 Ctrl+D 键 7 次，再创建 7 个新层。确认从"窗口"菜单中勾选显示出"对齐"面板，然后选中顶层，单击"对齐"面板中的 ▉ 按钮顶对齐，选中底层，单击"对齐"面板中的 ▉ 按钮底对齐，再按 Ctrl+A 键全选图层，单击"对齐"面板中的 ▉ 按钮垂直均匀分布，如图 7-34 所示。

图 7-34　创建胶片形状副本

步骤 4：确定胶片图像合成的尺寸并放置图像

（1）在"项目"面板中将"胶片单个"拖至"项目"面板下部的"新建合成"按钮上释放，建立一个新合成。在"项目"面板中按 Enter 键将合成名称设为"胶片图像 01"，打开合成的时间轴，在合成视图面板底部单击打开 ▣ "目标区域"按钮，然后选择"合成＞裁剪合成到目标区域"命令，以所选择区域作为合成的尺寸。因为手动操作的准确性不高，再按 Ctrl+K 键打开"合成设置"对话框，在拖动操作的基础上进一步精确设置，将"宽度"设为 600，如图 7-35 所示。

图 7-35　裁剪合成区域并在合成设置中精确设置

（2）确定好胶片图像合成的尺寸后，删除合成中的层。在"项目"面板中连续按 Ctrl+D 键创建"胶片图像 02"至"胶片图像 24"，然后在时间轴中为每个合成添加对应的海报图像素材，并适当调整海报图像在合成中的大小和位置，如图 7-36 所示。

图 7-36　创建合成副本并添加对应的图像素材

步骤 5：建立"胶片条图像 1"至"胶片条图像 3"合成

（1）在"项目"面板中将"胶片条"拖至"项目"面板下部的"新建合成"按钮上释放，建立一个新合成。在"项目"面板中按 Enter 键命名为"胶片条图像 1"，打开其时间轴。

（2）从"项目"面板中将"胶片图像 01"至"胶片图像 08"拖至时间轴的"胶片条"层之下，单击打开"胶片条"层的"锁定"开关。确认从"窗口"菜单中勾选显示出"对齐"面板，然后选中"胶片图像 01"层，单击"对齐"面板中的■按钮顶对齐，选中底层，单击"对齐"面板中的■按钮底对齐，再按 Ctrl+A 键全选图层（锁定层不被选中），单击"对齐"面板中的■按钮垂直均匀分布，如图 7-37 所示。

图 7-37　放置图层并排列

（3）同样，再建立"胶片条图像 2"和"胶片条图像 3"合成，分别放置不同的海报图像。

步骤 6：建立"胶片动画"合成。

（1）按 Ctrl+N 键打开"合成设置"对话框，将合成名称设为"胶片动画"，将"预设"选择为"HDTV 1080 25"，将持续时间设为 15 秒，单击"确定"按钮建立合成。

（2）从"项目"面板中将"胶片条"和"背景 .jpg"拖至时间轴中，选中"胶片条"层，按 R 键显示其"旋转"属性，设为 90°，然后按 Ctrl+D 键创建一个副本层，如图 7-38 所示。

图 7-38　放置图层并创建副本

（3）选中两个"胶片条"层，按 P 键显示其位置属性，在上层位置的 y 轴后 540 后添加输入"-660"得到 -120，在下层位置的 y 轴后 540 后添加输入"+660"得到 1200，这样将"胶片条"等距离移动到上下两边，如图 7-39 所示。

图 7-39　移动图层

（4）在"项目"面板的"纯色"文件夹中将前面创建的一个纯色层"胶片"拖至时间轴中，放置在"背景 .jpg"层上面，按 Ctrl+Alt+F 键缩放至当前合成的大小。暂时关闭"胶片"层的显示，在选中"胶片"层的状态下，在工具栏中选择矩形蒙版工具，参照上下两个胶片图像，绘制一个矩形，如图 7-40 所示。

图 7-40　放置纯色层并绘制矩形蒙版

（5）打开"胶片"层的显示，将蒙版下的"反转"勾选，这样制作胶片遮幅的效果，如图 7-41 所示。

图 7-41　反转蒙版

（6）从"项目"面板中将"标题 .png"和"金色材质贴图 .jpg"拖至时间轴顶层，"金色材质贴图 .jpg"层在下面，并将其宽度放大至超过文字，如图 7-42 所示。

图 7-42　放置文字和材质图层并调整材质大小

（7）在"金色材质贴图 .jpg"层的轨道遮罩栏选择"Alpha 遮罩'标题 .png'"，如图 7-43 所示。

图 7-43　设置轨道遮罩

（8）选中"标题 .png"层，按 Ctrl+D 键创建副本，并将副本移至"金色材质贴图 .jpg"层下。打开显示状态，展开其"变换"属性，将"缩放"设为（102，102%），将位置下移错开一点，y 轴增加 4 个像素值为 544，如图 7-44 所示。

图 7-44　创建文字副本并调整"变换"属性

（9）选中顶部，设置文字的 3 个图层，按 Ctrl+Shift+C 键（或选择"图层 > 预合成"命令）。在弹出对话框中，将新合成名称设为"标题预合成"，单击"确定"按钮，将原来的 3 个图层预合成为一个合成层，便于后面的操作，如图 7-45 所示。

图 7-45　预合成图层

（10）从"项目"面板中将"光效 .mov"拖至时间轴顶层，按 Ctrl+D 键创建一个副本，入点分别为第 0 帧和第 2 秒 05 帧，都设为"相加"图层模式，将后一层的"缩放"设为（200，200%），如图 7-46 所示。

（11）根据光效设置文字出现的方式，在第 18 帧处按 Alt+[键剪切"标题预合成"的入点，按 S 键展开"缩放"属性，单击打开"缩放"前面的秒表记录关键帧，此时设为（20，20%），使文字缩小并被光效遮挡。将时间移至第 1 秒 15 帧，设为（100，100%），如图 7-47 所示。

图 7-46　放置图层并创建副本　　　　　　　　　　图 7-47　设置"缩放"关键帧

（12）查看此时的效果，如图 7-48 所示。

图 7-48　预览效果

（13）根据光效设置文字消失的方式。在第 2 秒 15 帧处，在工具栏中选择椭圆工具，选中"标题预合成"层，在其上绘制一个椭圆形的蒙版，并保证文字全部显示。将"蒙版羽化"设为（50，50），单击打开蒙版路径前面的秒表记录关键帧，如图 7-49 所示。

图 7-49 为文字添加蒙版并设置关键帧

（14）将时间移至第3秒，随着光效范围集中到视图中心点，双击椭圆形蒙版，使其处于可变换状态。按住 Ctrl 键拖动变换框一角，将蒙版缩小至视图中心，并按 Alt+] 键剪切图层出点。然后在第3秒处选中两个"胶片条"层和"胶片"层，按 T 键展开"不透明度"属性，单击打开其前面的秒表记录关键帧，此处为100%，将时间移至第3秒05帧处，均设为0%，并按 Alt+] 键将3个图层都剪切出点，如图7-50所示。

图 7-50 设置蒙版和不透明度关键帧

（15）从"项目"面板中将"胶片条图像1""胶片条图像2""胶片条图像3"拖至时间轴顶部，从下向上放置。"胶片条图像1"的入点为第3秒，出点为第9秒；"胶片条图像2"的入点为第3秒；"胶片条图像3"的入点为8秒20帧，如图7-51所示。

（16）为3个图层设置变换关键帧动画。

图 7-51 放置图层

将"胶片条图像1"的"缩放"设为50%，第3秒时，单击打开位置前面的秒表，设为（300，2000），第3秒05帧设为（300，900），第8秒20帧设为（300，180），第9秒设为（-200，180）。

将"胶片条图像2"的"缩放"设为150%，第8秒20帧时打开其前面的秒表记录关键帧，将时间移至第9秒时设为50%。第3秒时，单击打开位置前面的秒表，设为（1200，-2800），第3秒05帧设为（1200，-1600），第8秒20帧设为（1200，-700），第9秒设为（300，900），第14秒05帧设为（300，180）。

将"胶片条图像3"的"缩放"设为150%，在第14秒时打开其前面的秒表记录关键帧，将时间移至第14秒05帧时设为350%。在第8秒20帧时，单击打开位置前面的秒表，设为（2550，0），第9秒设为（1200，0），第14秒设为（1200，1300），第14秒05帧设为（960，3040）。

设置结果如图7-52所示。

图 7-52 设置关键帧

（17）在视图中查看运动路径，默认为自动贝塞尔曲线的空间插值方式，画面在非直线移动时方向会发生偏移。在时间轴中按住 Ctrl 键（或 Shift 键）单击这3个图层的位置名称，选中全部的位置关键帧，在其中一个位置关键帧上右击，选择"关键帧插值"命令，打开"关键帧插值"对话框，从中将"空间插值"设为"线性"，如图 7-53 所示。

图 7-53　设置线性关键帧

（18）选中运动的 3 个胶片条图层，打开其图层的"运动模糊"开关，再单击时间轴上部的 "运动模糊启用"按钮，这样胶片产生运动模糊效果，如图 7-54 所示。

图 7-54　启用运动模糊

（19）从"项目"面板中将"老电影噪波 .mov"和"老电影划痕 .mov"拖至时间轴顶层，分别按 Ctrl+Alt+F 键放大至当前合成的尺寸，调整"不透明度"，并设为"屏幕"图层模式，如图 7-55 所示。

图 7-55　放置图层并设置叠加模式

（20）可以看到这两个素材的长度较短，可以在"项目"面板中选中"老电影噪波 .mov"素材，选择"文件 > 解释素材 > 主要"命令（快捷键为 Ctrl+Alt+G），在打开的对话框中，将循环次数设为 3 次，同样将"老电影划痕 .mov"也如此设置，然后在时间轴中将出点设为合成的尾部，如图 7-56 所示。

图 7-56　设置素材循环

（21）查看效果，如图 7-57 所示。

图 7-57　预览动画效果

（22）从"项目"面板中将音频文件拖至时间轴为动画配乐，完成实例的制作，可以按小键盘的0键预览视频音频效果。

测试题

1．列举几个合成嵌套的作用。
2．预合成操作时图层的属性如何保留或转移？
3．如何切换到嵌套关系的各个合成面板中？
4．如何查看合成全部嵌套关系的流程图？

第 8 章
三维图层的合成

三维合成与普通二维合成的区别，简单地说，在于增加了有纵深方向的 z 轴，对象不仅可以在 x 轴和 y 轴组成的平面上运动，还可以在 z 轴上做纵深运动。此外，三维运动的场景效果也与二维的平面有很大区别，可以有光照、阴影、三维摄像机的透视视角，可以表现出镜头焦距的变化、聚焦及景深效果的变化等。本章从基础开始对三维图层的合成进行综合的讲解。

8.1 AE 中的三维合成原理

AE 中的三维合成与三维动画软件中的三维制作不同。AE 中的三维空间以片状的图层为基础，如果要制作一个立方体，需要 6 个面来组成，而制作立体的圆球就难以实现，需要使用有限功能的效果或插件来制作，较高的三维制作需求需要专门的三维动画软件来制作，然后输出结果在 AE 中进行合成。不过即使有所限制，但对于以处理视频素材和特效制作为主的 AE，其三维合成的功能也是非常强大的，可以制作一些合成中常用的三维文字或立体 Logo，这将在后面相关章节中介绍。

而在三维图层中，有 x、y 和 z 3 个轴向，x 轴和 y 轴形成一个平面，z 轴是与这个平面垂直的轴向。这个 z 轴在大多情况下并不能定义图像的厚度，三维图层仍然是一个没有厚度的平面。不过 z 轴可以使这个平面图像在有深度的空间中移动位置，也可以使这个平面图像在三维的空间中旋转任意的角度。具有三维属性的图层可以很方便地制作空间透视效果、空间的前后位置放置、空间的角度旋转，或者由多个平面在空间组成盒子的形状，如图 8-1 所示。

图 8-1　平面组成盒子的形状

8.2　转换三维图层

在进行三维合成时，首先需要将图层定义为三维图层。在时间轴面板中，单击打开图层的 ⬡ "三维图层"开关，可以将一个二维图层转换为三维图层，再次单击关闭开关则又转换为二维图层。三维图层比二维图层增加了部分属性，如图 8-2 所示。

图 8-2　二维与三维的图层属性

二维图层转换为三维图层之后，"锚点""位置""缩放"均增加了 z 轴向数值。原来在二维中的"旋转"只能一个轴向旋转，转换为三维图层后可以在三维轴向旋转，综合起来可以空间任意角度旋转。除了旋转还增加了"方向"属性，其与"旋转"的区别在于，"方向"数值小于 360°，"旋转"数值不限，每 360° 累加一周。

8.3　在 AE 中建立三维物体

操作 1：建立简单三维场景

（1）按 Ctrl+N 键打开"合成设置"对话框，将"预设"选择为"HDTV 1080 25"，将持续时间设为 5 秒，单击"确定"按钮建立合成。

（2）按 Ctrl+Y 键按当前合成的尺寸建立一个白色的纯色层，单击打开"三维图层"开关。在合成视图面板下部选择"自定义视图 1"，如图 8-3 所示。

图 8-3　打开"三维图层"开关并选择"自定义视图 1"

（3）选择纯色层，按 Ctrl+D 键创建一个副本。再将素材图片"AE 标 .jpg"拖至时间轴中，打开"三维图层"开关，如图 8-4 所示。

图 8-4　放置图层并打开"三维图层"开关

（4）选中其中的一个纯色层，按 R 键显示其"旋转"属性，设置"X 轴旋转"为 -90°，此时图层在空间中处于交叉的状态，如图 8-5 所示。

图 8-5　空间交叉平面

（5）将合成视图切换为"左侧"视图方式，在合成视图或时间轴中将垂直纯色层右移，水平纯色层下移，图层的边缘均相连接。使用非透视关系的"正面"视图，有助于查看两个图形之间的距离，如图 8-6 所示。

图 8-6　在"正面"视图中移动图层

提示

在将图层移动时，其"位置"的数值与另一个图层边长在数值上相符，即从中心位置移到边缘位置时，"位置"数值的变化为边长数值的一半。

（6）再切换为"自定义视图 1"，在时间轴空白处右击，选择"新建＞摄像机"命令，在打开的"摄像机设置"对话框中将"预设"选择为"28 毫米"，单击"确定"按钮。此时可以在自定义视图中看到所创建的摄像机，如图 8-7 所示。

图 8-7　创建摄像机

（7）选择"活动摄像机"视图将启用所创建摄像机的视角，如图 8-8 所示。

图 8-8　选择摄像机视角

（8）可以减小摄像机的 x 轴数值，将其向左移，这里数值为 360。再减小摄像机 y 轴数值，将其向上移，这里数值为 400，查看视角发生的变化，如图 8-9 所示。

图 8-9　调整摄像机视角

（9）在时间轴空白处右击，选择"新建＞灯光"命令，在打开的"灯光设置"对话框中将"灯光类型"选择为"聚光"，勾选"投影"，如图 8-10 所示。

图 8-10　新建灯光

（10）在时间轴中调整灯光的位置，将灯光层"位置"中的 y 轴数值减小至 -700，提高灯光的位置。将 z 轴的数值减小至 -1500，拉远灯光离中心的位置，如图 8-11 所示。

图 8-11　调整灯光

（11）展开"AE 标 .jpg"层的"材质选项"，将"投影"设为"开"，这样图像在下面和后面的平面上产生灯光照射的投影效果，如图 8-12 所示。

图 8-12　设置投影

8.4　不同的三维坐标模式

操作 2：三维场景中的本地轴模式

（1）接着上面的操作，当合成中存在三维图层、摄像机或者灯光这些含有三维属性的图层时，工具栏中的 　"本地""世界""视图" 3 个坐标轴模式图标将被激活，切换这 3 个模式对三维图层的变换操作有很大的便利性。先使用本地轴模式，查看"AE 标 .jpg"层的 3 个坐标轴向，红色为 x 轴，绿色为 y 轴，蓝色为 z 轴，如图 8-13 所示。

图 8-13　本地轴模式坐标

（2）可以将鼠标指针移至某个轴向上，约束为按某个轴的方向移动图层，例如将鼠标指针移至 z 轴处，鼠标指针提示已约束为 z 轴方向时，按住鼠标左键拖动，即可沿 z 轴向前后移动图像，查看时间轴中只有 z 轴的数值发生变化，如图 8-14 所示。

图 8-14　本地轴模式下沿 z 轴移动

（3）在"AE 标 .jpg"层的"位置"属性上右击，选择"重置"命令，恢复默认数值。然后选中水平的纯色层，查看其图层的轴向，因为按 x 轴旋转了 -90°，所以在本地轴模式下，z 轴向变为指向上方，如图 8-15 所示。

图 8-15　旋转图层后的 z 轴指向

（4）可以看出，图层的某个坐标轴，首先可以约束位移或旋转在其轴向上进行，另外在本地轴模式下，图层的坐标轴向随图层的旋转而一同旋转，对于图层本身始终保持相对的一致。

操作 3：三维场景中的世界轴模式

（1）继续上面的操作，在工具栏中切换到世界轴模式。选中水平的纯色层，z 轴的指向改变为指向场景的前方，如图 8-16 所示。

（2）选中"AE 标 .jpg"层，按 R 键显示其"旋转"属性，将"X 轴旋转"设为 -30°，或者选择工具栏中的旋转工具，在视图中沿 x 轴旋转，可以看到图层的其他两个坐标指向始终不变，z 轴与其他层的 z 轴坐标指向都保持一致，指向场景的前方。可以看出在世界轴模式下，不论旋转与否，所有图层在整个场景中，只有一种原始的场景坐标指向，如图 8-17 所示。

图 8-16　世界轴模式坐标

图 8-17　世界轴模式下旋转图层时坐标指向不变

操作 4 ： 三维场景中的视图轴模式

（1）继续上面的操作，在工具栏中切换到第 3 个视图轴模式下。选中"AE 标 .jpg"层，可以看到 z 轴指向视图的正前面，y 轴指向上方，x 轴指向右方。对图层进行旋转时，图层的 z 轴指向视图前方保持不变，如图 8-18 所示。

图 8-18　视图轴模式坐标

（2）将当前视图切换为"自定义视图 1"，查看图层的坐标指向，z 轴指向当前视图的正前方，所有图层的坐标保持一致。可以看出在视图轴模式下，不论旋转与否，所有图层只有一种视图视角的坐标指向，如图 8-19 所示。

图 8-19　视图轴模式 Z 轴指向正前方

8.5　不同的三维视图

操作 5 ： 三维场景中多视图操作

（1）按 Ctrl+N 键打开"合成设置"对话框，将"预设"选择为"HDTV 1080 25"，将持续时间设为 5 秒，单击"确定"按钮建立合成。

（2）从"项目"面板中将"天空 .jpg"拖至时间轴中，将其"缩放"设为（200，200%），这个图像使用二维图层，放在底层作为背景。

（3）按 Ctrl+Y 键打开"纯色设置"对话框，将"名称"设为"平面"，将"颜色"设为与背景图像相近的浅蓝色，RGB 为（180，233，255），按当前合成的尺寸建立一个纯色层。单击打开图层的"三维图层"开关，按 R 键显示"旋转"属性，将"X 轴旋转"设为 -90°，在当前视图中查看到纯色层显示为一条横线的状态，如图 8-20 所示。

图 8-20　旋转三维图层

提示

在大多数情况下可以使用本地轴模式，坐标轴随图层本身的旋转而变化，这样也可以直观地掌握图层的旋转状态。

（4）在时间轴空白处右击，选择"新建 > 文本"命令，输入"AE CC"，并在"字符"面板中设置字体、尺寸和颜色，在"段落"面板中选择居中方式。打开文本层的"三维图层"开关，如图 8-21 所示。

图 8-21　建立文本

（5）在合成视图面板下部可以选择"自定义视图 1""自定义视图 2""自定义视图 3"的视图类型，显示状态如图 8-22 所示。

图 8-22　3 种自定义视图

提示

在自定义的三维视图中或正视图中将不显示合成中的二维图层，例如这里的"天空 .jpg"。二维图层在默认的活动摄像机或创建的其他摄像机中显示。

（6）在视图类型右侧可以选择"1 个视图""2 个视图 - 水平""2 个视图 - 纵向""4 个视图"。选择"2 个视图 - 水平"，左侧为"顶部"视图，右侧为"自定义视图 3"，其中左侧视图 4 个角有蓝色的标记，表明为激活的视图，如图 8-23 所示。

图 8-23　"2 个视图 - 水平"方式

（7）选择“4 个视图”的状态，如图 8-24 所示。

图 8-24　“4 个视图”方式

（8）选择“4 个视图 - 左侧”的状态，如图 8-25 所示。

图 8-25　“4 个视图 - 左侧”方式

（9）在时间轴空白处右击，选择“新建 > 摄像机”命令，在打开的“摄像机设置”对话框中将“类型”选择为“双节点摄像机”，将“预设”选择为“15 毫米”，如图 8-26 所示。

图 8-26　建立双节点摄像机

（10）使用“4 个视图”方式，单击右上角视图，使其处于 4 角为蓝色的激活状态。接着选择视图方式为“活动摄像机”，并选择“适合”的大小显示，这样显示完整的画面。然后依次激活左上角视图，设为“顶部”视图；选择左下角视图，设为“左侧”视图；选择右下角视图，设为“自定义视图 1”视图，如图 8-27 所示。

图 8-27　设置“4 个视图”方式

（11）将摄像机层"目标点"的 y 轴数值减小为 350，即目标点上移。将摄像机层"位置"设为（960，400，-360），即推近和提高位置，如图 8-28 所示。

图 8-28　调整摄像机

（12）在时间轴空白处右击，选择"新建 > 灯光"命令，建立一盏"聚光"类型的"灯光 1"。设置"位置"为（960，-1500，0），即从场景中心的顶部垂直向下照射，同时将"平面"层放大，如图 8-29 所示。

图 8-29　新建第一盏灯光

（13）在时间轴空白处右击，选择"新建 > 灯光"命令，建立一盏"聚光"类型的"灯光 2"。设置"位置"为（960，300，-1000），即从前上方向场景中心照射，如图 8-30 所示。

图 8-30　新建第二盏灯光

（14）完成制作后，将"4 个视图"切换为"1 个视图"。对于复杂的场景制作，多视图可以很直观地表现场景中各图层空间状态。

8.6　设置场景动画

操作 6：使用平面在空间建立立方体

（1）按 Ctrl+N 键打开"合成设置"对话框，将"合成名称"设为"方形面"，先将"预设"选择为"HDTV 1080 25"，确定方形像素比和帧速率，然后将"宽度"和"高度"均设为 1000，将持续时间设为 5 秒，单击"确定"按钮建立合成。

（2）按 Ctrl+Y 键以当前合成尺寸建立一个"灰色正方形"纯色层，再按 Ctrl+Y 键以当前合成尺寸建立一个"橙色正方形"纯色层，并设置上层"橙色正方形"纯色层的"缩放"为（90，90%），如图 8-31 所示。

图 8-31　建立纯色层

（3）按 Ctrl+N 键打开"合成设置"对话框，将"合成名称"设为"立方体"，"预设"选择为"HDTV 1080 25"，将"持续时间"设为 5 秒，选择一个品蓝色的背景颜色，单击"确定"按钮建立合成。

（4）从"项目"面板中将"方形面"拖至时间轴中，打开"三维图层"开关。在合成视图面板的下方单击 🔲 按钮，将"标尺"和"参考线"勾选，在视图顶部和左侧的标尺上向视图中拖动可以拖出参考线，参照"方形面"的 4 个边缘，确定 4 条参考线的位置，如图 8-32 所示。

图 8-32　设置参考线

（5）在时间轴中选中"方形面"层，按 Ctrl+D 键 5 次，创建 5 个副本层。在合成视图的右下部选择"4 个视图"方式，如图 8-33 所示。

图 8-33　创建副本层并选择"4 个视图"方式

（6）选中第1个"方形面"层，在"顶部"视图中，在工具栏中使用选择工具，将鼠标指针移至z轴处，沿z轴将其移至上面的参考线位置，可查看时间轴中的"位置"数值变化并精确设置，如图8-34所示。

图 8-34　沿 z 轴移动图层

（7）选中第2个"方形面"层，在"右侧"视图中，在工具栏中使用旋转工具，将鼠标指针移至y轴处，沿y轴旋转，可查看时间轴中的"方向"数值变化并精确设置为90°，如图8-35所示。

图 8-35　沿 y 轴旋转

（8）然后继续移动其他"方形面"至参考线处，用同样的方法，对其他层在视图中直观地进行空间的移动和旋转操作，并在时间轴中进一步精确设置属性的数值，最终组成立方体形状，如图8-36所示。

图 8-36　调整平面组成立方体

操作 7：嵌套三维合成

（1）按 Ctrl+N 键打开"合成设置"对话框，将"合成名称"设为"嵌套立方体"，将"预设"选择为"HDTV 1080 25"，将持续时间设为 5 秒，单击"确定"按钮建立合成。

（2）按 Ctrl+Y 键以当前合成尺寸建立一个灰色的纯色层，打开"三维图层"开关，将其"X 轴旋转"

设为 -90°、"位置"设为（960，1000，0）、"缩放"设为（500，500，500%）。

（3）从"项目"面板中将上面建立的立方体合成拖至时间轴中，打开"三维图层"开关，设置"缩放"为（70，70，70%），会发现上下的边缘被裁切。调整"Y 轴旋转"时会发现原来的立方体变成没有厚度的面，如图 8-37 所示。

图 8-37　嵌套立方体图层

（4）打开"立方体"层的 ❖ "折叠变换"开关，图层的立体形状得到了校正，如图 8-38 所示。

图 8-38　使用"折叠变换"开关还原立方体

操作 8：建立立体文字

（1）按 Ctrl+N 键打开"合成设置"对话框，将"合成名称"设为"立体文字"，将"预设"选择为"HDTV 1080 25"，将"背景颜色"设为蓝色，单击"确定"按钮建立合成。

（2）在时间轴空白处右击，选择"新建 > 文本"命令，输入"AE CC"，并在"字符"面板设置字体、大小和颜色，其中颜色为 RGB（255，114，0），在"段落"面板设置居中对齐，如图 8-39 所示。

图 8-39　建立文本

（3）在时间轴中打开文本层的"三维图层"开关，展开文本层"变换"属性下的"位置"，按住 Alt 键单击其前面的秒表，打开表达式输入状态，输入表达式"[position[0],position[1], position[2]-index]"，按小键盘的 Enter 键结束输入状态，如图 8-40 所示。

图 8-40　输入表达式

提示

表达式 [position[0],position[1], position[2]-index] 中的 position[0] 表示本层"位置"的 x 轴数值，position[1] 表示本层"位置"的 y 轴数值，position[2] 表示本层"位置"的 z 轴数值，index 表示本层为合成中的第几层。这个表达式的作用是自动计算出 z 轴的数值。有关表达式的使用详见本书第 18 章。

（4）建立完表达式后，选中图层，按 Ctrl+D 键创建一个副本，查看 z 轴自动计算出来的数值变化，如图 8-41 所示。

图 8-41　创建副本

（5）使用"2 个视图 - 水平"的方式查看，左侧设为"左侧"视图，右侧设为"自定义视图 1"视图。将"左侧"视图放大，查看到两个文本层之间为前后相差 1 个像素的关系，如图 8-42 所示。

图 8-42　使用"2 个视图 - 水平"方式

（6）选中文本层，按住 Ctrl+D 键不放，会连续产生副本。对照"自定义视图 1"中逐渐增加的立体厚度效果，创建适当厚度所需的文本层副本数量，这里共创建 30 个文本层，如图 8-43 所示。

图 8-43　创建 30 个文本层

（7）在视图中可以查看由多个副本层叠加而成的立体文字，如图 8-44 所示。

图 8-44　在视图中查看多个图层叠加成的立体文字

（8）此时文字的横截面因为与表面颜色相同，不易区分。可以先按 Ctrl+A 键全选文本层，接着按住 Ctrl 键单击最顶层和最底层，将这两个文本层取消选择状态，然后单击"字符"面板中的填充颜色，更改为黄色，RGB 为（255，222，0），如图 8-45 所示。

图 8-45　修改中间层文本颜色

操作 9：摆放立体文字

（1）在"项目"面板中选中操作 8 中的"立体文字"合成，按 Ctrl+D 键创建一个副本，将其重新命名为"A"，然后打开时间轴，将原来的文本修改为"A"，如图 8-46 所示。

（2）同样，在"项目"面板中选择"A"合成，按 Ctrl+D 键创建副本"E"和"C"，并分别在时间轴中修改为对应的文本，如图 8-47 所示。

图 8-46　创建合成副本并修改文本　　　　　　　　　　　图 8-47　继续创建合成副本并修改文本

（3）按 Ctrl+N 键打开"合成设置"对话框，将"合成名称"设为"AE 立体摆放"，将"预设"选择为"HDTV 1080 25"，单击"确定"按钮建立合成。

（4）按 Ctrl+Y 键创建一个名为"淡灰色平面"的纯色层，颜色为 RGB（200，200，200）。打开纯色层的"三维图层"开关，将"变换"下的"方向"设为（270，0，0）。

（5）从"项目"面板中将"A"和前面操作中制作的"立方体"拖至时间轴中，打开"三维图层"开关，打开"折叠变换"开关。使用"2 个视图 - 水平"视图方式，将左侧设为"左侧"视图，右侧设为"自定义视图 1"视图，参照平面和文字对"立方体"进行缩放和移动操作，设置"缩放"为（100，22，10%）、"位置"为（960，430，125），如图 8-48 所示。

图 8-48　建立三维场景

（6）从"项目"面板将"E"和"C"拖至时间轴中，打开"三维图层"开关和"折叠变换"开关，选中"C"层，按 Ctrl+D 键创建副本。

（7）使用"4 个视图"查看方式，将左上设为"顶部"视图，右上设为"正面"视图，调整 4 个文字的"位置"和"方向"，如图 8-49 所示。

图 8-49　调整文字摆放

（8）在时间轴空白处右击，选择"新建＞摄像机"命令，在打开的"摄像机设置"对话框中将"类型"选择为"双节点摄像机"，将"预设"选择为"50毫米"，如图8-50所示。

图8-50　建立摄像机

（9）使用"2个视图-水平"视图方式，将左侧设为"自定义视图2"视图，右侧设为"活动摄像机"视图，调整摄像机视角。将摄像机的"目标点"设为（830，490，0）、"位置"设为（0，0，-800），如图8-51所示。

图8-51　使用"2个视图-水平"视图方式

（10）最后为场景添加一盏照明的灯光。在时间轴空白处右击，选择"新建＞灯光"命令，在打开的"灯光设置"对话框中将"灯光类型"选择为"聚光"，勾选"投影"，并设置"位置"为（500，-100，-500）、"强度"为200%，如图8-52所示。

图8-52　建立灯光

8.7　实例：制作立方盒动画

本实例使用一组小图标制作一段产品展示的动画，其中的立方盒使用平面的图层来搭建，效果如图8-53所示。

图 8-53　实例效果

实例的合成流程图示如图 8-54 所示。

图 8-54　实例的合成流程图示

步骤 1：导入素材

在"项目"面板中双击打开"导入文件"对话框，将本实例准备的 7 个图标文件和 1 个音频文件全部选中，单击"导入"按钮，将其导入"项目"面板。

步骤 2：建立"方盒面"合成

（1）按 Ctrl+N 键打开"合成设置"对话框，将合成名称设为"方盒面"，先将"预设"选择为"HDTV 1080 25"，确定方形像素比和帧速率，然后将"宽度"和"高度"均设为 500，将持续时间设为 30 秒，单击"确定"按钮建立合成。

（2）按 Ctrl+Y 键建立一个白色的纯色层。再按 Ctrl+Y 键建立一个品蓝色的纯色层，颜色设为 RGB（0，192，255）。选中品蓝色纯色层，在工具栏中选择椭圆工具绘制一个圆形的蒙版，设置"蒙版羽化"为（500，500），这样得到一个渐变的平面，如图 8-55 所示。

图 8-55　建立渐变色平面

步骤3：建立"方画面"合成

（1）建立一个与"方盒面"相同的合成，命名为"方画面"。按Ctrl+Y键建立一个颜色为RGB（34，34，34）的深灰色纯色层。

（2）按Ctrl+Y键建立一个颜色为RGB（210，210，210）的淡灰色纯色层，命名为"边框"。选中"边框"层，双击工具栏的"矩形工具"按钮建立蒙版，将"蒙版扩展"设为-10，勾选"反转"，如图8-56所示。

图8-56　设置边框图形

（3）按Ctrl+Y键建立一个白色的纯色层，命名为"弧形高亮面"。在工具栏中选择 椭圆工具，在其上部绘制两个椭圆蒙版，将小一点的蒙版设为"相减"运算方式，并将其"蒙版羽化"设为（100，100），将图层的"不透明度"设为15%，如图8-57所示。

图8-57　使用蒙版设置高亮面效果

（4）按Ctrl+Y键建立一个白色的纯色层，命名为"斜侧高亮面"，将图层设为"叠加"模式，将"锚点"设为（-50，250），将"缩放"设为（100，150%），将"不透明度"设为50%。在第0帧单击打开"旋转"前面的秒表记录关键帧，设第0帧时为-60°、第29秒24帧时为300°，如图8-58所示。

图8-58　设置高亮面动画

步骤4：建立"方画面Ae"合成

（1）在"项目"面板中选中"方画面"合成，按Ctrl+D键创建一个副本。在"项目"面板中按主键盘的Enter键将其重命名为"方画面Ae"，打开时间轴面板，从"项目"面板中将"图标Ae"拖至时间轴中，将"位置"设为（100，250），如图8-59所示。

图8-59　打开合成放置图标

（2）在时间轴空白处右击，选择"新建 > 文本"命令，如图 8-60 所示。

图 8-60　新建文本

（3）按 Ctrl+Y 键建立一个颜色为 RGB（0，192，255）的品蓝色纯色层，按 T 键显示其"不透明度"属性。将时间移至第 2 秒，单击打开其前面的秒表记录关键帧，设第 2 秒时为 100%、第 3 秒时为 0%，并在第 3 秒处按 Alt+] 键剪切出点，这样设置前两秒为品蓝色，并从第 2 秒到第 3 秒过渡到文字和面画，如图 8-61 所示。

图 8-61　设置纯色动画

（4）在"项目"面板中选择"方画面 Ae"合成，按 Ctrl+D 键 6 次创建副本，分别重命名为"方画面 Au""方画面 Br""方画面 Pr""方画面 Ps""方画面 Sg""方画面 CC"，并在对应合成中替换图标和修改为对应的文字 Audition CC、Bridge CC、Premiere Pro CC、Photoshop CC、SpeedGrade CC 和 Adobe CC。

步骤 5：建立"立方盒"合成

（1）按 Ctrl+N 键打开"合成设置"对话框，将合成名称设为"立方盒"，将"预设"选择为"HDTV 1080 25"，将持续时间设为 20 秒，单击"确定"按钮建立合成。

（2）从"项目"面板中将"方盒面"拖至时间轴，打开其"三维图层"开关，按 A 键显示其"锚点"属性，将其 z 轴设为 250。

（3）选中"方盒面"层，按 Ctrl+D 键 5 次，创建 5 个副本层。展开其"方向"，将副本层分别向立方体其他 5 个面的方向旋转，使用自定义视图查看效果，如图 8-62 所示。

图 8-62　放置图层组成立方体

（4）选中这 6 个层，按 Ctrl+C 键复制，再按 Ctrl+V 键粘贴，复制的 6 个新层位于时间轴上部。选中第 6 层，按住 Alt 键从"项目"面板中将"方画面 Ae"拖至其上释放将其替换，同样将其他几个层也替换成相应图层，如图 8-63 所示。

图 8-63　复制和替换图层

（5）选中上部 6 个层按 A 键显示"锚点"，将 z 轴数值均设为 1000，如图 8-64 所示。

图 8-64　设置锚点

（6）选中上部 6 个层，按 S 键展开"缩放"属性。将时间移至第 1 秒 15 帧处，单击打开各层"缩放"前面的秒表，均设为（24，24，24%），第 2 秒处均设为（100，100%），这样 6 个画面从中间的立方盒中扩散出来。同样，第 15 秒均设为（100，100，100%），第 15 秒 10 帧均设为（24，24，24%），这样 6 个画面聚合到中间的立方盒内，如图 8-65 所示。

图 8-65　设置缩放关键帧

（7）选中最底部的"方画面"，按 Ctrl+D 键创建副本。从"项目"面板中将"方画面 CC"拖至其上释放将其替换。将时间移至第 15 秒，按 [键移动其入点到第 15 秒处，按 T 键显示其"不透明度"，单击打开其前面的秒表记录关键帧，设第 15 秒时为 0%、第 17 秒时为 100%，如图 8-66 所示。

图 8-66　替换图层并设置关键帧

步骤 6：建立"渐变色"合成

（1）按 Ctrl+N 键打开"合成设置"对话框，将合成名称设为"渐变色"，将"预设"选择为"HDTV 1080 25"，将持续时间设为 30 秒，单击"确定"按钮建立合成。

（2）按 Ctrl+Y 键创建一个颜色为 RGB（115，115，115）的灰色纯色层。

（3）按 Ctrl+Y 键创建一个颜色为 RGB（221，221，221）的浅灰色纯色层，放在顶层。在工具栏中双击矩形工具，在纯色层上建立蒙版，并将蒙版上移至视图一半的高度，将"蒙版羽化"的 y 轴设为 540，这样产生渐变的颜色，如图 8-67 所示。

图 8-67　建立渐变色

步骤 7：建立"几何图形动态背景"合成

（1）按 Ctrl+N 键打开"合成设置"对话框，将合成名称设为"几何图形动态背景"，将"预设"选择为"HDTV 1080 25"，将持续时间设为 30 秒，单击"确定"按钮建立合成。

（2）从"项目"面板中将"渐变色"拖至时间轴中，按 Ctrl+D 键创建一个副本，按主键盘的 Enter 键重命名为"三角形"，在其上绘制一个三角形，如图 8-68 所示。

图 8-68　放置图层并绘制蒙版

（3）选择"三角形"层，按 Ctrl+D 键 3 次，创建 3 个副本，分别调整这 4 个层的"锚点""位置""缩放"并在合成的起始和结束时间位置设置旋转关键帧，使三角形图形旋转约 180°，这样得到一个几何图形动态的背景效果，如图 8-69 所示。

图 8-69　创建副本并设置动画

（4）按 Ctrl+Y 键创建一个颜色为 RGB（255，80，0）的橙色纯色层，将图层设为"强光"模式。在工具栏中选择■椭圆工具以其左上角为中心绘制蒙版，将"蒙版羽化"设为（1000，1000），如图 8-70 所示。

图 8-70　建立纯色并设置羽化的蒙版

（5）按 Ctrl+Y 键创建一个颜色为 RGB（0，50，255）的蓝色纯色层，将图层设为"相加"模式。在工具栏中选择■椭圆工具，以其右下角为中心绘制蒙版，将"蒙版羽化"设为（1000，1000），如图 8-71 所示。

图 8-71　建立纯色并设置羽化的蒙版

步骤 8：建立"立方盒动画"合成

（1）按 Ctrl+N 键打开"合成设置"对话框，将合成名称设为"立方盒动画"，将"预设"选择为"HDTV 1080 25"，将持续时间设为 20 秒，单击"确定"按钮建立合成。

（2）从"项目"面板中将"立方盒"和"几何图形动态背景"拖至时间轴中，打开"立方盒"层的"矢量折叠"开关和"三维图层"开关。

（3）在时间轴空白处右击选择"新建 > 摄像机"命令，在打开的"摄像机设置"对话框中将"类型"选择为"双节点摄像机"，"预设"选择为"20 毫米"，单击"确定"按钮在时间轴中建立摄像机。

（4）在时间轴中选中摄像机，按 P 键展开其"位置"，将 z 轴数值设为 -1600。

（5）选中"立方盒"，按 R 键展开其 x 轴、y 轴和 z 轴的"旋转"属性，再按 Shift+P 键展开"位置"属性，设置关键帧如下。

第 0 帧时"Y 轴旋转"为 -40°，第 3 秒时为 -20°，第 4 秒 20 帧时为 -10°，第 5 秒时为 70°，第 6 秒 20 帧时为 80°，第 7 秒时为 160°，第 8 秒 20 帧时为 170°，第 9 秒时为 250°，如图 8-72 所示。

图 8-72　设置旋转动画

x 轴、y 轴、z 轴"旋转"在第 10 秒 20 帧时分别为 0°、260°、0°，第 11 秒时分别为 90°、1x+0°、20°，第 12 秒 20 帧时分别为 90°、1x+0°、10°，第 13 秒时分别为 270°、1x+0°、-20°，

第14秒20帧时分别为270°、1x+0°、-10°，第15秒时分别为1x+0°、1x+60°、0°，如图8-73所示。

图 8-73　继续设置旋转动画

在第15秒时设置"位置"为（960，540，0），第18秒时为（300，540，0）。再设置第18秒时"Y轴旋转"为1x+320°，第19秒24帧时为1x+325°，如图8-74所示。

图 8-74　设置位置和旋转动画

这样设置立方盒旋转和展示方画面内容的动画，最后立方盒移动至视图的左侧。时间轴中的关键帧如图8-75所示。

图 8-75　查看时间轴中的关键帧

（6）在时间轴空白处右击，选择"新建 > 文本"命令，输入"Adobe Creative Cloud"，并设置文本属性和位置，如图8-76所示。

图 8-76　新建文本

（7）选中文本层，选择"效果 > 透视 > 投影"命令，为其添加一个默认的"投影"效果。并将图层的入点移至第17秒处，按T键展开"不透明度"属性，设置第17秒为0%、第18秒为100%，如图8-77所示。

（8）在时间轴空白处右击，选择"新建 > 调整图层"命令，在时间轴顶部建立一个调整图层，选择"效果 > 风

图 8-77　添加投影效果并设置不透明关键帧

格化＞发光"命令，添加"发光"效果，并设置"发光阈值"为90%、"发光半径"为200，如图8-78所示。

图 8-78　添加发光效果

（9）从"项目"面板中将音频素材拖至时间轴中为动画配乐，按小键盘的0键预览最终的视频音频效果。

测试题

1．AE 的三维制作与三维动画软件有什么主要区别？

2．二维图层转换为三维图层后，增加了哪些属性？

3．AE 三维合成场景中可以使用哪几种坐标轴模式？

4．AE 三维合成如何同时显示多个不同的视图？

5．原来立体的合成在嵌套中显示为平面，要怎么处理？

第9章
三维场景中的摄像机操作

三维图层合成制作中，一个合成中的各个三维图层的图像构成三维场景，通过摄像机视角在合成视图中呈现最终的效果，摄像机的操作设置影响着最终构图的效果。本章对三维场景中的摄像机操作进行专项的讲解。

9.1 单节点与双节点摄像机的区别

摄像机分为单节点摄像机和双节点摄像机两种，单节点摄像机围绕自身定向，而双节点摄像机具有目标点并围绕该点定向。除了修改摄像机的类型选项，还可以通过"自动定向"命令（图层 > 变换 > 自动定向）设置为"定向到目标点"，将单节点摄像机转换成双节点摄像机。

操作1：单节点摄像机的穿行操作

（1）按 Ctrl+N 键打开"合成设置"对话框，将"预设"选择为"HDTV 1080 25"，将持续时间设为 5 秒，单击"确定"按钮建立合成。

（2）按 Ctrl+Y 键按当前合成的尺寸建立一个品蓝色的纯色层，RGB 为（183，235，255）。选择"效果 > 生成 > 梯度渐变"命令，设置"起始颜色"为蓝色，RGB 为（83，176，255），制作一个渐变的背景，如图 9-1 所示。

图 9-1　建立渐变背景

（3）选中纯色层，按 Ctrl+D 键创建一个副本，删除添加的效果，打开"三维图层"开关，将"方向"的 x 轴向数值设为 270°，水平放置。

（4）从"项目"面板中将准备好的"排列文字"合成拖至时间轴，打开"三维图层"开关和"折叠变换"开关。使用"2 个视图 - 水平"的方式查看，将左侧设为"顶部"视图，右侧设为"自定义视图 3"视图。然后将水平放置的纯色层"缩放"的 y 轴向数值设为 1000，沿文字的排列方向拉长，如图 9-2 所示。

图 9-2　设置三维文字场景

（5）从"项目"面板中将"AE 标 .jpg"拖至时间轴，打开"三维图层"开关，将"锚点"的 y 轴向设为 500，即将图像提高到平面上。再根据图中文字的位置，将"AE 标 .jpg"层"位置"的 z 轴向数值设为 3000，放置到文字的尽头。可以在工具栏中选择 工具在自定义视图中拖拉自定义摄像机，这里将场景拉远，使显示范围变大一些，查看"AE 标 .jpg"图像的位置，如图 9-3 所示。

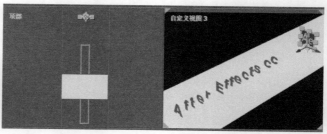

图 9-3　调整图层与视图

（6）放置好图层之后，在时间轴空白处右击，选择"新建 > 摄像机"命令。在打开的"摄像机设置"对话框中，设置"类型"为"单节点摄像机"，将"预设"选择为"15 毫米"，单击"确定"按钮，如图 9-4 所示。

图 9-4　新建单节点摄像机

（7）将右侧视图设为"活动摄像机"视图，并将其设为"适合"的显示方式，显示完整的画面。调整摄像机的位置为（1260，400，-2000），如图 9-5 所示。

图 9-5　调整活动摄像机视图

（8）此时画面中的对象偏向左侧，将"Y 轴旋转"调整为 -10°。将时间移至第 0 帧处，单击打开"位置"和"Y 轴旋转"前面的秒表，记录当前数值的关键帧，如图 9-6 所示。

图 9-6　设置摄像机关键帧

（9）将时间移至第 4 秒，设置"位置"为（960，450，2300），"Y 轴旋转"设为 0°，摄像机从排列文字的旁边穿过，移到"Ae 标 .jpg"图像前，如图 9-7 所示。

图 9-7　设置摄像机关键帧

（10）查看动画效果，如图 9-8 所示。

图 9-8　摄像机动画效果

操作 2：双节点摄像机的穿行操作

（1）接着上面的操作，双击摄像机图层，在打开的"摄像机设置"对话框中将"类型"更改为"双节点摄像机"，其他设置不变，单击"确定"按钮。

（2）播放原来的动画效果，会发现摄像机在推进的过程中存在转向的问题，在运行到总距离的一半后，视角方向转向相反的方向，如图 9-9 所示。

图 9-9　摄像机视角转向

（3）引起转向的原因是双节点的摄像机存在独立的目标点，默认为指向场景的中心点。这里将摄像机的"目标点"移至"Ae 标 .jpg"的位置处，即 z 轴向数值改设为 3000。将 y 轴数值减小一些，这里为 400，即提高摄像机的位置，如图 9-10 所示。

图 9-10　调整摄像机目标点

（4）查看动画效果，如图 9-11 所示。

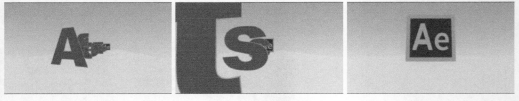

图 9-11　预览动画

操作 3：单节点摄像机的绕行操作

（1）按 Ctrl+N 键打开"合成设置"对话框，将"预设"选择为"HDTV 1080 25"，将持续时间设为 5 秒，单击"确定"按钮建立合成。

（2）按 Ctrl+Y 键以当前合成的尺寸建立一个纯色层，选择"效果 > 生成 > 梯度渐变"命令，设置"起始颜色"为蓝色，RGB 为（83，176，255），这样制作一个渐变的背景。

（3）按 Ctrl+Y 键按当前合成的尺寸建立一个淡灰色的纯色层，RGB 为（169，169，169）。打开其"三维图层"开关，将方向的 x 轴设为 270°，旋转为水平的状态，如图 9-12 所示。

图 9-12　旋转三维图层

（4）在时间轴空白处右击，选择"新建 > 摄像机"命令。在打开的"摄像机设置"对话框中，设置"类型"为"单节点摄像机"，将"预设"选择为"15 毫米"，单击"确定"按钮。

（5）使用"2 个视图 - 水平"方式查看场景，左侧为"顶部"视图，右侧为"活动摄像机"视图，将摄像机"位置"设为（960，300，-1000），如图 9-13 所示。

图 9-13　使用"2 个视图 - 水平"方式

（6）从"项目"面板中将"立体文字"合成拖至时间轴中，打开"三维图层"开关和"折叠变换"开关。将时间移至第 0 帧，打开摄像机"位置"和"Y 轴旋转"前面的秒表，记录当前数值关键帧，如图 9-14 所示。

图 9-14　设置第 0 帧处的摄像机关键帧

（7）将时间移至第 1 秒处，设置"位置"为（1960，300，0），设置"Y 轴旋转"为 -90°，并在"顶部"视图中调整摄像机运动路径为围绕中心的弧形，如图 9-15 所示。

图 9-15　设置第 1 秒处的摄像机关键帧

提示

调整摄像机的运动路径与普通图层的运动路径一样，使用选择工具拖动关键点两侧的手柄来调整路径曲线，对于没有显示手柄的关键点，可以使用■工具将手柄拖出来。

将时间移至第 2 秒处，设置"位置"为（960，300，1000），设置"Y 轴旋转"为 -180°，并在"顶部"视图中调整摄像机运动路径为围绕中心的弧形，如图 9-16 所示。

图 9-16　设置第 2 秒处的摄像机关键帧

（8）将时间移至第 3 秒处，设置"位置"为（-40，300，0），设置"Y 轴旋转"为 -270°，并在"顶部"视图中调整摄像机运动路径为围绕中心的弧形，如图 9-17 所示。

图 9-17　设置第 3 秒处的摄像机关键帧

（9）将时间移至第 4 秒处，设置"位置"为（960，300，-1000），设置"Y 轴旋转"为 -360°，数值会自动转换为 1x+0°，即旋转一周。在"顶部"视图中调整摄像机运动路径为围绕中心的弧形，如图 9-18 所示。

图 9-18　设置第 4 秒处的摄像机关键帧

（10）查看摄像机的绕行动画，如图 9-19 所示。

图 9-19　预览动画效果

操作 4：双节点摄像机的绕行操作

（1）接着上面的操作，双击摄像机图层，在打开的"摄像机设置"对话框中将"类型"更改为"双节点摄像机"，其他设置不变，单击"确定"按钮。

（2）播放原来的动画效果，会发现摄像机在绕行的过程中存在转向的问题，如图 9-20 所示。

图 9-20　摄像机转向

（3）将时间移至第 0 帧处，单击摄像机"Y 轴旋转"前面的秒表，关闭摄像机旋转的关键帧动画。由于双节点摄像机具有独立的目标位置点，当前目标点默认固定在场景中心，所以摄像机移动时目标点始终不变，即摄像机始终围绕场景中心在运动，如图 9-21 所示。

图 9-21　关闭摄像机旋转的关键帧动画

9.2　让摄像机用上不同焦段的镜头

新建摄像机的"预设"选项中有多种镜头的选项，例如 15 毫米的广角镜头、200 毫米的长焦镜头，可以根据制作对象选择不同的焦段，并且可以进一步制作变焦动画的效果。

操作 5：为摄像机选择不同焦距的定焦镜头

（1）按 Ctrl+N 键打开"合成设置"对话框，将"预设"选择为"HDTV 1080 25"，将持续时间设为 5 秒，单击"确定"按钮建立合成。

（2）从"项目"面板中将"人物横排"合成、"地板 .jpg"和"背景 .jpg"图片拖至时间轴中，打开图层的"三维图层"开关，打开"人物横排"层的"折叠变换"开关。设置"地板 .jpg"的"方向"为（90°，0°，90°）、"位置"为（960，1300，1000）、"缩放"为（400，400，400%）。设置"背景 .jpg"的"位置"为（960，540，5000）、"缩放"为（500，500，500%）。使用"2 个视图 - 水平"方式查看场景，左侧为"顶部"视图，右侧为"活动摄像机"视图。可以使用工具栏中的 工具在"顶部"视图中拖动，缩放视图范围的大小，如图 9-22 所示。

图 9-22　设置三维图层"变换"属性

（3）在时间轴空白处右击，选择"新建＞摄像机"命令，在打开的"摄像机设置"对话框中，设置"类型"为"单节点摄像机"，将"预设"选择为"15 毫米"，单击"确定"按钮。

（4）设置摄像机的"位置"为（960，540，-800），查看此时的摄像机视图效果，如图 9-23 所示。

图 9-23　调整摄像机位置并查看视图效果

（5）双击摄像机层，在打开的"摄像机设置"对话框中，将"预设"选择为"24 毫米"，单击"确定"按钮；查看此时的摄像机视图效果，如图 9-24 所示。

图 9-24　查看 24 毫米摄像机的视图效果

（6）双击摄像机层，在打开的"摄像机设置"对话框中，将"预设"选择为"35 毫米"，单击"确定"按钮；查看此时的摄像机视图效果，如图 9-25 所示。

图 9-25　更改为 35 毫米摄像机

（7）此时若需要将人物在画面中完整显示，则可以将摄像机向后移动。将摄像机"位置"的z轴数值设为-1800，如图9-26所示。

图9-26　调整摄像机位置和查看视角效果

（8）同样，双击摄像机层，在打开的"摄像机设置"对话框中，将"预设"选择为更大的"200毫米"，单击"确定"按钮。查看此时的摄像机视图效果，如图9-27所示。

图9-27　更改为200毫米摄像机并查看视角效果

（9）此时若需要将人物在画面中完整显示，则需要将摄像机向后大幅移动。将摄像机"位置"的z轴数值设为-16000，如图9-28所示。

图9-28　移动摄像机

操作6：为摄像机设置原地变焦镜头推拉效果

（1）按Ctrl+N键打开"合成设置"对话框，将"预设"选择为"HDTV 1080 25"，将持续时间设为5秒，单击"确定"按钮建立合成。

（2）从"项目"面板中将"地板.jpg"和"背景.jpg"图片拖至时间轴中，打开图层的"三维图层"开关。设置"地板.jpg"的"方向"为（90°，0°，0°）、"位置"为（960，1300，1000）、"缩放"为（500，500，500%）。设置"背景.jpg"的"位置"为（960，540，5000）、"缩放"为（500，500，500%）。使用"2个视图-水平"方式查看场景，左侧为"右侧"视图，右侧为"自定义视图3"视图。可以使用工具栏中的■工具在"顶部"视图中拖动，缩放视图范围的大小，如图9-29所示。

图9-29　设置三维图层的"变换"属性

（3）从"项目"面板中将准备好的 4 个人物的合成拖至时间轴中，打开图层的"三维图层"开关，设置从前到后倾斜的站位顺序，其中每个人物间的前后距离为 1000，如图 9-30 所示。

图 9-30　设置人物的站位

（4）在时间轴空白处右击，选择"新建>摄像机"命令，在打开的"摄像机设置"对话框中，设置"类型"为"双节点摄像机"，将"预设"选择为"50 毫米"，单击"确定"按钮。

（5）将右侧视图设为"活动摄像机"视图方式，查看此时的摄像机视图效果，如图 9-31 所示。

图 9-31　设置视图

（6）准备制作从第 1 个人物全身到第 4 个人物全身显示的摄像机视图动画效果。将时间移至第 0 帧处，单击打开摄像机"变换"下"目标点"和"摄像机选项"下"缩放"前面的秒表，设置"缩放"为 2000，设置"目标点"为（550，640，0），将第 1 个人物的全身居中显示，如图 9-32 所示。

图 9-32　设置摄像机显示的关键帧

（7）将时间移至第 3 秒处，设置"缩放"为 4000，设置"目标点"为（1600，550，0），将第 4 个人物的全身居中显示，如图 9-33 所示。

图 9-33　继续设置摄像机显示的关键帧

9.3　运用光圈、景深与镜头模糊效果

AE 的摄像机也具有现实中摄像机的景深效果，为摄像机勾选"启用景深"复选框，并设置"光圈"和"模糊层次"，可以模拟出浅景深的镜头虚化效果，制作景深变化效果。

操作 7：为摄像机设置镜头的虚化效果

（1）按 Ctrl+N 键打开"合成设置"对话框，将"预设"选择为"HDTV 1080 25"，将持续时间设为 5 秒，单击"确定"按钮建立合成。

（2）从前一合成中选中除摄像机之外的图层，按 Ctrl+C 键复制，切换到新建的合成，按 Ctrl+V 键粘贴，准备在这个场景中添加新的摄像机，制作镜头虚化效果。

（3）在时间轴空白处右击，选择"新建>摄像机"命令。在打开的"摄像机设置"对话框中，设置"类型"为"双节点摄像机"，将"预设"选择为"50 毫米"，勾选"启用景深"复选框，单击"确定"按钮。

（4）将视图选择为"2 个视图 - 水平"方式查看场景，左侧为"顶部"视图，右侧为"活动摄像机"视图，如图 9-34 所示。

图 9-34　使用水平双视图并在"顶部"视图中查看摄像机状态

（5）将时间移至第 1 秒处，单击打开"焦距"前面的秒表，保持当前数值，增大"光圈"为 50，增大"模糊层次"为 500%，如图 9-35 所示。

图 9-35　设置摄像机选项下的关键帧

（6）可以看到第一个人物处于清晰的状态，这是因为焦距的位置处于第 1 个人物的位置，第 2 个人物至第 4 个人物随着离焦距的距离渐远，模糊效果也渐强。再将时间移至第 4 秒处，对照"顶部"视图，增大"焦距"数值，当数值为 5700 时，摄像机的"焦距"位于第 4 个人物的位置，查看效果，如图 9-36 所示。

图 9-36　设置摄像机选项下的关键帧

（7）随着焦距的增大，深景清晰度的范围也在增大，此时如果仍要制作前面 3 个人物处于模糊的状态，可以进一步设置"模糊层次"的关键帧动画。例如将时间移至第 1 秒处，单击打开"模糊层次"前面的秒表，记录当前数值关键帧，再将时间移至第 4 秒处，将数值设为 1200，如图 9-37 所示。

图 9-37　增加摄像机模糊效果

（8）播放动画效果，当摄像机的"焦距"位置位于某个人物时，此人物清晰，而其他人物模糊，如图 9-38 所示。

图 9-38　预览动画效果

9.4　创建多个摄像机制作镜头剪接效果

在同一场景中建立多个摄像机，可以实现不同景别镜头的剪接效果，这对于制作一些视觉变幻效果的包装十分有利。

操作 8：多摄像机的镜头剪接效果

（1）继续前面的操作，选中摄像机层，先双击摄像机层，打开其"摄像机设置"对话框，将其更改为"单节点摄像机"，单击"确定"按钮，这样方便下一步对每个人物取景时的调整制作。

（2）取消摄像机的关键帧，在第 1 秒、第 2 秒、第 3 秒和第 4 秒处分别按 Ctrl+Shift+D 键分割图层，这样产生名称为"摄像机 1"至"摄像机 5"的 5 个摄像机层，如图 9-39 所示。

图 9-39　分割图层

（3）准备将前 4 个摄像机修改为每个人物单独的镜头。先选择"摄像机 1"层，在时间轴中"位置"的数值上拖动鼠标指针，对照"顶部"视图中摄像机的位置和"活动摄像机"视图中的效果，调整第一个人物单独的镜头，将"位置"调整为（440，330，-1700）。同时参照"顶部"视图中摄像机"焦距"的位置，将"焦距"调整为 1720，如图 9-40 所示。

图 9-40　调整摄像机 1 的视角

（4）选择"摄像机 2"层，将"位置"调整为（810，225，-670）。选择"摄像机 3"层，将"位置"调整为（1560，345，270）。选择"摄像机 4"层，将"位置"调整为（2360，185，1270）。并将"焦距"均调整为 1720，如图 9-41 所示。

图 9-41　调整摄像机 2、3、4 的视角

（5）选择"摄像机 5"层，将"景深"设为"关"，如图 9-42 所示。

图 9-42　设置摄像机 5 的"景深"开关

（6）播放动画效果，在同一合成场景中有多个不同景别的镜头在切换。

9.5　实例：制作暮光之城

　　本实例主要利用一张天际线的图片和一张飞鸟的图片，建立三维场景，制作飞鸟动画，通过摄像机动画来制作长距离的推拉镜头动画，效果如图 9-43 所示。

图 9-43　实例效果

实例的合成流程图示如图 9-44 所示。

图 9-44　实例的合成流程图示

步骤 1：导入素材

在"项目"面板中双击打开"导入文件"对话框，将本实例准备的图片文件和音频文件全部选中，单击"导入"将其导入"项目"面板。

步骤 2：建立"一只鸟"合成

（1）在"项目"面板中将"鸟 .png"拖至面板下方的"新建合成"按钮上释放新建合成，在"项目"面板中按主键盘的 Enter 键将其重命名为"一只鸟"。

（2）在工具栏中选择钢笔工具，在时间轴中选中"鸟 .png"层，按主键盘上的 Enter 键将其重命名为"鸟身体"。在其上按鸟身体的形状绘制蒙版，如图 9-45 所示。

图 9-45　绘制鸟的身体

（3）选中"鸟身体"层按 Ctrl+D 键创建副本，重命名为"鸟翅膀"。暂时关闭"鸟身体"层，删除"鸟翅膀"层的蒙版，重新按翅膀的形状绘制蒙版，如图 9-46 所示。

图 9-46　绘制鸟的翅膀

（4）选中"鸟翅膀"层，打开其"三维图层"开关，按 Ctrl+D 键创建副本"鸟翅膀 2"层。展开其"X 轴旋转"，在第 0 帧时单击打开前面的秒表记录关键帧，第 0 帧"鸟翅膀"层为 30°，"鸟翅膀 2"层为 -30°，在视图中使用自定义视图查看，如图 9-47 所示。

图 9-47　设置三维图层与翅膀关键帧

（5）第 20 帧"鸟翅膀"层为 120°，"鸟翅膀 2"层为 -120°，如图 9-48 所示。

图 9-48　设置翅膀关键帧

（6）打开图表编辑器，双击"鸟翅膀"层的"X 轴旋转"全选其关键帧，单击图表编辑器下部"设置缓动关键帧"按钮。同样将"鸟翅膀 2"层的"X 轴旋转"也设为缓动关键帧，如图 9-49 所示。

图 9-49　设置缓动关键帧

（7）关闭图表编辑器切换回图层状态，选中"鸟翅膀"层的两个关键帧，按 Ctrl+C 键复制，分别在第 2 秒、第 4 秒、第 6 秒直至结尾的时间处，按 Ctrl+V 键粘贴。同样，选中"鸟翅膀 2"层的两个关键帧复制，然后在对应的时间处粘贴，这样制作飞鸟翅膀循环的动画，如图 9-50 所示。

图 9-50　复制循环关键帧

步骤 3：建立"一群鸟"合成

（1）按 Ctrl+N 键打开"合成设置"对话框，将合成名称设为"一群鸟"，将"预设"选择为"HDTV 1080 25"，将持续时间设为 20 秒，将背景颜色设为浅蓝色，单击"确定"按钮建立合成。

（2）从"项目"面板中将"一只鸟"拖至时间轴中，按 Ctrl+D 键 9 次创建 9 个副本层。按 S 键展开全部图层的"缩放"属性，设为（26，26%）至（40，40%）不等，摆放到不同位置，打开各层的💠"折叠变换"开关，如图 9-51 所示。

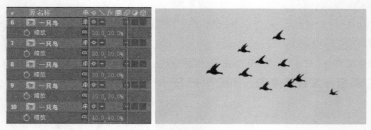

图 9-51　创建副本成为鸟群

（3）将各图层的入点设为从第 0 帧至第 2 秒不等，使得翅膀姿态各异。按 Ctrl+Alt+A 键取消全部选择状态，按小键盘的 *（星号）键，在第 2 秒处的时间标尺上添加一个标记点，如图 9-52 所示。

图 9-52　设置入点为不同的时间

步骤 4：建立"天际线矢量"合成

（1）从"项目"面板中将"天际线 .png"拖至面板下方的"新建合成"按钮上释放新建合成，在"项目"面板中按主键盘的 Enter 键将其重命名为"天际线矢量"。

（2）在时间轴中选中"天际线 .png"层，选择"图层 > 自动追踪"命令，将"时间跨度"设为"当前帧"，通道设为 Alpha，将"最小区域"设为 10，"圆角值"设为 0，勾选"应用到新图层"，单击"确定"按钮，在时间轴中将建立"自动追踪的天际线 .png"层。其下有多个蒙版，将蒙版以不同颜色区分，可以看到其中有一个主要的图形轮廓蒙版，这里为"蒙版 3"，将其他的蒙版删除，并关闭"天际线 .png"层的显示，如图 9-53 所示。

图 9-53　自动追踪生成蒙版

（3）选中"自动追踪的天际线 .png"层，按 Ctrl+Shift+Y 键，将纯色层改为黑色。

步骤 5：建立"天际线局部 1"合成

（1）从"项目"面板中将"天际线矢量"拖至面板下方的"新建合成"按钮上释放新建合成，按 Ctrl+K 键打开"合成设置"对话框，将"合成名称"设为"天际线局部 1"，更改"宽度"为 3000，"高度"为 2000。

（2）在时间轴中，将"天际线矢量"图层的"位置"设为（3900，1000），使用原图形左侧的一部分，如图 9-54 所示。

图 9-54　天际线局部 1 的图形

步骤 6：建立"天际线局部 2"合成

在"项目"面板中选中"天际线局部 1"，按 Ctrl+D 键创建副本"天际线局部 2"。打开时间轴面板，将"天际线矢量"层的"位置"设为（-1000，1000），取原图右侧一部分，如图 9-55 所示。

图 9-55　天际线局部 2 的图形

步骤7：建立"暮光之城"合成

（1）按 Ctrl+N 键打开"合成设置"对话框，将合成名称设为"暮光之城"，将"预设"选择为"HDTV 1080 25"，将持续时间设为 18 秒，单击"确定"按钮建立合成。

（2）按 Ctrl+N 键建立一个黑色的纯色层，命名为"黑底色"。

（3）按 Ctrl+N 键建立一个橙色的纯色层，颜色为 RGB（255，84，0），命名为"橙底色"。

（4）从"项目"面板中将"太阳 .jpg"和"云图 .jpg"选中，拖至时间轴中，将"太阳 .jpg"设为"相加"模式，将"云图 .jpg"设为"叠加"模式，如图 9-56 所示。

图 9-56　放置图层并设置图层模式

（5）从"项目"面板中将"天际线 .png"拖至时间轴顶层，打开"三维图层"开关。

（6）在时间轴空白处右击，选择"新建 > 摄像机"命令，打开"摄像机设置"对话框，将"类型"设为"单节点摄像机"，将"预设"设为 35 毫米，"启用景深"为非勾选状态，以保持内容的清晰度，单击"确定"按钮创建摄像机。

（7）查看此时的效果，如图 9-57 所示。

图 9-57　预览效果

（8）选中"天际线 .png"层，按 A 键显示"锚点"属性，拖动属性的 x 轴和 y 轴的数值，将图形中的尖顶楼右侧边缘移至视图中心，这里设为（4160，1160，0），如图 9-58 所示。

图 9-58　调整锚点

（9）选中摄像机层，按 P 键展开其"位置"属性。在第 0 帧时单击打开前面的秒表，拖动改变 z 轴的数值，使其减小，即摄像机向图像推近，显示楼房尖顶特写，这里数值为 -40，如图 9-59 所示。

图 9-59　设置摄像机 z 轴数值推近

（10）将时间移至第 15 秒处，拖动改变 z 轴的数值，使其增大，即摄像机远离图像，显示天际线全貌，这里数值为 -7450，如图 9-60 所示。

图 9-60 设置摄像机 z 轴数值拉远

提示

当数值较大时可以按住 Shift 键拖动数值，这样能大幅度改变数值，然后再手动设置精确数值。

（11）为摄像机关键帧设置缓入缓出的效果，打开图表编辑器，双击摄像机的"位置"属性名称将关键帧全选，单击图表编辑器下部的"缓动"按钮，如图 9-61 所示。

图 9-61 设置缓动关键帧

（12）切换回时间轴的图层状态，将时间移至第 0 帧处，可以看到放大后的图像变得模糊。选中"天际线 .png"层，按住 Alt 键从"项目"面板中将"天际线矢量"拖至"天际线 .png"层上释放，将其替换，此时图像仍为模糊状态。

（13）双击"天际线矢量"层，打开其合成时间轴，在其中打开"自动追踪的天际线 .png"的 ❄ 开关和"三维图层"开关，然后切换回"暮光之城"时间轴，打开"天际线矢量"层的 ❄ 开关，查看到放大后的图像变得清晰，如图 9-62 所示。

图 9-62 设置"连续栅格化"开关

（14）按 Ctrl+N 键创建一个名为"遮挡"的黑色纯色层，打开其"三维图层"开关，将时间移至时间轴尾部显示出天际线图像，调整"缩放"比例和"位置"，遮挡住天际线的下部，如图 9-63 所示。

图 9-63 建立遮挡层

（15）从"项目"面板中将"天际线局部 1"拖至时间轴中，单独显示这一层，按 A 键显示其"锚点"属性，拖动属性的 x 轴和 y 轴数值，将图像中两栋楼之间的空隙作为视图中心点，这里数值为（1820，

1400），如图 9-64 所示。

图 9-64　设置"天际线局部 1"层的锚点

（16）从"项目"面板中将"天际线局部 2"拖至时间轴中，单独显示这一层。按 A 键显示其"锚点"属性，拖动属性的 x 轴和 y 轴数值，将图像中两栋楼之间的空隙作为视图中心点，这里数值为（1150，1320），如图 9-65 所示。

图 9-65　设置"天际线局部 2"层的锚点

（17）打开"天际线局部 1"和"天际线局部 2"的"三维图层"开关，在合成视图面板下部选择"左侧"视图方式查看。将"天际线局部 1"位置的 z 轴设为 -1000，将"天际线局部 2"位置的 z 轴设为 -2000，如图 9-66 所示。

图 9-66　设置图层的 z 轴数值

（18）由"左侧"视图切换回"活动摄像机"视图，查看动画效果，摄像机在"天际线局部 1"和"天际线局部 2"的两组楼房图层中穿梭，增加透视和动感效果，如图 9-67 所示。

图 9-67　预览效果

（19）同样，修改"天际线局部 1"和"天际线局部 2"的模糊问题。分别打开"天际线局部 1"和"天际线局部 2"合成中图层的 ✿ 开关和"三维图层"开关，然后切换回"暮光之城"时间轴，打开"天际线局部 1"和"天际线局部 2"图层的 开关，查看图像变得清晰，如图 9-68 所示。

图 9-68　设置"连续栅格化"开关

提示

摄像机效果中往往也需要景深模糊效果，可以使用"启用景深"功能来制作。

（20）"天际线局部 1"和"天际线局部 2"的图形影响了最终的天际线效果，这里为其制作从出现后逐渐下移的关键帧动画。对照摄像机"位置"属性 z 轴的数值变化，将时间移至"天际线局部 1"刚出现的第 3 秒 10 帧，单击打开其"位置"前面的秒表记录关键帧（此时摄像机"位置"的 z 轴数值刚超过 -1000）。将时间移至"天际线局部 2"刚出现的第 5 秒 02 帧，单击打开其"位置"前面的秒表记录关键帧（此时摄像机"位置"的 z 轴数值刚超过 -2000）。再将时间移至摄像机动画结束的第 15 秒处，将两个图层"位置"的 y 轴数值均设为 1000，将图形下移至不影响天际线图形，如图 9-69 所示。

图 9-69　设置位置关键帧

（21）框选选中"天际线局部 1"和"天际线局部 2"层第 15 秒处的两个关键帧，在时间轴上方单击打开图表编辑器。单击图表编辑器下部的"缓入"按钮，使关键帧数值在末端缓慢变化，这样使"天际线局部 1"和"天际线局部 2"层图形在动画过程中更自然，如图 9-70 所示。

图 9-70　设置缓入关键帧

（22）从"项目"面板中将"一群鸟"搬到时间轴中，将时间移至标记点处，选中"一群鸟"层，按 Alt+[剪切入点，将时间移至第 0 帧处，按 [键将图层新入点移至第 0 帧。打开图层的 开关和"三维图层"开关，设置"缩放"为（4，4%）。在第 0 帧处单击打开"位置"前面的秒表记录关键帧，将鸟群的图像在视图中移至楼房尖顶的旁边，这里"位置"为（968，550，0）。将时间移至第 15 秒，将鸟群位置向左移动，这里"位置"为（700，550，0），如图9-71所示。

图9-71　设置鸟群位置动画

（23）展开"太阳.jpg"的"位置"和"缩放"，第0帧时打开前面的秒表记录关键帧，第0帧时"位置"为（960，780），"缩放"为（500，500%）。第17秒24帧时"位置"为（960，600），"缩放"为（50，50%），并将缩放的后一关键帧按前面的方法设为缓入关键帧。

（24）展开"云图.jpg"的"缩放"，第0帧打开前面的秒表记录关键帧，第0帧时为（300，300%），第15秒时为（100，100%），并将后一关键帧按前面的方法设为缓入关键帧。

（25）展开"橙底色"层的"不透明度"，第0帧时打开前面的秒表记录关键帧，第0帧为100%，第17秒24帧为30%，如图9-72所示。

图9-72　设置天空部分的关键帧

（26）将音频素材拖至时间轴中为动画配乐，这样完成实例的制作，按小键盘的0键预览视频音频动画效果。

测试题

1．列举单节点与双节点摄像机的使用区别。
2．移动定焦摄像机与使用变焦镜头有什么区别？
3．如何设置镜头景深效果？
4．怎样在同一合成场景中制作多镜头剪接效果？

第 10 章
三维场景中的灯光操作

灯光图层可影响照射到的三维图层的亮度、颜色并投射阴影，除"类型"和"投影"属性之外，可以为其他属性设置制作动画。本章对三维场景中的灯光操作进行专项的讲解。

10.1　灯光类型

灯光的类型分为"平行光""聚光""点光""环境光"。其中"平行光"是指从无限远的光源处发出的无约束的定向光，类似来自太阳等光源的光照；"聚光"是指从受锥形物约束的光源发出的光；"点光"是指光源发出的无约束的全向光；"环境光"是指没有光源、但有助于提高场景的总体亮度且不投影的光照，因为"环境光"在空间中的位置不影响照明的变化，所以"环境光"在合成视图中没有对应的图标。

操作 1：不同类型灯光的区别

（1）按 Ctrl+N 键打开"合成设置"对话框，将"预设"选择为"HDTV 1080 25"，将持续时间设为 5 秒，单击"确定"按钮建立合成。

（2）按 Ctrl+Y 键按当前合成的尺寸建立一个灰色的纯色层，RGB 为（130，130，130）。单击打开图层的"三维图层"开关。

（3）从"项目"面板中将"地板 .jpg"图片拖至时间轴中，打开图层的"三维图层"开关，将"变换"下"方向"的 x 轴设为 270°。

（4）从"项目"面板中将"立体文字"拖至时间轴中，打开图层的"三维图层"开关和"折叠变换"开关，将"缩放"设为（100，150，100%）。

（5）将纯色层"位置"的 z 轴设为 600，即向后移动一些，在"自定义视图 1"中查看场景效果，如图 10-1 所示。

（6）在时间轴空白处右击，选择"新建>摄像机"命令，在打开的"摄像机设置"对话框中，设置"类型"为"双节点摄像机"，设置"预设"为"35 毫米"。

图 10-1　建立三维场景

（7）设置摄像机的"目标点"为（800，350，0），设置"位置"为（450，0，-1000）。将"地板.jpg"和纯色层的"缩放"均设为（200，200，200%）。使用"2个视图-水平"的查看方式，将左侧设为"自定义视图1"视图，将右侧设为"活动摄像机"视图，如图 10-2 所示。

图 10-2　设置视图方式

（8）在时间轴空白处右击，选择"新建>灯光"命令。在打开的"灯光设置"对话框中，设置"灯光类型"为第一种"平行"，设置"名称"为"灯光1平行光"，勾选"投影"复选框，查看此时的效果，如图 10-3 所示。

图 10-3　建立平行光

（9）调整灯光层的"位置"为（960，-800，-1200），即将灯光移至文字的正前上方位置，灯光的"目标点"仍为场景的中心位置，如图 10-4 所示。

图 10-4　调整灯光位置

（10）选中"灯光1平行光"层按 Ctrl+D 键创建一个副本，关闭原灯光层的显示，在副本层"灯光选项"后将灯光类型选择为"聚光"，将副本层的名称重新命名为"灯光2聚光灯"。在"自定义视图1"中查看灯光状态的改变，在"活动摄像机"视图中查看灯光效果的变化。另外"变换"和"灯光选项"

下的属性有所变化，如图 10-5 所示。

图 10-5　创建灯光副本并更改为聚光灯

（11）选中"灯光 2 聚光灯"层按 Ctrl+D 键创建一个副本，关闭原灯光层的显示，在副本层"灯光选项"后将灯光类型选择为"点"，将副本层的名称重新命名为"灯光 3 点光灯"。在"自定义视图 1"中查看灯光状态的改变，在"活动摄像机"视图中查看灯光效果的变化。另外点光灯没有目标点，"变换"下只有"位置"属性，"灯光选项"下的属性也有所变化，如图 10-6 所示。

图 10-6　创建灯光副本并更改为点光灯

（12）选中"灯光 3 点光灯"层按 Ctrl+D 键创建一个副本，关闭原灯光层的显示，在副本层"灯光选项"后将灯光类型选择为"环境"，将副本层的名称重新命名为"灯光 4 环境光"。在"活动摄像机"视图中查看灯光效果的变化。环境光将没有图标显示，只有"灯光选项"下的"强度"和"颜色"两个属性，如图 10-7 所示。

图 10-7　创建灯光副本并更改为环境光

提示

环境光"强度"调整为默认的 100% 时，如果场景中只存在这一个灯光，此时的光度效果与没有灯光时相等，即未建灯光时的场景按 100% 亮度的环境光来显示亮度。

10.2　三维场景的布光法则

在三维场景中往往需要建立多个灯光才能达到较好的照明效果。在摄影行业有专业的布光方案，而在三维场景中根据元素的位置与表现需求，也有多种布光方法。其中一种通用的基本方法是 3 点布光法则：一个主光源在前侧方照亮主体表面，一个辅光源在前面的另一侧补充照亮主体的暗面，一个轮廓光源在主体后面照亮主体的轮廓。当然这只是基本理论，在 AE 的三维场景中因为三维元素的边缘轮廓通常没有毛发或布料的过渡，轮廓光难以体现。使用主光、辅光和一个为整体场景调整亮度的"环境光"成为 AE 中三维场景的通用布光方法，在此基础上再视需要进行灯光的增减。

操作2：通用的3点布光

（1）打开操作对应的合成，在时间轴中放置着"地板.jpg""立方体""A""E""C""C"4个立体文字层，使用"4个视图"方式查看场景状态，如图10-8所示。

图10-8　打开三维场景的合成

（2）为场景建立一个摄像机视角，在时间轴空白处右击，选择"新建＞摄像机"命令。在打开的"摄像机设置"对话框中，设置"类型"为"双节点摄像机"，设置"预设"为"35毫米"。

（3）设置摄像机的"目标点"为（820，450，0），设置"位置"为（400，100，-700），如图10-9所示。

图10-9　设置摄像机位置

（4）在时间轴空白处右击，选择"新建＞灯光"命令。在打开的"灯光设置"对话框中设置"名称"为"灯光1主光"，设置"灯光类型"为"聚光"，勾选"投影"复选框。在时间轴中将"灯光1主光"的"位置"设为（-650，0，-1550），将"灯光选项"下的"强度"设为120%，如图10-10所示。

图10-10　建立和设置主光

（5）在时间轴空白处右击，选择"新建＞灯光"命令。在打开的"灯光设置"对话框中设置"名称"为"灯光 2 辅光"，设置"灯光类型"为"聚光"，勾选"投影"复选框。根据场景的亮度，在时间轴中将"灯光 2 辅光"的"位置"设为（1850，-300，-960），将"灯光选项"下的"强度"设为 80%，如图 10-11 所示。

图 10-11　建立和设置辅光

（6）在时间轴空白处右击，选择"新建＞灯光"命令。在打开的"灯光设置"对话框中，设置"名称"为"灯光 3 顶光"设置"灯光类型"为"点"。根据场景的亮度，在时间轴中将"灯光 3 顶光"的"位置"设为（1000，0，500），将"灯光选项"下的"强度"设为 50%，如图 10-12 所示。

图 10-12　建立和设置顶光

（7）在时间轴空白处右击，选择"新建＞灯光"命令。在打开的"灯光设置"对话框中设置"名称"为"灯光 4 环境光"，设置"灯光类型"为"环境"。根据场景的亮度，在时间轴中将"灯光 4 环境光"的"灯光选项"下的"强度"设为 15%，如图 10-13 所示。

图 10-13　建立和设置环境光

提示

布光中最基本的需要有前侧方的主光和辅光，以及顶部的顶光或后方的轮廓光。根据实际情况，可以对灯光进行增减，也可以对位置进行调整。

10.3 灯光投影设置

　　AE 中灯光投影需要 3 个必要条件：一是打开灯光的"投影"选项开关，二是投射阴影的三维图层打开"材质选项"下的"投影"选项开关，三是接受阴影的三维图层打开"材质选项"下的"接受阴影"选项开关。可以通过这些选项有选择地控制全部或部分灯光和三维图层的投影。

　　操作 3：灯光的投影

　　（1）打开操作对应的合成，在时间轴中放置着纯色层、"地板 .jpg"、"立体文字"文本层和 35 毫米的双节点摄像机，使用"4 个视图"方式查看场景状态，如图 10-14 所示。

图 10-14　打开三维场景合成

　　（2）在时间轴空白处右击，选择"新建 > 灯光"命令，然后建立 3 个灯光层，分别设置灯光类型、"位置"和"强度"，如图 10-15 所示。

图 10-15　建立和设置灯光

　　（3）准备为场景中的文字设置灯光的投影效果。检查投影的 3 个必要条件之一：灯光的"投影"选项。这里有 3 个灯光层，选中其中的主光"灯光 1"层，打开其"投影"选项。可以在时间轴中修改，或者双击灯光层，在其打开的"灯光设置"对话框中修改，如图 10-16 所示。

图 10-16　投影条件之一：灯光设置的
"投影"选项

　　（4）检查投影的 3 个必要条件之二：产生投影对象的"投影"选项。这里有两个文字对象需要产生投影，先展开文本层"材质选项"下的"投影"，在其后面的"关"选项上单击，将其切换为"开"。再查看嵌套的"立体文字"层，因为使用了"折叠变换"开关，所以没有"材质选项"。双击"立体文字"层，切换到来源的"立体文字"合成时间轴中，可以看到有许多的文本图层组成的立体文字效果，在这里打开文本层的"投影"开关。按 Ctrl+A 键选中全部的文本层,展开其中一层"材质选项"下的"投影",保持全选状态,修改此层的"投影"为"开"后,其他图层也一同被更改,如图 10-17 所示。

图 10-17　投影条件之二:材质选项的"投影"选项

提示

嵌套的"立体文字"层,因为使用了"折叠变换"开关,从来源合成中继承了相关的"材质选项",所以在此处没有"材质选项"的属性,相关的修改设置需要在来源合成中进行操作。

(5)检查投影的 3 个必要条件之三:接受投影对象的"接受阴影"选项。默认状态下,三维图层"接受阴影"的开关为"开"的状态,如图 10-18 所示。

图 10-18　投影条件之三:接受投影对象的"接受阴影"选项

10.4　实例:制作照片光影

本实例在 AE 中搭建三维场景,利用胶片、夹子、绳子的图片和照片素材,通过灯光的打光和投影制作悬挂和展示照片的动画,效果如图 10-19 所示。

图 10-19　实例效果

实例的合成流程图示如图 10-20 所示。

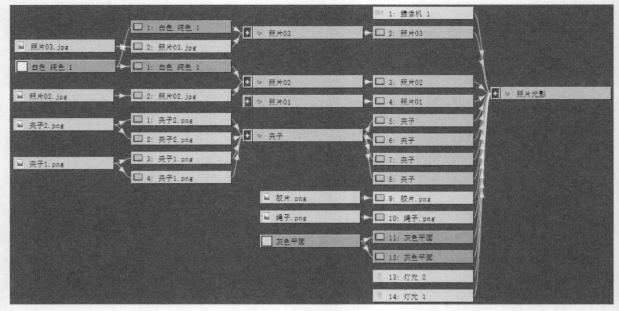

图 10-20　实例的合成流程图示

步骤 1：导入素材

在"项目"面板中双击打开"导入文件"对话框，将本实例准备的图片文件和音频文件全部选中，单击"导入"，将其导入"项目"面板。

步骤 2：建立"夹子"合成

（1）按 Ctrl+N 键打开"合成设置"对话框，将合成名称设为"夹子"。先将"预设"选择为"HDTV 1080 25"，确定方形像素和帧速率，将"宽度"和"高度"都改为 1000，将持续时间设为 30 秒，单击"确定"按钮建立合成。

（2）从"项目"面板中将"夹子 1.png"和"夹子 2.png"拖至时间轴中，选中两个图层，打开"三维图层"开关，并按 Ctrl+D 键各创建一个副本层。在视图面板中切换到"4 个视图"方式，对 4 个图层的"变换"属性进行以下设置："夹子 1.png"层"锚点"的 y 轴设为 -40；另一个"夹子 1.png"层"锚点"的 y 轴设为 40，"缩放"的 x 轴设为 -100；"夹子 2.png"层"锚点" z 轴设为 50，"Y 轴旋转"设为 90°；另一个"夹子 2.png"层"锚点" z 轴设为 -50，"Y 轴旋转"设为 90°。这样将图像围成一个立体的夹子效果，如图 10-21 所示。

图 10-21　设置立体的夹子

步骤 3：建立"照片 01"合成

（1）按 Ctrl+N 键打开"合成设置"对话框，将合成名称设为"照片 01"，将"预设"选择为"HDV/HDTV 720 25"，将持续时间设为 30 秒，单击"确定"按钮建立合成。

（2）按 Ctrl+Y 键建立一个白色的纯色层，选中纯色层，双击工具栏中的"矩形工具"按钮在纯色层上建立蒙版，将"蒙版扩展"设为 -40，勾选"反转"复选框。

（3）从"项目"面板中将"照片 01.jpg"拖至时间轴底层，调整合适的大小和位置，如图 10-22 所示。

图 10-22　设置照片效果

（4）在"项目"面板中选中"照片 01"，按 Ctrl+D 键两次创建副本"照片 02"和"照片 03"合成，并使用对应的照片素材分别替换其中的照片。

步骤 4：建立"照片光影"合成

（1）按 Ctrl+N 键打开"合成设置"对话框，将合成名称设为"照片光影"，将"预设"选择为"HDTV 1080 25"，将持续时间设为 10 秒，单击"确定"按钮建立合成。

（2）按 Ctrl+Y 键在打开的"纯色设置"对话框中，将"名称"设为"灰色平面"，单击"制作合成大小"按钮，将颜色设为 RGB（220，220，220），单击"新建"按钮建立纯色层。

（3）打开"灰色平面"层的"三维图层"开关，按 Ctrl+D 键创建一个副本层，将其中一层"方向"的 x 轴设为 90°，"缩放"设为（300，300，300%），"位置"设为（2000，1000，0）。将另一层"缩放"设为（400，300，300%），"位置"设为（2000，1000，550）。使用自定义视图查看效果，如图 10-23 所示。

图 10-23　设置空间平面

（4）在时间轴空白处右击，选择"新建>灯光"命令，在"灯光设置"对话框中将"灯光类型"选为"点"方式，"强度"设为 75%，勾选"投影"，将"阴影扩散"设为 5，单击"确定"按钮创建"灯光 1"，如图 10-24 所示。

（5）在时间轴空白处右击，选择"新建>灯光"命令，在"灯光设置"对话框中将"灯光类型"选为"聚光"方式，"强度"设为 75%，勾选"投影"，将"阴影扩散"设为 20，单击"确定"按钮创建"灯光 2"，如图 10-24 所示。

（6）将"灯光 1"层的"位置"设为（700，-200，-2000），将"灯光 2"层的"位置"设为（3000，-100，-1000），使用自定义视图查看效果，如图 10-25 所示。

图 10-24　建立和设置灯光

图 10-25　设置灯光位置

（7）从"项目"面板中分别将"绳子 .png""胶片 .png""夹子""照片 01""照片 02""照片 03"拖至时间轴中，分别设置"方向""缩放""位置"，将其摆放在场景中，如图 10-26 所示。

图 10-26　设置三维场景

（8）打开"夹子"合成的时间轴面板，将其中全部图层的"投影"设为"开"，返回"照片光影"合成。同样，将"绳子 .png""胶片 .png"和照片层的"投影"均设为"开"，得到投影效果，如图 10-27 所示。

图 10-27　设置场景中的投影

（9）将照片层"材质选项"下的"镜面强度"设为 75%，使照片表面产生反光的效果。将"胶片 .png"层"材质选项"下的"透光率"设为 70%，胶片产生半透明的彩色投影效果，如图 10-28 所示。

图 10-28　设置半透明的投影

（10）在时间轴空白处右击，选择"新建 > 摄像机"命令，在打开的"摄像机设置"对话框中，设置"类型"为"双节点摄像机"、"预设"为"28 毫米"，单击"确定"按钮建立摄像机。

（11）展开摄像机层的"目标点"和"位置"，将时间移至第 0 帧，单击打开其前面的秒表记录关键帧，设置"目标点"为（480，540，0）、"位置"为（310，540，-645）。将时间移至第 9 秒 24 帧，设置"目标点"为（1500，540，0）、"位置"为（2000，300，-675），如图 10-29 所示。

图 10-29　设置摄像机动画

（12）从"项目"面板中将音频文件拖至时间轴中为动画配乐，完成实例的制作，按小键盘的 0 键预览最终的视频音频效果。

测试题

1．列举灯光的几种类型并简述特点。
2．解释现实拍摄中的 3 点布光在 AE 中是否有效。
3．灯光投影需要设置和检查哪些属性？

第 11 章
键控操作

　　"键控"一词是影视制作术语，英文称作"Key"，意思是吸取画面中的某一种颜色作为透明色，画面中所包含的这种透明色将被清除。"键控"俗称"抠像"，其本质就是"抠"和"填"，"抠"就是吸取颜色产生透明，"填"就是叠加图像到透明区域，最终生成前景物体与叠加背景相合成的图像。通过这样的方式，单独拍摄的角色经抠像后可以与各种景物叠加在一起，由此形成丰富而神奇的艺术效果。

　　在早期的电视制作中，键控技术需要用昂贵的硬件来支持，而且对拍摄背景要求很高，通常是在高饱和度的蓝色或绿色背景下拍摄，对光线的要求也很严格。实时的"抠像"都需要视频切换台或者支持实时色键的视频捕获卡，价格比较昂贵。

　　目前，"抠像"并不是只能用蓝或绿色背景，理论上只要是单一的、比较纯的颜色就可以，但是与演员的服装、皮肤的颜色反差越大越好，这样键控比较容易实现。现在各种非线性编辑软件与合成软件都能做键控技术处理，对背景颜色的要求也大大放宽，例如在 AE 中就有多种键控工具来应对多种状况下的键控处理。AE 中的键控操作有十多种，在实际使用时该如何选用呢？本章对这些键控操作进行列举和介绍。

11.1　二元键控之颜色键

　　键控中最简单的有二元键控类型的颜色键和亮度键。所谓二元键控，指的是键控的图像或者完全透明，或者完全不透明，没有半透明的区域，主要应用于有锐利边缘的固态对象。二元键控不能胜任大多数情况下的键控工作，需要选用另外几种键控效果来辅助处理。

　　颜色键效果可抠出与指定的主色相似的所有图像像素。使用颜色键来抠出背景色，当选择一个"主色"时（吸管吸取的背景颜色），被选颜色部分变为透明。同时可以控制"主色"的相似程度，调整透明的效果。还可以对键控的边缘进行羽化，消除毛边的区域，这时需要调整以下参数："颜色容差"用于控制颜色容差范围，值越小颜色范围越小；"薄化边缘"用于调整键控边缘，正值扩大遮罩范围，负值缩小遮罩范围；"羽化边缘"用于羽化键控边缘，产生细腻、稳定的键控遮罩。

操作 1：使用颜色键

　　（1）将"绿幕人物 .png"拖至时间轴中，选择"颜色键"效果，然后在"主色"色块右侧选择颜色吸取工具，在视图中人物旁边的绿色背景布上单击，指定要键控的主色，如图 11-1 所示。

图 11-1　使用"颜色键"并用颜色吸取工具指定键控主色

　　（2）将要键控的主色指定在背景布上的绿色之后，拖动"颜色容差"为适当的数值，使背景透明，如图 11-2 所示。当数值不足时背景绿色将过多，数值过大时人物身体中将有部分近似颜色也被过度键出。

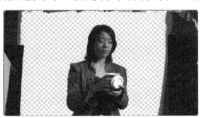

图 11-2　指定主色和调整颜色容差

　　（3）对于远离人物的图像，可以选择工具栏中的钢笔工具，建立蒙版将其排除在外，如图 11-3 所示。对于人物边缘残留的绿色，将用另外的方法予以清除。

图 11-3　使用蒙版排除画面边角图像

　　（4）选择"效果 > 抠像 > 溢出抑制"，将"要抑制的颜色"吸取为绿色，这样将绿色去色，如图 11-4 所示。

图 11-4　使用"溢出抑制"效果

（5）将"光斑背景 2.mov"拖至时间轴底层，查看效果，如图 11-5 所示。

图 11-5　放置背景

11.2　二元键控之亮度键

亮度键效果可抠出图层中具有指定明亮度的所有区域，图层的品质设置不会影响亮度键效果。

如果要在其中创建遮罩的对象的明亮度值与其背景显著不同，则应使用此效果。例如，如果要在白色背景上为音符创建遮罩，则可抠出较亮的值，黑暗的音符将变为唯一不透明的区域。

操作 2：使用亮度键

（1）将"建筑 .jpg"拖至时间轴中，选择"效果 > 抠像 > 亮度键"，如图 11-6 所示。

图 11-6　使用"亮度键"

（2）将"键控类型"选择为"抠出较亮区域"，并调整"阈值"的大小，直到将天空部分键出，此时的数值为 100，如图 11-7 所示。

图 11-7　调整"阈值"

（3）将"晚空背景 .mov"拖至时间轴底层，查看效果，在背景的衬托下，局部边缘有残留的颜色，如图 11-8 所示。

图 11-8　边缘残留颜色

（4）可以看到以上两个键控效果简单易用，只不过功能相对单一。选中"建筑 .jpg"层，选择"效果 > 遮罩 > 调整柔和遮罩"，将"其他边缘半径"设为 2，消除边缘残留的颜色，如图 11-9 所示。

图 11-9　使用"调整柔和遮罩"

（5）这样制作出城楼风云变换的效果，如图 11-10 所示。

图 11-10　预览效果

11.3　内部 / 外部键

　　内部 / 外部键效果可在背景中隔离前景对象。要使用内部 / 外部键效果，需要创建蒙版来定义要隔离对象的边缘内部和外部。蒙版可以比较粗略，它不需要完全贴合对象的边缘。

　　除在背景中对柔化边缘的对象使用蒙版以外，内部 / 外部键效果还会修改边界周围的颜色，以移除沾染背景的颜色。

操作 3：使用内部 / 外部键

　　（1）将"毛绒 HD.jpg"拖至时间轴中，可以看出这个图像中毛绒物品的颜色与背景颜色、亮度都相近，并且边缘有毛边部分，这种情况下可以使用内部 / 外部键来处理。先沿毛边的边缘建立内外两个蒙版，如图 11-11 所示。

图 11-11　绘制蒙版

　　（2）选择"效果 > 抠像 > 内部 / 外部键"，设置"前景（内部）"对应为"蒙版 1"，设置"背景（外部）"对应为"蒙版 2"，查看效果，如图 11-12 所示。

图 11-12　使用内部 / 外部键

　　（3）在时间轴中选中图层，按 Ctrl+Y 键创建纯色层，放在到抠像层之下，查看效果。这样使用内部 / 外部键完成毛边效果对象的抠像处理，如图 11-13 所示。

图 11-13　添加背景

11.4　线性颜色键

　　线性颜色键效果可跨图像创建一系列透明度。线性颜色键效果可将图像的每个像素与指定的主色进行比较，如果像素的颜色与主色近似匹配，则此像素将变得完全透明，不太匹配的像素将变得不太透明，完全不匹配的像素保持不透明。因此，透明度值的范围呈线性增长趋势。线性颜色键效果可使用RGB、色相或色度信息来创建指定主色的透明度。

　　在"效果控件"面板中，线性颜色键效果将显示两个缩览图图像，左边的缩览图图像表示未改变的源图像，右边的缩览图图像表示在"视图"菜单中选择的视图。

　　线性颜色键效果可以调整"主色""匹配容差""匹配柔和度"。"匹配容差"用于指定像素在开始变透明之前必须匹配主色的严密程度，"匹配柔和度"用于控制图像和主色之间的边缘的柔和度。

　　线性颜色键效果还可以重新应用此抠像，以保留第一次应用此抠像使其变透明的颜色。例如，如果抠出蓝色，则可能丢失主体穿着的衣物的某些或全部淡蓝色部分。此时可以恢复淡蓝色，具体方法是再应用一个线性颜色键效果的实例，并从"主要操作"菜单中选择"保留此颜色"。

　　操作 4：使用线性颜色键

　　（1）将"产品图 1.jpg"拖至时间轴中，选择"效果 > 抠像 > 线性颜色键"命令，然后在"主色"色块右侧选择颜色吸取工具，在视图中背景上单击，指定要键控的主色，如图 11-14 所示。

图 11-14　使用"线性颜色键"

　　（2）吸取颜色之后，视图中背景的颜色变得透明，不过底部背景色因为颜色要深一些，所以有部分残留，在"效果控件"面板中可以通过查看预览图来对比效果，如图 11-15 所示。

图 11-15　吸取颜色

　　（3）在"效果控件"面板中使用▨工具在图像底部残留的颜色区域单击吸取颜色，这些颜色将被加入抠除的范围，如图 11-16 所示。

图 11-16　增加抠除颜色

（4）查看结果，底部残留的颜色已被消除，效果中的"匹配容差"数值也发生变化，如图 12-17 所示。

图 11-17　预览效果

提示

如果觉得颜色消除得过多，可以使用▱工具在图像中单击吸取恢复一些颜色。

（5）在"产品图 1.jpg"层下放置一个渐变的背景，如图 11-18 所示。

图 11-18　放置渐变背景

11.5　提取键

提取效果可创建透明度，具体方法是根据指定通道的直方图，抠出指定亮度范围。此效果最适用于在以下图像中创建透明度：在黑色或白色背景中拍摄的图像，或在包含多种颜色的黑暗或明亮的背景中拍摄的图像。此效果的控件与 Adobe Premiere Pro 中提取效果的控件相似，但此效果的用途和结果不同。

在"效果控件"面板中，提取效果将显示"通道"菜单中指定的通道的直方图。此直方图描绘了图层中的亮度级别，显示了每个级别的相对像素数量。此直方图按从左到右的顺序从最暗（值为 0）扩展到最亮（值为 255）。

使用直方图下的透明度控制条，可以调整变透明像素的范围。与直方图有关的控制条的位置和形状可确定透明度：与控制条覆盖的区域对应的像素保持不透明，与控制条未覆盖的区域对应的像素变透明。

操作5：使用提取键

（1）将"电线.mp4"拖至时间轴中，准备替换当前的天空为晚霞的效果。选择"效果 > 抠像 > 提取"，添加"提取"抠像效果，如图11-19所示。

图11-19 使用"提取"效果

（2）在"效果控件"面板中可以查看对应的直方图，调整"白场"的数值，直至天空背景被抠除，同时电线被保留。此时"白场"的数值为168，调整"白色柔和度"为10，如图11-20所示。

图11-20 调整"白场"数值

（3）放大查看，会发现树叶部分残留着部分背景色，如图11-21所示。

图11-21 预览效果

（4）此时进一步减小"白场"的数值可以继续抠除树叶处的背景色，但这会同时影响电线的完整度，所以这里将画面分成电线和树叶两部分，分别单独调整。先在第0帧处，为树叶建立范围"蒙版1"，再为其范围内的电线建立"蒙版2"，设置"蒙版1"为"相减"，这样在这一图层中排除树叶，如图11-22所示。

图11-22 建立蒙版

（5）因为视频内容是动态的，这里选中两个蒙版，显示出"跟踪器"面板，单击"向右分析"按钮，蒙版跟随视频内容产生跟踪关键帧，如图 11-23 所示。

图 11-23　跟踪蒙版

（6）选中图层，按 Ctrl+D 键创建一个副本，修改"蒙版 1"为"相加"，修改"蒙版 2"为"相减"，使得本层只显示树叶部分。设置"蒙版 2"的"蒙版扩展"为 -2，使得两个图层的蒙版边线处有少许重叠，不产生空隙。此时可以根据树叶部分的效果来更好地调整"白场"数值，消除树叶处多余的背景色，而不用担心影响电线的效果，如图 11-24 所示。

图 11-24　创建副本并修改蒙版和效果

（7）将"晚空背景 .mov"拖至时间轴底层，再选择"效果 > 生成 > 填充"，为电线和树叶所在的视频层添加"填充"效果，设置"颜色"为黑色，查看效果，如图 11-25 所示。

图 11-25　添加背景效果

11.6　Keylight

Keylight 是一个屡获殊荣并经过产品验证的蓝绿屏幕抠像插件。Keylight 易于使用，并且非常擅长处理反射、半透明区域和头发区域。Keylight 自身还包括颜色校正、抑制和边缘校正功能，方便进行更加精细的微调处理。Keylight 被应用在许多影片中，包括《理发师陶德》《地球停转之日》《大侦探福尔摩斯》《2012》《阿凡达》《爱丽丝梦游仙境》《诸神之战》等。

Keylight 能够无缝集成到一些世界领先的合成和编辑系统，包括 Autodesk 媒体和娱乐系统、Avid DS、Fusion、NUKE、Shake 和 Final Cut Pro。Keylight 已经被内置到 AE 中，以增强 AE 的键控功能。AE 原有的一些颜色键控效果已被 Keylight 的功能所覆盖，Keylight 能够更好、更容易地进行常用的键控处理。

Keylight 的参数较多，但使用起来也很容易上手，常用的参数如图 11-26 所示。

图 11-26　Keylight 效果

- View。视图方式。其下有多个选项。
  - Source。在视窗中显示源图像。
  - Source Alpha。源图像的 Alpha 通道。
  - Corrected Source。校正源图像。
  - Colour Correction Edges。校正边缘颜色。
  - Screen Matte。显示被键出颜色后的蒙版。
  - Inside Mask。当在图像上绘制并指定了内部蒙版时，显示内部蒙版。
  - Outside Mask。当在图像上绘制并指定了外部蒙版时，显示外部蒙版。
  - Combined Matte。合并后的蒙版。显示被键出颜色后的蒙版以及内、外蒙版合并后的蒙版效果。
  - Status。状态，用以检查键控的蒙版状态，这个选项能夸张地显示当前键控蒙版的效果，黑色为透明，白色为不透明，灰色为半透明。
  - Intermediate Result。中间结果。
  - Final Result。最后结果。显示最终调整后的结果。
  - Unpremultiply Result。非预乘结果选项。
- Screen Colour。选择要键出的颜色。用吸管在对应颜色上单击即可。
- Screen Gain。屏幕增益。键控时用于调整 Alpha 的暗部区域的细节。
- Screen Balance。屏幕平衡。调节图像的颜色。
- Despill Bias。去除溢色的偏移。
- Alpha Bias。透明度偏移。可使 Alpha 通道向某一类颜色偏移。
- Lock Biases Together。锁定一起偏移。
- Screen Pre-blur。模糊。原素材有噪点的时候，可以用此选项来模糊掉太明显的噪点，从而得到比较好的 Alpha 通道。
- Screen Matte。屏幕遮罩。其下有多个选项。
  - Clip Black。修剪遮罩的暗部。增大数值会使暗部更暗，即更透明。
  - Clip White。修剪遮罩的亮部。增大数值会使亮部更亮，即更实地显示。
  - Clip Rollback。修剪回滚。用于恢复由于调节了以上两个参数以后损失的蒙版细节。
  - Screen Shrink/Grow。屏幕收缩 / 扩展。当数值减小为负数时，键控主体的蒙版边缘收缩；当数值增大为正数时，其蒙版边缘扩展。
  - Screen Softness。屏幕柔化。将蒙版的边缘或噪点进行柔化处理。
  - Screen Despot Black。当蒙版的亮部区域有少许黑点或者灰点的时候（透明和半透明区域），调节此参数可以去除那些黑点和灰点。
  - Screen Despot White。当蒙版的暗部区域有少许白点或者灰点的时候（不透明和半透明区域），调节此参数可以去除那些白点和灰点。
  - Replace Method。替换方法。其后包含 None（无）、Source（源图像）、Hard Colour（生硬的颜

色）、Soft Colour（柔和的颜色）这几项，即蒙版的边缘用什么方式来替换。

- Inside Mask。内部蒙版。建立和指定蒙版作为保留的区域，这个蒙版称为内部蒙版。
- Outside Mask。外部蒙版。建立和指定蒙版作为排除的区域，这个蒙版称为外部蒙版。
- Foreground Colour Correction。前景颜色校正。
- EdgeColour Correction。边缘颜色校正。
- Source Crops。源画面修剪。

操作 6：使用 Keylight 进行人物抠像

（1）将"绿幕人物 .png"拖至时间轴中，选择"效果 >Keying>Keylight"，然后在 Screen Colour 色块右侧选择颜色吸取工具，在视图中背景上单击，指定要键控的颜色，如图 11-27 所示。

图 11-27　使用 Keylight 效果

（2）吸取颜色之后，绿色背景被轻松键出，如图 11-28 所示。

图 11-28　吸取背景颜色

（3）将"View"选择为"Screen Matte"，查看键控的通道，如图 11-29 所示。

图 11-29　查看键控通道

（4）其中保留的图像为白色区域，要求越白越好，键出的部分为黑色，要求越黑越好。灰色部分为半透明的像素，需要消除。放大背景和人物局部，可以看到有部分半透明的像素，如图 11-30 所示。

图 11-30　查看半透明的灰色区域

（5）在"Screen Matte"下设置"Clip Black"为20，将背景中两处半透明的区域消除掉。设置"Clip White"为80，将身体上的半透明区域消除掉，如图11-31所示。

图 11-31　消除灰色区域

（6）将"View"选择为"Final Result"，查看键控效果。对于边角的其他部分，可以使用钢笔工具绘制图层蒙版来去除，如图11-32所示。

图 11-32　使用蒙版排除画面边角内容

（7）将"光斑背景2.mov"拖至时间轴底层，查看效果，对比键控细节，一定会发现 Keylight 明显比前面操作中使用"颜色键"处理的效果要好，如图11-33所示。

图 11-33　添加背景预览效果

操作 7：使用 Keylight 键控头发

（1）将"头发01.mov"拖至时间轴中，选择"效果 >Keying>Keylight"命令，然后在 Screen Colour 色块右侧选择颜色吸取工具，在视图中背景上单击，指定要键控的颜色，如图11-34所示。

图 11-34　使用 Keylight 效果

（2）吸取颜色后，发现人和身体因为颜色相近，也被键出，如图 11-35 所示。

图 11-35　预览效果

（3）选中"头发 01.mov"层，在左下角绘制一个"蒙版 1"，设置为"无"运算方式。然后将"Inside Mask"下的"Inside Mask"设为"蒙版 1"，如图 11-36 所示。

图 11-36　添加蒙版

（4）将"View"选择为"Combined Matte"。将"Clip Black"设为 18，将"Clip White"设为 80，进一步调整黑色和白色区域，如图 11-37 所示。

图 11-37　调整黑色和白色区域

（5）将"Screen Gain"设为 81，将"Screen Balance"设为 25，将"Replace Method"设为"Source"，将"View"设为"Final Result"查看，这样得到较好的头发键控效果。另外，再调整一些辅助参数设置，将"Screen Pre-blur"设为 3，将"Screen Shrink/Grow"设为 -1.5，将"Screen Softness"设为 2，如图 11-38 所示。

图 11-38　调整辅助参数

（6）将"光斑背景 2.mov"拖至时间轴底层，查看合成效果，可以看到右上角有明显的残留颜色，如图 11-39 所示。

图 11-39　添加背景预览效果

（7）将时间移至最后一帧，选中"头发 01.mov"层，在右上角绘制一个"蒙版 2"，并设置为"无"运算方式。单击打开"蒙版 2"下"蒙版路径"前的秒表，记录关键帧，如图 11-40 所示。

图 11-40　设置蒙版关键帧

（8）将"Outside Mask"下的"Outside Mask"设为"蒙版 2"，将"Outside Mask Softness"设为400，减弱右上角残留的颜色，如图 11-41 所示。

图 11-41　减弱残留颜色

（9）将时间移至第 0 帧处，参照头发部分画面的位置，调整"蒙版 2"的位置，记录关键帧，如图11-42 所示。

图 11-42 设置蒙版关键帧

提示

可以将 Keylight 下的 "View" 选择为 "Combined Matte" 方式，查看黑白遮罩的对比来绘制蒙版，尽量将人物和头发之外的区域遮挡为黑色，使其变得透明。

（10）最后，查看动画效果，如图 11-43 所示。

图 11-43 预览动画效果

11.7 抠像组和遮罩组的其他效果

1. 颜色差值键效果

颜色差值键效果通过将图像分为 "遮罩部分 A" 和 "遮罩部分 B" 两个遮罩，在相对的起始点创建透明度。"遮罩部分 B" 使透明度基于指定的主色，而 "遮罩部分 A" 使透明度基于不含第二种不同颜色的图像区域。通过将这两个遮罩合并为第 3 个遮罩（称为 "Alpha 遮罩"），颜色差值键效果可创建明确定义的透明度值。

颜色差值键效果可为以蓝屏或绿屏为背景拍摄的所有亮度适宜的素材项目实现优质抠像，特别适合包含透明或半透明区域的图像，如烟、阴影或玻璃，如图 11-44 所示。

图 11-44 颜色差值键

（1）选择要使其部分透明的图层，然后选择 "效果 > 抠像 > 颜色差值键"。要在 "图层" 面板中使用任何吸管，需从 "图层" 面板的 "视图" 菜单中选择 "颜色差值键"。

（2）在 "效果控件" 面板中，从 "视图" 菜单中选择 "已校正遮罩"。要同时查看和比较源图像、两个部分遮罩和最终遮罩，需在 "视图" 菜单中选择 "已校正 [A，B，遮罩]，最终"。"视图" 菜单中的其他可用视图如第（10）步所述。

（3）选择适当的主色。要抠出蓝屏，请使用默认的蓝色。要抠出非蓝屏，需使用以下方法之一选择主色。①缩览图吸管。选择"合成"面板或原始缩览图图像，然后单击此面板或此图像的相应区域。②主色吸管。选择"合成"或"图层"面板，然后单击此面板的相应区域。③主色色板。从指定颜色空间单击以选择颜色。吸管工具可相应地移动滑块。使用第（9）步中所述的滑块可微调抠像结果。

（4）单击 "遮罩"按钮将最终合并的遮罩显示在遮罩缩览图中。

（5）选择"黑色"吸管，然后在最亮的黑色区域的遮罩缩览图内单击，以指定透明区域，将调整缩览图和"合成"面板中的"透明度"值。

（6）选择"白色"吸管，然后在最暗的白色区域的遮罩缩览图内单击，以指定不透明区域，将调整缩览图和"合成"面板中的"不透明度"值。

要实现较好的抠像效果，需使黑白区域尽可能不同，以使图像保留尽可能多的灰色阴影。

（7）从"颜色匹配准确度"菜单中选择匹配准确度。如果不使用非主要颜色（红色、蓝色或黄色）的屏幕，则选择"更快"。对于这些主要颜色屏幕，则选择"更准确"，这样会增加渲染时间，但可产生更好的结果。

（8）要进一步调整透明度，请对一个或两个部分遮罩重复第（5）步和第（6）步。单击"部分遮罩 B"按钮或"部分遮罩 A"按钮，以选择部分遮罩，然后重复这些步骤。

（9）在"遮罩控件"部分拖动以下一个或多个滑块，为每个部分遮罩和最终遮罩调整透明度。①"黑色"滑块用于调整每个遮罩的透明度水平。可以使用"黑色"吸管调整同样的水平。②"白色"滑块用于调整每个遮罩的不透明度水平。可以使用"白色"吸管调整同样的水平。③"灰度系数"滑块用于控制透明度值遵循线性增长的严密程度。值为 1（默认值），则增长呈线性。其他值可产生非线性增长，以供特殊调整或视觉效果使用。

（10）在调整单独的遮罩时，可从"视图"菜单中选择选项来比较包含调整的遮罩和不含调整的遮罩。①选择"未校正"，可查看不含调整的遮罩。②选择"已校正"，可查看包含所有调整的遮罩。

（11）在关闭"效果控件"面板之前，从"视图"菜单中选择"最终输出"。必须选择"最终输出"，AE 才渲染透明度。

要从图像中移除反射的主色的痕迹，需通过对"颜色准确度"使用"更好"来应用"溢出抑制"。如果图像仍有很多颜色，则应用简单阻塞工具或遮罩阻塞工具效果。

2. 颜色范围效果

颜色范围效果可创建透明度，具体方法是在 Lab、YUV 或 RGB 颜色空间中抠出指定的颜色范围。可以在包含多种颜色的屏幕上，或在亮度不均匀且包含同一颜色的不同阴影的蓝屏或绿屏上使用此抠像，如图 11-45 所示。

（1）选择要使其部分透明的图层，然后选择"效果＞抠像＞颜色范围"。

（2）从"颜色空间"菜单中选择 Lab、YUV 或 RGB。如果使用的颜色空间难以隔离主体，则尝试使用其他颜色空间。

（3）选择"主色"吸管，然后单击遮罩缩览图，以选择"合成"面板中要使其透明的颜色所对应的区域。通常，第一种颜色即覆盖图像最大区域的颜色。要在"图层"面板中使用吸管，需从"图层"面板的"视图"菜单中选择"颜色范围"。

图 11-45　颜色范围

（4）选择加号吸管，然后单击遮罩缩览图中的其他区域，以将其他颜色或阴影添加到为透明度抠出的颜色范围中。

（5）选择减号吸管，然后单击遮罩缩览图中的区域，以从抠出的颜色范围中去除其他颜色或阴影。

（6）拖动"模糊"滑块，以柔化透明和不透明区域之间的边缘。

（7）使用"最小值"和"最大值"控件中的滑块，微调使用加号和减号吸管选择的颜色范围。L、Y、R 滑块可控制指定颜色空间的第一个分量，a、U、G 滑块可控制第二个分量，b、V、B 滑块可控制第三个分量。拖动"最小值"滑块，以微调颜色范围的起始颜色；拖动"最大值"滑块，以微调颜色范围的结束颜色。

3．差值遮罩效果

差值遮罩效果可创建透明度，具体方法是比较源图层和差值图层，然后抠出源图层中与差值图层中的位置和颜色匹配的像素。通常，此效果用于抠出移动对象后面的静态背景，然后将此对象放在其他背景上。差值图层通常只是背景帧素材（在移动对象进入此场景之前），因此，差值遮罩效果最适用于使用固定摄像机和静止背景拍摄的场景。此效果适用于 8-bpc 和 16-bpc 颜色，如图 11-46 所示。

图 11-46　差值遮罩效果

（1）选择运动素材图层作为源图层。

（2）在源图层中，找到仅包含背景的帧，并将此背景帧另存为图像文件。

（3）将此图像文件导入 AE，并将其添加到合成中，导入的图像将成为差值图层。确保其持续时间至少和源图层的持续时间一样长。如果拍摄的内容不包含完整的背景帧，则可以通过在 AE 或 Photoshop 中合并几个帧的部分来组合完整的背景。例如，可以使用仿制图章工具对一个帧中的背景采样，然后在另一个帧的部分背景上绘画样本。

（4）单击时间轴面板中的"视频"开关，以关闭差值图层的显示。

（5）确保选择原始源图层，然后选择"效果 > 抠像 > 差值遮罩"。

（6）在"效果控件"面板中，从"视图"菜单中选择"最终输出"或"仅限遮罩"。（使用"仅限遮罩"视图可检查透明度的缺口。

（7）从"差值图层"菜单中选择背景文件。

（8）如果差值图层的大小与源图层不同，需从"如果图层大小不同"菜单中选择以下控件之一。① 居中对齐。将差值图层放在源图层的中央。如果差值图层比源图层小，则此图层的其余部分使用黑色填充。②拉伸以适合。将差值图层伸展或收缩到源图层的大小。背景图像可能会变扭曲。

（9）调整"匹配容差"滑块，以根据图层之间的颜色必须匹配的严密程度指定透明度数量。值越低，透明度越低；值越高，透明度越高。

（10）调整"匹配柔和度"滑块，以柔化透明和不透明区域之间的边缘。值越高，匹配的像素越透明，但匹配像素的数量不会增加。

（11）如果遮罩仍然包含外部像素，则在调整"差值"滑块之前先调整"模糊"滑块。在做出比较之前，此滑块可通过使两个图层略微模糊来抑制杂色。这些图层仅在比较时变模糊，不会使最终输出变模糊。

（12）在关闭"效果控件"面板之前，从"视图"菜单中选择"最终输出"，以此确保 AE 渲染透明度。

4．简单阻塞工具效果

简单阻塞工具效果在"效果 > 遮罩"下，可以小增量缩小或扩展遮罩边缘，以便创建更整洁的遮罩。"最终输出"视图用于显示应用此效果的图像，"遮罩"视图用于为包含黑色区域（表示透明度）和白色区域（表示不透明度）的图像提供黑白视图。"阻塞遮罩"用于设置阻塞的数量，负值用于扩展遮罩，正值用于阻塞遮罩。此效果适用于 8-bpc、16-bpc 和 32-bpc 颜色，如图 11-47 所示。

5．遮罩阻塞工具效果

遮罩阻塞工具效果在"效果 > 遮罩"下，可重复一连串阻塞和扩展遮罩操作，以在不透明区域填充不需要的缺口（透明区域）。重复是因为

图 11-47　简单阻塞工具

必须阻塞和扩展整个遮罩，同时需要扩展可填充缺口，但必须抑制遮罩边缘才能保持遮罩形状。

　　阻塞和扩展的过程分为两个阶段，每个阶段都有其自己的一组相同的控件，通常第二个阶段执行第一个阶段的相反操作。在完成指定次数的来回调整（遮罩阻塞工具效果自动处理此过程）后，缺口填充完毕。可以使用遮罩阻塞工具效果仅使 Alpha 通道变模糊，要使用此效果使 Alpha 通道变模糊，需将灰色阶柔和度设置为 100%，如图 11-48 所示。

　　（1）选择图层，然后选择"效果 > 遮罩 > 遮罩阻塞工具"。

　　（2）设置第 1 个阶段的控件（前 3 个属性），以在不改变遮罩形状的情况下，尽可能远地扩展遮罩，设置如下。①几何柔和度。指定最大扩展或阻塞量（以像素为单位）。②阻塞。设置阻塞数量。负值用于扩展遮罩，正值用于阻塞遮罩。③灰色阶柔和度。指定使遮罩边缘柔和的程度。值为 0% 时，遮罩边缘仅包含完全不透明值和完全透明值；值为 100% 时，遮罩边缘包含完整的灰色值范围，但可能看似模糊。

图 11-48　遮罩阻塞工具

　　（3）设置第 2 个阶段的控件（后 3 个属性），以阻塞遮罩，阻塞数量与在第 1 个阶段扩展遮罩的数量相同。

　　（4）（可选）使用"迭代"属性指定 AE 重复扩展和阻塞顺序的次数。可能需要尝试一些其他设置，以使此顺序重复所需次数，使所有不需要的缺口闭合。

测试题

　　1．大多情况下背景颜色是否能一键抠除？

　　2．内部／外部键适用于什么情况下的抠像？

　　3．列举功能较强的抠像效果。

第 12 章
蒙版抠像

除了抠像组效果以及辅助其设置的遮罩组效果可以对画面进行抠像、分离背景产生局部透明图像之外，蒙版也可以遮挡画面产生局部透明图像。在抠像效果不理想的情况下，可以考虑使用蒙版抠像来解决问题。本章对蒙版抠像进行列举和讲解，包括自动跟踪产生蒙版的功能和使用 Roto 技术进行跟踪和抠像的操作。

12.1　透明背景图像的蒙版追踪

在 AE 中可以对透明图像使用"自动追踪"操作检测出边缘轮廓，建立蒙版路径。可以在原图层上建立蒙版，也可以生成一个添加了追踪蒙版的纯色层。

操作 1：透明背景图像的自动追踪

（1）打开对应合成，选中带有透明背景的路牌图层，选择"图层 > 自动追踪"命令，在打开的对话框中勾选"预览"，可以在合成视图中查看设置对应的蒙版效果。设置"时间跨度"为"当前帧"，设置"通道"为 Alpha，设置"容差"为 1、"最小区域"为 10、"阈值"为 100%、"圆角值"为 0%，勾选"应用到新图层"，如图 12-1 所示。

（2）单击"确定"按钮，在时间轴中新建添加了蒙版的纯色层，在视图中可以看到图像边缘自动建立蒙版，如图 12-2 所示。

图 12-1　设置自动追踪

图 12-2　应用自动追踪

操作 2：追踪的阈值与容差

（1）打开对应的合成，选中带有透明背景的放射条图层，选择"图层 > 自动追踪"，在打开的对话框中勾选"预览"，在合成视图中查看设置对应的蒙版效果。设置"时间跨度"为"当前帧"、"通道"为 Alpha、"容差"为 1、"最小区域"为 10、"阈值"为 0%、"圆角值"为 0%，勾选"应用到新图层"。此时由于"阈值"为 0%，忽略透明背景的存在，为整个画面建立一个矩形的蒙版。如将"阈值"设为 100%，如将视整个画面为透明状态，没有产生蒙版，如图 12-3 所示。

图 12-3　"阈值"为 0% 和 100% 时

（2）拖动"阈值"的数值，对照预览的蒙版效果，可以在一个区间内找到一个合适的数值，为放射条建立蒙版，如图 12-4 所示。

图 12-4　调整"阈值"为合适的数值

（3）"容差"值过小，蒙版路径就会产生过多的锚点。因为图像边缘对比较大，所以可以增大"容差"数值，减小产生的路径锚点，如图 12-5 所示。

图 12-5　调整容差

12.2　按通道对画面进行蒙版追踪

对于没有 Alpha 通道的图像，可以通过 RGB 颜色或明暗对比度来分析图像中是否有可能分离出局部的内容，使用"自动追踪"操作，设置合理的分析依据，仍然可以追踪建立需要的蒙版。

操作 3：亮度通道与阈值的追踪

（1）打开对应的合成，这是一幅没有透明背景的图像，不过通过画面中的亮度仍然可以区分出近处的山岭与远处的山岭。选择"图层 > 自动追踪"命令，在打开的对话框中勾选"预览"，在合成视图中查看设置对应的蒙版效果。设置"时间跨度"为"当前帧"、"通道"为"明亮度"，勾选"反转"，设置"容差"为 10 、"最小区域"为 10 、"圆角值"为 0%，勾选"应用到新图层"。对照合成预览蒙版效果，拖动"阈值"的数值，为画面近处的山岭建立蒙版，此时的"阈值"为 70%，如图 12-6 所示。

图 12-6　调整"阈值"为近处山岭建立蒙版

（2）调整"阈值"为合适的数值，可以为远处的山岭也建立蒙板，例如"阈值"为 40% 和 22% 时蒙版的区域分别如图 12-7 所示。

图 12-7　调整"阈值"为远处山岭建立蒙版

操作4：颜色通道与最小区域的追踪

（1）打开对应的合成，这幅图像通过颜色可以区分出绿色的近景与蓝色的远景。选择"图层 > 自动追踪"命令，在打开的对话框中勾选"预览"，在合成视图中查看设置对应的蒙版效果。设置"时间跨度"为"当前帧"，设置"通道"为"蓝色"，勾选"反转"，设置"容差"为10、"最小区域"为50、"圆角值"为0%，勾选"应用到新图层"。对照合成预览蒙版效果，拖动"阈值"的数值，将其调整为50%，为画面近处的山坡与树建立蒙版，如图12-8所示。

图12-8　设置颜色通道

（2）将"最小区域"调整为3，可以看出在树的枝叶中建立了多个空隙较小的蒙版，如图12-9所示。

图12-9　调整"最小区域"

（3）单击"确定"按钮在时间轴中建立有追踪蒙版的纯色层，可以设置图像层的轨道遮罩来显示蒙版区域的图像。

（4）在时间轴底层放置一个蓝天白云的图像，并设置白云移动的动画，如图12-10所示。

图12-10　添加背景动画

提示

如果山坡草地边缘显示有部分远景画面，可以调整纯色层上对应的蒙版路径来改善显示范围。

12.3　文本轮廓的蒙版追踪

文本层因为具有透明的背景，比较容易追踪建立相应的蒙版路径，并且可以为动画的文本进行整体的蒙版追踪。由于文字对清晰度要求较高，追踪设置也要相应提高精度。

操作5：静态文本的追踪

（1）在合成中建立"AECC"文本，如图12-11所示。

图 12-11　建立文本

（2）选中文本层，选择"图层 > 从文本创建蒙版"命令，自动建立具有文本轮廓蒙版的纯色层，如图 12-12 所示。

图 12-12　从文本创建蒙版

（3）选中文本层，选择"图层 > 从文本创建形状"命令，自动建立具有文本轮廓的形状层，如图 12-13 所示。

图 12-13　从文本创建形状

操作 6：动画文本的追踪

（1）在合成中建立"After Effects CC"文本，如图 12-14 所示。

图 12-14　建立文本

（2）将文本层启用逐字 3D 化，在第 0 帧和第 2 秒处，设置文本的位置动画关键帧，并在第 2 秒处按 N 键设置工作区出点，如图 12-15 所示。

图 12-15　设置文本动画和工作区

（3）选择"图层＞自动追踪"命令，在打开的对话框中勾选"预览"，在合成视图中查看设置对应的蒙版效果。设置"时间跨度"为"工作区"，设置"通道"为 Alpha，设置"容差"为 1 、"最小区域"为 1 、"阈值"为 1%、"圆角值"为 0%，如图 12-16 所示。

图 12-16　设置工作区范围的逐帧追踪

（4）单击"确定"按钮，进行逐帧追踪运算。运算完毕后在工作区范围内建立逐帧追踪的文字动画蒙版，如图 12-17 所示。

图 12-17　应用逐帧追踪

（5）查看动画蒙版，如图 12-18 所示。

图 12-18　预览动画蒙版

12.4　视频蒙版的追踪

与图像的自动追踪相比，视频的自动追踪将对图层进行逐帧分析，然后在合成工作区的范围内生成逐帧的关键帧。

操作 7：视频中动态元素的追踪

（1）同样，对于视频画面，也可以进行逐帧追踪创建蒙版。例如在时间轴中放置具有透明背景的动态元素视频"打板 .mov"，选择"图层 > 自动追踪"命令，在打开的对话框中勾选"预览"，在合成视图中查看设置对应的蒙版效果。设置"时间跨度"为"工作区"，设置"通道"为 Alpha，设置"容差"为 10、"最小区域"为 1、"阈值"为 1%、"圆角值"为 0%，单击"确定"按钮，将进行逐帧追踪运算，运算完毕后建立逐帧追踪的动画蒙版，如图 12-19 所示。

图 12-19　进行视频追踪

（2）查看动画蒙版，如图 12-20 所示。

图 12-20　预览动画蒙版

12.5　使用 Roto 进行视频蒙版抠像

使用蓝幕或绿幕进行拍摄是抠像的一种较好方案，但仍有很多情况不方便使用幕布拍摄，此时抠像往往使用看起来较"笨拙"实则要求较"高级"的 Roto 技术。Roto 全称为"Rotoscoping"，是一种动画制作技术，动画师使用该技术将实拍影片的运动逐帧地跟踪描绘出来。Roto 抠像就是为动态影像内容使用逐帧绘制蒙版的方法，将其中需要的部分抠出使用。在电影或电视剧的特效制作中，往往有非常多的场景镜头需要专人进行 Roto 处理，然后进一步合成和制作。AE 中 Roto 笔刷可以有效地帮助制作人员提高工作效率。

操作 8：简单 Roto 实景抠像操作

（1）将"握手 .mov"拖至"项目"面板的"新建合成"按钮上释放，按素材的属性新建合成。如果是将素材添加到现有的时间轴中，要确认素材与合成的帧速率一致。

准备把两只握着的手及衣袖从背景中分离出来，查看前景内容与背景内容的区别，由于前景衣袖的灰白色与背景相似，因此使用颜色、亮度等方式的抠像方法都难以奏效。不过这段视频中也有一些明显的特征，那就是作为前景的握手动作的主体及衣服、衣袖、手的边缘都比较清晰，而背景则有个景深虚化效果、比较模糊，前景与背景有比较明确的边缘分界，可以很容易地使用 Roto 笔刷来区分开前景和背景。

（2）从工具栏中选择 ✒ 工具（Roto 笔刷和调整边缘工具，快捷键为 Alt+W）。

（3）确认使用"完整"的查看方式，即使用最高分辨率，这对于使用 Roto 等精细操作很重要。双击"握手 .mov"层，打开其图层视图面板。

（4）在画面中胳膊与手的中线上建立一条笔画，这样软件自动检测前后景边缘，建立选区，如图 12-21 所示。

（5）确认视图选项为"Roto 笔刷和调整边缘"，在图层视图面板左下方可以看到当前这一帧即为 Roto 抠像的基础帧，也称为"基帧"，之后默认有 20 帧将按基帧的信息来自动跟踪和计算前景与背景的边缘，这个 20 帧的范围称为"帧范围"，如图 12-22 所示。

图 12-21　设置和建立选区

图 12-22　基础帧和帧范围

（6）按 Page Down 键或主键盘上的 2 键向右渲染一帧，查看 Roto 跟踪效果。由于跟踪比较顺利，也可以按空格键或小键盘的 0 键连续渲染 Roto 跟踪效果。查看跟踪过程中如果从某一帧开始有不正确的边缘检测结果，可以在这一帧使用 Roto 笔刷工具建立添加补充选区，或者按住 Alt 键的同时使用 Roto 笔刷工具建立排除选区，这样建立新的基帧，并从这一帧开始新的跟踪计算。

（7）由于这个 Roto 较为简单，可以将鼠标指针移动到帧范围的右端，指针变化为左右指向的箭头，按住鼠标左键向右拖动至素材的结尾处，将帧范围延长至结尾，如图 12-23 所示。

图 12-23　调整帧范围

（8）渲染完毕后，切换回合成视图面板，查看抠出背景的效果。

（9）查看时间轴中的图层，添加了"Roto 笔刷和调整边缘"效果，此时快速按两次 U 键，展开效果下有变动的属性，所建立的笔画为"前景 1"，并显示相应的"描边"属性和"变换"属性，如图 12-24 所示。

图 12-24　查看时间轴和渲染跟踪效果

（10）从"项目"面板中将"风云 .mov"拖至时间轴底层，查看"握手 .mov"叠加在新背景上的效果，放大局部可以看到前景边缘有残留的背景，如图 12-25 所示。

图 12-25　检查边缘

（11）展开"Roto 笔刷遮罩"，设置"羽化"为 15、"移动边缘"为 -30%，将"使用运动模糊"设为"开"、"净化边缘颜色"设为"开"、"增加净化半径"设为 1，如图 12-26 所示。

图 12-26　修复边缘残留颜色

（12）最后，可以为背景的"风云 .mov"添加一点模糊效果，渲染预览结果，完成 Roto 实景抠像操作，如图 12-27 所示。

图 12-27　预览效果

操作 9：模糊边缘 Roto 实景抠像操作

（1）将"看屏幕 .mov"拖至"项目"面板的"新建合成"按钮上释放，按素材的属性新建合成。准备将人物所面对的屏幕内容抠出来，替换成新的画面。查看需要抠除的屏幕亮度较高，边缘也比较清晰，只不过在与人物之间的边缘有一定的模糊效果，为抠像操作增加了一定的难度，这里将利用 Roto 笔刷和调整边缘两个工具来进行抠像操作。

（2）从工具栏中选择 Roto 笔刷工具（Roto 笔刷和调整边缘工具，快捷键为 Alt+W）。

（3）确认使用"完整"的查看方式，即使用最高分辨率。双击"看屏幕 .mov"层，打开其图层视图面板。

先按住 Ctrl 键，再按住鼠标左键并拖动，改变画笔笔刷的大小，这里调整其直径为 100 ，可以在"画笔"面板中查看其直径大小及其他相关设置，如果没有显示"画笔"面板，可以选择"窗口＞画笔"命令打开其显示，如图 12-28 所示。

图 12-28　调整画笔

（4）在画面中的屏幕上建立一个圆圈笔画，这样软件自动检测屏幕边缘，建立选区，如图 12-29 所示。

（5）在图层视图面板左下方可以看到，有 20 帧按基帧的信息来自动跟踪边缘，按 Page Down 键或主键盘上的 2 键向右渲染一帧，也可以按空格键或小键盘的 0 键连续渲染 Roto 跟踪效果。查看从第 0 帧至第 19 帧的跟踪过程中，边缘检测比较顺利。

（6）这里在第 20 帧处 Roto 则处于未定义状态。将鼠标指针移动到帧范围的右端，指针变化为左右指向的箭头，按住鼠标左键向右拖动至素材的结尾处，将帧范围延长至结尾，这样，从 20 帧至结尾沿用第 0 帧处基帧的设置进行跟踪，如图 12-30 所示。

图 12-29　建立选区

图 12-30　渲染跟踪和调整帧范围

（7）渲染完毕后，切换回合成视图面板，在时间轴中选中"看屏幕 .mov"层，快速按两次 U 键，展开效果下有变动的属性，所绘制的一笔为在第 0 帧处为基帧的"前景 1"，同时显示笔刷直径等相关属性，如图 12-31 所示。

图 12-31　查看跟踪结果

（8）重新展开"Roto 笔刷和调整边缘"效果，将"反转前台 / 后台"设为"开"，查看到画面中的屏幕被抠出，如图 12-32 所示。

图 12-32　设置反转

（9）此时的边缘有残留的其他颜色，并且不平滑，如图 12-33 所示。

图 12-33　检查边缘残留颜色

（10）在"看屏幕 .mov"层的"Roto 笔刷和调整边缘"效果下将"羽化"设为 50，将"移动边缘"设为 -30%，将"净化边缘颜色"设为"开"，如图 12-34 所示。

图 12-34　修复边缘

（11）此时再对比人物在 Roto 之前与之后的边缘模糊效果，Roto 之后的边缘过于清晰，如图 12-35所示。

图 12-35　对比边缘模糊效果

（12）在时间轴中双击"看屏幕 .mov"层，打开其图层视图面板，使用笔刷直径为 100 的 调整边缘工具，沿人物与屏幕之间的边缘绘制路径，这样建立边缘调整笔刷的基帧，如图 12-36 所示。

图 12-36　建立边缘调整笔刷

（13）在时间轴中新增了一个基帧在第 0 帧的"边缘调整 1"。切换回合成视图，当前人物的边缘模糊效果有了很大改善，如图 12-37 所示。

图 12-37　预览边缘模糊效果

（14）重新展开"Roto 笔刷和调整边缘"效果，在"调整边缘遮罩"下将"羽化"设为 10，将"移动边缘"设为 10%，将人物边缘模糊效果增加一些，另外查看到人物边缘下部有部分不平滑，如图 12-38 所示。

图 12-38　调边缘模糊效果

（15）在"边缘调整 1"的"描边选项"下，拖动改变"结束"的数值，使路径缩短，直到观察到

Alpha 通道的边缘平滑，此时的数值为 70。这样处理好边缘效果，渲染 Roto 结果，然后切换回合成视图，如图 12-39 所示。

图 12-39　调整路径长度

（16）以上完成了 Roto 部分的操作，如果要为屏幕添加新的图像，不仅仅是在底层放置一个图像，因为动态视频的缘故，还需要使图像与视频中的屏幕一起移动。可以使用跟踪运动或创建 3D 摄像机跟踪器的方法。这里在"看屏幕 .mov"层上右击，选择"跟踪摄像机"命令，添加一个"3D 摄像机跟踪器"，并自动进行计算分析，如图 12-40 所示。

图 12-40　添加跟踪摄像机

（17）计算完成后，单击选中"3D 摄像机跟踪器"效果名称，在合成视图面板中按住 Shift 键选中形成笔记本屏幕平面的 3 个跟踪点并右击，选择"创建实底"命令，建立一个新的纯色平面，如图 12-41 所示。

图 12-41　创建平面层

（18）在时间轴中将新建立的纯色层移至底层，如图 12-42 所示。

图 12-42　移动图层顺序

（19）选中纯色层，按住 Alt 键从"项目"面板中将"屏显图 .jpg"拖至其上释放，将其替换，展开"屏显图 .jpg"层的"变换"属性进行适当的调整，将新的图像合成到动态的笔记本屏幕中，完成制作，如图 12-43 所示。

图 12-43　调整图层变换属性

测试题

1．根据画面中的哪些特征可以自动追踪并建立蒙版？
2．Roto 操作时如何控制视频追踪的时间范围？
3．Roto 抠像时模糊边缘如何解决？

第 13 章
文本动画

AE 中的文本功能强大，可以为整个文本图层或单个字符的属性（如颜色、大小和位置）设置动画。可以使用文本动画器属性和选择器创建文本动画，三维文本图层还可以包含三维子图层，每个字符一个三维子图层。文本图层也是矢量图层，与形状图层和其他矢量图层一样，文本图层也是始终连续地栅格化，因此在缩放图层或改变文本大小时，它会保持清晰、不依赖于分辨率。本章专项列举和讲解 AE 中的文本动画功能操作。

13.1　创建文本

AE 中的文本图层是在合成中创建产生，不存在于"项目"面板，也没有自身的"图层"面板，存在于合成的时间轴面板或合成视图面板。

操作 1：使用菜单和工具按键创建基本文字

（1）打开本章操作对应的合成，在时间轴中有一个"文本背景"层。

（2）选择"图层 > 新建 > 文本"命令，或者在时间轴空白处右击并选择"新建 > 文本"命令，此时视图中心将有一个输入状态的光标。输入文字"NEWS"，然后按小键盘的 Enter 键结束输入状态，这样在时间轴中创建了一个文本层，并在"字符"面板中设置文字的字体、大小和颜色，在"段落"面板中设置为居中方式，如图 13-1 所示。

图 13-1　新建文本

（3）在时间轴中将文本层设为"叠加"模式，将"缩放"设为（200，200%），将"不透明度"设为 10%，在"对齐"面板中单击"水平居中"和"垂直居中"按钮，如图 13-2 所示。

图 13-2　设置文本层

（4）在时间轴中先打开"NEWS"层的"锁定"开关，在工具栏中选择文本工具在合成视图中单击，出现一个输入状态的光标。输入文字"Information"，然后按小键盘的 Enter 键结束输入状态，这样在时间轴中创建了第二个文本层，并在"字符"面板中设置文字的字体、大小、颜色和字间距，在"段落"面板中设置为居中方式，如图 13-3 所示。

图 13-3　新建文本

提示

因为下层的"NEWS"文字占据了合成视图，使用文本工具在视图上单击时，会激活"NEWS"层，使其处于修改状态。如果要新建文本而不想修改"NEWS"层，可以将其图层锁定。

（5）使用文本工具在"Information"层的文字上单击，或者双击时间轴中的文本层，都可以在视图中激活文本，在其处于修改状态下。选中单词，并复制两份形成一行文本，如图 13-4 所示。

图 13-4　复制文本内容

（6）按 Ctrl+Y 键创建一个白色的名为"条块"的纯色层。在合成视图为纯色层添加一个蒙版，并设置"蒙版羽化"为（0，1000）、"蒙版不透明度"为 50%，如图 13-5 所示。

图 13-5　创建渐变色块

（7）在工具栏中的文字工具上按住不放，显示并选择直排文字工具，在合成视图中单击，出现一个输入状态的光标。输入文字"新闻资讯"，然后按小键盘的 Enter 键结束输入状态，这样在时间轴中创建了第 3 个文本层，并在"字符"面板中设置文字的字体、大小和颜色，在"段落"面板中设置为居中方式，如图 13-6 所示。

图 13-6　新建文本

（8）调整文本的位置，并为另外两个文本层设置水平移动的关键帧动画，使其有一些动态效果，如图 13-7 所示。

图 13-7　调整文本

操作 2：创建分行文本

（1）打开本章操作对应的合成，时间轴中的层合成屏幕的效果，如图 13-8 所示。

图 13-8　打开合成

（2）在工具栏中选择文本工具，在合成视图中按住鼠标左键从左上角向右下角拖动，这样先建立一个文本框，然后输入文本内容，如图 13-9 所示。

图13-9　建立文本框

提示

当所建立文本层的内容较多时，可以先在其他文本编辑程序软件中准备好文本内容，复制下来，在输入文本内容时粘贴即可。这里的文本内容在本章操作文件夹中的"文本内容.txt"文件内。

（3）在文本框内分开调整文字。先双击文本层，或者使用文本工具在文本框中单击，使文本框中的文字处于可修改状态，然后只选中第一行标题文字，在"字符"面板中设置文字的字体、大小和颜色，单击打开"仿粗体"按钮，并在"段落"面板中设置为居中方式，如图13-10所示。

图13-10　设置标题文本

提示

当在使用鼠标指针拖选多个文本不易操作时，可使用键盘上的Shift键配合光标来进行选中某一部分文本的操作。

（4）在文本框内将光标移至第二行的前面，添加空格，然后选中第二行至最后一行的文字，在"字符"面板中设置文字的字体、大小和颜色，并在"段落"面板中单击■按钮，设置最后一行左对齐、其他行两边对齐的方式，如图13-11所示。

图13-11　设置正文文本

（5）在时间轴选中文本层，在"对齐"面板中进行水平和垂直居中对齐。将文本层的顺序移至调节层之下，这样文字随效果屏幕一起变形和闪烁，如图13-12所示。

图13-12　调整图层顺序

操作 3：点文本与段落文本的转换

（1）继续上面的操作，在时间轴中单击选中文本层，然后在视图中右击，选择"转换为点文本"命令，这样将当前有文本框的段落文本转换为无文本框的点文本状态，即相当于输入一行按一下 Enter 键转换为下一行的状态。因为无文本框的点文本在对齐方式中 ▤ 按钮处于不可用状态，所以对齐方式也发生了变化，如图 13-13 所示。

图 13-13　转换为点文本

（2）单击"段落"面板的 ▤ 按钮将全部文本左对齐，如图 13-14 所示。

图 13-14　左对齐文本

（3）再单击"对齐"面板中的水平对齐 ▣ 按钮在视图中将文本层居中。然后双击文本层，并将光标移至标题行最左侧，使用插入空格的方式将标题行居中，如图 13-15 所示。

图 13-15　居中文本

提示

选中点文本层，在视图中右击，选择"转换为段落文本"命令，段落文本更适合多行文本的排版和对齐。

13.2　文本属性的设置

操作 4：文本设置

（1）按 Ctrl+N 键打开"合成设置"对话框，将"预设"选择为"HDTV 1080 25"，将持续时间设为 5 秒，单击"确定"按钮建立合成。

（2）从"项目"面板中将"足球场 .jpg"拖至时间轴中。

（3）在时间轴空白处右击，选择"新建 > 文本"命令，此时视图中心将有一个输入状态的光标，输入文字"2014"，然后按小键盘的 Enter 键结束输入状态。在"字符"面板中设置文字的字体、大小、填充颜色、描边颜色、描边宽度、描边与填充顺序、基线的上下偏移量，单击打开"仿粗体"按钮，其中填充颜色为黄色、RGB 为（255，168，0）、描边颜色为白色，在"段落"面板中设置为居中方式，如图 13-16 所示。

图 13-16　建立数字文本并设置

（4）使用文本工具选择第 2 个数字，将其填充颜色设为蓝色、RGB 为（0，138，255）。同样选择第 3 个数字，将其填充颜色设为绿色、RGB 为（10，141，0）。选择第 4 个数字，将其填充颜色设为红色、RGB 为（246，0，0），如图 13-17 所示。

图 13-17　设置数字为不同颜色

（5）在时间轴空白处右击，选择"新建 > 文本"命令，输入文字"FIFA World Cup"，然后按小键盘的 Enter 键结束输入状态。在"字符"面板中设置文字的字体、大小、填充颜色、描边颜色、描边宽度、描边与填充顺序、水平缩放，其中填充颜色与上面文字中的蓝色一致，在"段落"面板中设置为居中方式。将文字移至上一文字之下，如图13-18 所示。

图 13-18　建立字母文本并设置

（6）在时间轴空白处右击，选择"新建 > 文本"命令，输入文字"6 月 12 日至 7 月 13 日"，然后按小键盘的 Enter 键结束输入状态。在"字符"面板中设置文字的字体、大小、填充颜色、字符间距，单击打开"仿粗体"按钮，其中填充颜色为白色，取消描边颜色，在"段落"面板中设置为居中方式。将文字移至右下部，如图 13-19 所示。

图 13-19　建立中文文本并设置

13.3　源文本动画

操作 5：源文本变化

（1）打开本操作对应的合成，在一个圆形的贴图上准备建立变化的"福"字。在时间轴空白处右击，选择"新建 > 文本"命令，输入"福"字，然后按小键盘的 Enter 键结束输入状态。在"字符"面板中设置文字的字体、大小、填充颜色、基线的上下偏移量，其中填充颜色设为与图像中的红色一致，在"段落"面板中设置为居中方式，如图 13-20 所示。

图 13-20　建立"福"字

（2）将时间移至第 0 帧处，单击打开文本层"源文本"前面的秒表，记录下当前文本关键帧。将时间移至第 10 帧处，在"字符"面板中更改文本的字体，这样添加了一个关键帧，如图 13-21 所示。

图 13-21　设置字体变化关键帧

提示

对"源文本"添加关键帧时，因为不同源文本之间的变化为定格关键帧类型的切换，而没有逐渐变形的效果，文字的字体、大小、颜色、对齐方式等在"字符"面板和"段落"面板中的设置将一同发生改变。

（3）用同样的方式，在时间轴的其他时间添加多个关键帧，设置文字为不同的字体，这样播放时便得到一个不断变化的文字效果，如图 13-22 所示。

图 13-22　设置字体变化关键帧

13.4　文本动画制作

操作 6：文本动画制作工具与变换动画的区别

（1）打开本章操作对应的合成，时间轴中有一个"背景"层。在时间轴空白处右击，选择"新建 >

文本"命令，此时视图中心将有一个输入状态的光标。输入文字"AE CC"，然后按小键盘的Enter键结束输入状态，这样在时间轴中创建了一个以输入内容为名称的文本层，并在"字符"面板中设置文字的字体、大小和颜色，在"段落"面板中设置为居中方式。在合成视图中将文字上移一些，如图13-23所示。

图13-23　建立上部文本

（2）同样，在时间轴空白处右击，选择"新建＞文本"命令，输入文字"Adobe After Effects CC"，然后按小键盘的Enter键结束输入状态，并在"字符"面板中设置文字的字体、大小和颜色，在"段落"面板中设置为居中方式。在合成视图中将文字移至下部，如图13-24所示。

图13-24　建立下部文本

（3）在时间轴中选中"AE CC"文本层，按R键展开其"旋转"属性，将时间移至第0帧处，单击打开"旋转"前面的秒表记录关键帧，当前为0x+0°。将时间移至第1秒处，设置"旋转"为-1x+0°，即逆时针旋转一周，如图13-25所示。

图13-25　设置旋转关键帧

（4）选中下部文本，在"动画"后单击 按钮，选择"旋转"命令，在文本层下会增加"动画制作工具1"，如图13-26所示。

图13-26　增加"动画制作工具1"

（5）将"动画制作工具1"下的"旋转"设为1x+0°。展开"范围选择器1"，在第0帧时打开"偏移"前面的秒表，设置"偏移"为-100%。将时间移至第1秒，设置"偏移"为-100%。再展开"高级"下的"形状"，将其设为"上斜坡"，如图13-27所示。

（6）查看此时的动画效果，可以看到对上面文字设置的图层"变换"动画视当前层文本为一个整体进行旋转，下面文本通过动画制作工具设置的动画可以将文本中的每个字符进行独立的旋转，如图13-28所示。

图13-27　设置文本动画

图 13-28　预览效果

操作 7：文本动画制作工具属性动画

（1）打开本章操作对应的合成，时间轴中有背景图像和前面建立好的 3 个文本层，如图 13-29 所示。

图 13-29　打开合成

（2）展开"2014"文本层，在"动画"后单击 ▶ 按钮，选择"不透明度"命令，在文本层下会增加"动画制作工具 1"。将"动画制作工具 1"下的"不透明度"设为 0，展开"范围选择器 1"，在第 0 帧时打开"偏移"前面的秒表，此时"偏移"为 0%，将时间移至第 1 秒，设置"偏移"为 100%，如图 13-30 所示。

（3）查看此时的动画，数字逐一显示出来，如图 13-31 所示。

图 13-30　设置数字的文本动画

图 13-31　预览效果

（4）展开"FIFA World Cup"文本层，在"动画"后单击 ▶ 按钮，选择"缩放"命令，在文本层下会增加"动画制作工具 1"。在"动画制作工具 1"右侧单击"添加"后的 ▶ 按钮，选择"属性 > 位置"命令，如图 13-32 所示。

图 13-32　为英文行增加"动画制作工具 1"

（5）这样在"动画制作工具 1"下添加一个与"缩放"同级别的"位置"。设置"缩放"为（500，500%），设置"位置"为（0，1070），即将文本移到画面之外的底部。展开"范围选择器 1"，在第 1 秒时打开"偏移"前面的秒表，此时"偏移"为 0%，将时间移至第 2 秒，设置"偏移"为 100%，如图 13-33 所示。

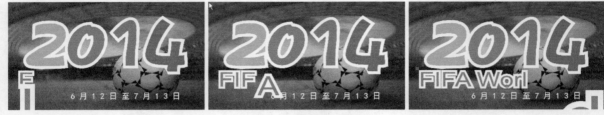

图 13-33　设置英文行文本动画

（6）查看此时的动画，英文文本逐一显示出来，如图 13-34 所示。

图 13-34　预览英文行动画效果

（7）展开底部文本层，在"动画"后单击菜单按钮，选择"字符间距"命令，在文本层下会增加"动画制作工具 1"，如图 13-35 所示。

（8）将时间移至第 2 秒处，单击打开"动画制作工具 1"下"字符间距大小"前面的秒表，设为 50，将时间移到第 3 秒处，设为 0。同时为文本设置一个淡入的效果，因为是整体的动画效果，所以这里在图层变换下设置关键帧。将时间移至第 2 秒处，单击打开"变换"下"不透明度"前面的秒表，设为 0%，在第 3 秒处设为 100%，如图 13-36 所示。

图 13-35　为中文行增加"动画制作工具 1"

图 13-36　设置中文行文本动画

（9）查看动画效果，如图 13-37 所示。

图 13-37　预览动画效果

操作 8：文本动画制作工具选择器动画

（1）继续上面的操作，准备为日期的文字在原来的动画之后制作一个抖动的效果。展开底部文本层，在"动画"后单击菜单按钮，选择"位置"命令，在文本层下会增加"动画制作工具 2"。在"动画制作工具 2"右侧单击"添加"后的菜单按钮，选择"选择器 > 摆动"命令，这样在"动画制作工具 2"下添加一个"摆动选择器 1"，如图 13-38 所示。

图 13-38　增加"动画制作工具 2"

（2）将时间移至第 3 秒处，单击打开"动画制作工具 2"下"位置"前面的秒表，当前为（0，0），将时间移至第 3 秒 01 帧，设为（0，20）。展开"摆动选择器 1"，将"摇摆/秒"设为 10，如图 13-39 所示。

图 13-39　设置文本抖动的动画

（3）这样在 3 秒之后，底部文本将一直具有抖动的动画。查看文本的上下抖动效果，如图 13-40 所示。

图 13-40　预览抖动效果

操作 9：文本锚点分组动画

（1）打开本章操作对应的合成，时间轴中有背景图像和前面建立好的未设置动画的 3 个文本层，将文本层的入点分别设为第 0 帧、第 1 秒和第 2 秒，如图 13-41 所示。

图 13-41　设置图层入点

（2）展开"2014"文本层的"变换"属性，将时间移至第 0 帧处，打开"位置""缩放""不透明度"前面的秒表，设置"位置"为（728，25）、"缩放"为（800，800%）、"不透明度"为 0%。将时间移至第 10 帧处，设置"位置"为（960，444）、"缩放"为（100，100%）、"不透明度"为 100%，设置"旋转"为 30°，如图 13-42 所示。

图 13-42　设置数字层变换属性动画

（3）查看前11帧的文本动画，如图13-43所示。

图13-43　预览前11帧数字层的动画效果

（4）将时间移至第15帧，单击打开"旋转"前面的秒表，此处"旋转"为30°。将时间移至第1秒处，将"旋转"设为0°，如图13-44所示。

图13-44　设置数字层的旋转动画

（5）查看文本的旋转动画，如图13-45所示。

图13-45　文本的旋转动画

（6）展开"FIFA World Cup"文本层，在"动画"后单击菜单按钮，选择"锚点"命令，在文本层下会增加"动画制作工具1"，如图13-46所示。

（7）展开"更多选项"，设置"锚点分组"为"词"，对照视图中3个单词中锚点的位置，将"动画制作工具1"下的"锚点"设为（0，-50），即将"锚点"从原来单词的底部移至单词的中部，如图13-47所示。

图13-46　为英文行增加"动画制作工具1"

图13-47　设置单词锚点

（8）选中"FIFA World Cup"文本层，在其下的"动画"后单击菜单按钮，选择"旋转"命令，在文本层下会增加"动画制作工具2"。将"动画制作工具2"下的"旋转"设为30°，查看视图，3个单词均按各自的锚点旋转，如图13-48所示。

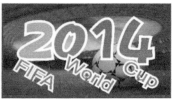

图 13-48　设置单词旋转

（9）展开"FIFA World Cup"文本层的"变换"属性，将时间移至第 1 秒，单击打开"位置""缩放""不透明度"前面的秒表，设置"位置"为（954.5，600）、"缩放"为（1000，1000%）、"不透明度"为 0%。将时间移至第 1 秒 10 帧，设置"位置"为（954.5，800），"缩放"为（100，100%），"不透明度"为 100%。将时间移至第 1 秒 15 帧，单击打开"动画制作工具 2"下"旋转"前面的秒表，设为 30°，将时间移至第 2 秒，设为 0°，如图 13-49 所示。

图 13-49　设置英文行动画

（10）查看文本的缩放和旋转动画，如图 13-50 所示。

图 13-50　预览动画效果

（11）展开画面底部文本层，在"动画"后单击菜单按钮，选择"锚点"命令，在文本层下会增加"动画制作工具 1"，如图 13-51 所示。

（12）展开文本层的"更多选项"，在其下查看"锚点分组"

图 13-51　为中文行增加"动画制作工具 1"

为"字符"。对照视图中文本锚点的位置，设置"动画制作工具 1"下"锚点"为（0，-30），这样将锚点从原来文本的底部移至文本的中部，如图 13-52 所示。

图 13-52　设置中文的锚点

（13）重新选中画面底部的文本层，在"动画"后单击菜单按钮，选择"旋转"命令，在文本层下会增加"动画制作工具 2"。设置"动画制作工具 2"下"旋转"为 30°，查看视图，每个字符均按自己的锚点旋转，如图 13-53 所示。

图 13-53　设置中文旋转

（14）展开画面底部的文本层，将时间移至第2秒处，单击打开"位置""缩放""不透明度"前面的秒表，设置"位置"为（1148，500）、"缩放"为（1000，1000%）、"不透明度"为0%。将时间移至第2秒15帧，设置"位置"为（1148，968）、"缩放"为（100，100%）、"不透明度"为100%，如图13-54所示。将时间移至第1秒15帧，单击打开"动画制作工具2"下"旋转"前面的秒表，设为30°，将时间移至第2秒，设为0°。

图13-54　设置中文文本动画

（15）查看文本的缩放和旋转动画，如图13-55所示。

图13-55　预览动画效果

操作10：文本路径动画

（1）打开本章操作对应的合成，时间轴中有"星空"和"地球"。

（2）在时间轴空白处右击，选择"新建 > 文本"命令，此时视图中心将有一个输入状态的光标，输入文字"After Effects CC"，然后按小键盘的Enter键结束输入状态。在"字符"面板中设置文字的字体、大小、颜色，其中填充颜色为橙色，RGB为（255，96，0），在"段落"面板中设置为居中方式，如图13-56所示。

图13-56　建立文本

（3）选中文本层，在工具栏中选择椭圆工具，参照地球图像，在文本层上绘制一个比地球图像大一些的正圆形"蒙版1"，将"蒙版1"的运算方式设为"无"。

（4）展开文本层的"路径选项"，将"路径"选择为"蒙版1"，如图13-57所示。

（5）在文本层的"动画"后单击菜单按钮，选择"字符间距"命令，在文本层下会增加"动画制作工具1"，设置其下的"字符间距大小"为80。将"路径选项"下的"反转路径"设为"开"，将时间移至第0帧，单击打开"首字边距"前面的秒表，设为2243，将时间移至第4秒24帧，设为1235，如图13-58所示。

图 13-57　设置文本路径

图 13-58　设置路径文本动画

（6）查看文字产生沿蒙版路径绕行地球的动画，效果如图 13-59 所示。

图 13-59　预览路径动画效果

13.5　文本的逐字 3D 动画制作

操作 11：逐字 3D 化的文本动画

（1）按 Ctrl+N 键打开"合成设置"对话框，将"预设"选择为"HDTV 1080 25"，将持续时间设为 5 秒，单击"确定"按钮建立合成。

（2）按 Ctrl+Y 键建立一个名为"平面"的白色纯色层。

（3）在时间轴空白处右击，选择"新建 > 文本"命令，输入"AE CC"，然后按小键盘的 Enter 键结束输入状态。在"字符"面板中设置文字的字体、大小、颜色，其中填充颜色为蓝色，RGB 为（67，186，255），在"段落"面板中选择居中方式，如图 13-60 所示。

图 13-60　建立文本

（4）打开两个图层的"三维图层"开关，将"平面"层"方向"的 x 轴向数值设为270°，如图 3-61 所示。

（5）在时间轴空白处右击，选择"新建 > 摄像机"命令，在打开的"摄像机设置"对话框中将"预设"选择为"35 毫米"，单击"确定"按钮。

（6）使用"4 个视图"方式，依次将左上角设为"顶部"视图，右上角为"活动摄像机"视图，左下角为"左侧"视图，右下角为"自定义视图 2"视图。调整摄像机的"位置"为（480，200，-400），如图 13-61 所示。

图 13-61　使用"4 个视图"方式

（7）选中文本层，按 Ctrl+D 键创建一个副本，将副本层的内容修改为"Adobe"。设置"Adobe"层"位置"的 z 轴数值为 200，设置"AE CC"层的 z 轴数值为 -100，设置"平面"层的"缩放"为（300，300，300%），如图 13-62 所示。

图 13-62　创建和修改副本

（8）在时间轴空白处右击，选择"新建 > 灯光"命令，在打开的"灯光设置"对话框中将"灯光类型"选择为"聚光"，单击"确定"按钮建立"灯光 1"，设置"位置"为（520，160，-600），如图 13-63 所示。

（9）选中"灯光 1"层，按 Ctrl+D 键创建副本"灯光 2"层，设置"强度"为 30%，设置"位置"为（1760，-200，-666），如图 13-63 所示。

图 13-63　建立灯光并创建副本

（10）展开两个文本层的"材质选项"，调整"漫射"为 95%，确认投影为"开"，如图 13-64 所示。

图 13-64　调整文本层的漫射属性

（11）展开"Adobe"层，在"动画"后单击菜单按钮，选择"启用逐字 3D 化"命令，原来的 "三维图层"开关转变为 。在"Adobe"层的"动画"后单击菜单按钮，选择"旋转"命令，添加了一个"动画制作工具 1"，其下的"旋转"属性分为 x、y 和 z 三维轴向，如图 13-65 所示。

图 13-65　启用"Adobe"层逐字 3D 化和添加"动画制作工具 1"

（12）将其中的"Y 轴旋转"设为 90°，文本逐字在空间中产生旋转效果，如图 13-66 所示。

图 13-66　旋转文本

（13）在 Adobe 层的"动画制作工具 1"右侧单击"添加"后的菜单按钮，选择"属性 > 位置"命令，这样在"动画制作工具 1"下再添加一个"位置"属性，如图 13-67 所示。

（14）将"位置"属性的 z 轴设为 -100，展开"高级"，将"形状"选择为"上斜坡"，如图 13-67 所示。

图 13-67　添加"位置"属性并设置位置和旋转状态

（15）展开"AE"层，在"动画"后单击菜单按钮，选择"启用逐字 3D 化"命令，原来的 "三维图层"开关转变为 。在"AE CC"层的"动画"后单击菜单按钮，选择"旋转"命令，如图 13-68 所示。

（16）此时增加了一个"动画制作工具 1"，在其下将"X 轴旋转"设为 -90°。展开"范围选择器 1"及其下面的"高级"，将"形状"设为"上斜坡"。将时间移至第 0 帧，单击打开"偏移"前面的秒表，设为 -100%，将时间移至第 1 秒处，设为 100%，如图 13-68 所示。

图 13-68　启用"AE CC"层逐字 3D 化并增加"动画制作工具 1"

（17）在"AE CC"层的"动画"后单击菜单按钮，选择"旋转"命令，添加了一个"动画制作工具 2"，在其下将"Y 轴旋转"设为 90°。将时间移至第 1 秒，单击打开"偏移"前面的秒表，设为 -100%，将时间移至第 2 秒处，设为 0%，如图 13-69 所示。

图 13-69　为"AE CC"层增加"动画制作工具 2"

（18）查看此时的动画效果，如图 13-70 所示。

图 13-70　预览文本动画效果

操作 12：逐字 3D 化的立体路径文本动画

（1）打开本章操作对应的合成，时间轴中有"星空"、"地球"和文本层，其中"地球"为三维图层。选中文本层，在工具栏中选择椭圆工具，参照地球图像，在文本层上绘制一个比地球图像大一些的正圆形"蒙版 1"，将"蒙版 1"的运算方式设为"无"，如图 13-71 所示。

图 13-71　绘制蒙版

（2）展开文本层的"路径选项"，将"路径"选择为"蒙版 1"，并调整"首字边距"，将文字从底部移到画面中，如图 13-72 所示。

图 13-72　指定文本路径

（3）在文本层的"动画"后单击菜单按钮，选择"启用逐字 3D 化"命令，在图层上打开 开关。在"动画"后单击菜单按钮，选择"旋转"命令，这样添加"动画制作工具 1"。将"X 轴旋转"设为90°，打开"地球"层的"三维图层"开关；使用"2 个视图 - 水平"的方式查看，左侧为"自定义视图 1"视图，右侧为"活动摄像机"视图，如图 13-73 所示。

图 13-73　启用逐字 3D 化并添加动画

（4）展开文本层的"变换"属性，调整"方向"为（280°，10°，0°），然后调整"路径选项"下的"首字边距"，查看文字沿路径弯曲并移动的效果，如图 13-74 所示。

图 13-74　调整路径文本

（5）在时间轴空白处右击，选择"新建 > 灯光"命令，在打开的"灯光设置"对话框中将"灯光类型"选择为"平行"，单击"确定"按钮建立"灯光 1"，设置"强度"为 200%，设置"位置"的 X 轴数值为 2000，即向左侧移动一些。选中"灯光 1"层，按 Ctrl+D 键创建副本"灯光 2"层，设置灯光类型为"环境"，设置"强度"为 30%。将"地球"层"材质选项"下的"接受灯光"设为"关"，使用"4 个视图"查看"灯光 1"的空间位置，如图 13-75 所示。

图 13-75　设置灯光效果

（6）最后为文本设置沿路径绕行地球的动画，将时间移至第 0 帧处，打开"路径选项"下"首字边距"前面的秒表，设为 2000，将时间移至第 4 秒 24 帧时，设为 150，如图 13-76 所示。

图 13-76　设置文本绕行动画

（7）查看动画效果，如图 13-77 所示。

图 13-77　预览动画效果

13.6　文本动画预设

操作 13：文本动画预设的使用

（1）按 Ctrl+N 键打开"合成设置"对话框，将"预设"选择为"HDTV 1080 25"，将持续时间设为 5 秒，单击"确定"按钮建立合成。

（2）从"项目"面板中将"文本背景"拖至时间轴中。

（3）在时间轴空白处右击，选择"新建 > 文本"命令，输入文字"After Effects CC"，然后按小键盘的 Enter 键结束输入状态，并在"字符"面板中设置文字的字体、大小、颜色和基线偏移，在"段落"面板中设置为居中方式，如图 13-78 所示。

图 13-78　建立文本

（4）将时间移至第 0 帧处，选中文本层，选择"动画 > 将动画预设应用于"命令，弹出选择文件对话框。在 Adobe 文件夹的"Preset"文件夹下选择"Text"文件夹，文件夹中存放着多种文本动画预设，这里选择第一个文件夹下的第一个动画预设，单击"打开"按钮，将在文本层中添加预设动画，如图 13-79 所示。

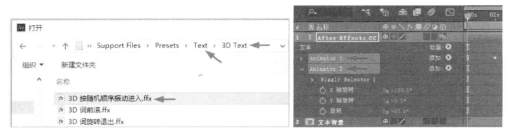

图 13-79　添加预设动画

（5）播放动画效果，如图 13-80 所示。

图 13-80　预览文本动画效果

（6）对于添加的预设，通常会按需要进一步修改，例如在预设的基础上修改文本动画的效果，减少过多的旋转角度，使文本在动画中保持垂直的方向。在 Animator 2 下将多余的旋转角度恢复为默认数值，如图 13-81 所示。

图 13-81　修改文本动画

（7）播放动画，查看效果如图 13-82 所示。

图 13-82　预览文本动画效果

13.7　实例：制作文字介绍动画

文本动画在制作中有广泛的应用，本实例使用文本动画功能结合基本的变换操作，制作文字介绍动画，实例效果如图 13-83 所示。

图 13-83　实例效果

实例的合成流程图示如图 13-84 所示。

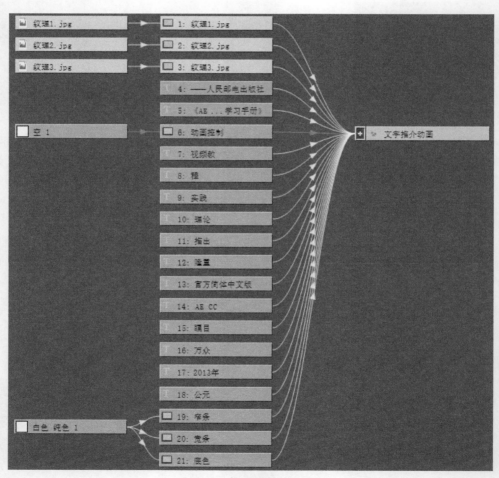

图 13-84　实例的合成流程图示

步骤 1：建立初步文字

（1）打开对应项目文件，准备有设置文本动画前的合成，如图 13-85 所示。

图 13-85 纹理素材

（2）文本和条形图层随父级层"动画控制"产生位置、缩放和旋转切换动画的 5 组文字展示，如图 13-86 所示。

图 13-86 各组文字

步骤 2：设置第一组文字动画

（1）设置"公元"文字层动画。将时间移至第 20 帧处，单击打开"位置"前面的秒表记录关键帧，第 20 帧处的当前"位置"为（-212，50），文字叠加在白条区域内不显示。第 1 秒 05 帧处设为（-212，-32），文字上调到红条区域处显示出来。在第 2 秒 05 帧处添加一个关键帧，数值为（-212，-32）不变，第 3 秒 10 帧处设为（-1262，-32），文字随"窄条"的旋转向左下方滑出画面，如图 13-87 所示。

图 13-87 设置"公元"层动画

（2）查看"公元"文字的动画，如图 13-88 所示。

图 13-88 预览文本动画

（3）设置"2013 年"文字层动画。展开文字层，在右侧"动画"后单击菜单按钮，选择"位置"命令，添加"动画制作工具 1"，在其下将"位置"的 y 轴设为 -270，将文字向上偏移离开"宽条"处在的白色区域。展开"范围选择器1"，在第1秒05帧时单击打开"偏移"前面的秒表记录关键帧，第1秒05帧时为0%，第1秒20帧时为100%，如图13-89所示。

图13-89 设置"2013年"层动画

（4）查看"2013年"文字的文本动画，如图13-90所示。

图13-90 预览动画效果

（5）选中"2013年"文字层，在工具栏中选择矩形工具，在其上建立一个矩形的蒙版，只在"宽条"的白色区域范围内显示，如图13-91所示。

图13-91 绘制蒙版

（6）将时间移至第2秒05帧处，单击打开文字层"变换"下"位置"前面的秒表记录关键帧，第2秒05帧处的当前位置为（240，176）不变，第3秒10帧处设为（-1200，176），文字随"宽条"的旋转向左下方滑出画面，如图13-92所示。

图13-92 设置关键帧与剪切出点

（7）查看"2013年"文字层的位移动画，如图13-93所示。

图13-93 预览动画效果

步骤 3：设置第二组文字动画

（1）设置"万众"和"瞩目"淡入的关键帧，选中两个层，按 T 键展开"不透明度"。将时间移至第 4 秒处，单击打开"不透明度"前面的秒表记录关键帧，当前为 100%，将时间移至第 3 秒 10 帧处，将"不透明度"均设为 0%，然后将"瞩目"层的两个关键帧后移 5 帧，如图 13-94 所示。

图 13-94　设置不透明度关键帧

（2）展开"AE CC"文字层，在右侧"动画"后单击菜单按钮，选择"旋转"命令，添加"动画制作工具 1"，在其下将"旋转"设为 90°。暂时关闭"官方简体中文版"层的显示查看效果，如图 13-95 所示。

图 13-95　添加"动画制作工具 1"

（3）在"动画制作工具 1"右侧的"添加"后单击菜单按钮，选择"属性 > 位置"命令，添加"位置"并设置为（0，80），将文字叠加在蓝色区域内隐藏，如图 13-96 所示。

图 13-96　在"动画制作工具 1"下添加"位置"

（4）展开"范围选择器 1"，将时间移至第 4 秒 05 帧，单击打开"偏移"前面的秒表记录关键帧，当前为 0%，将时间移至第 4 秒 20 帧，设为 100%，这样字符逐个旋转、移动到"宽条"的白色区域。展开"高级"，将"依据"设为"行"，这样文字行中全部字符同时旋转和移动到"宽条"的白色区域，如图 13-97 所示。

图 13-97　设置文本动画

（5）将"官方简体中文版"层恢复显示，展开文字层，在右侧"动画"后单击菜单按钮，选择弹出菜单"位置"命令，添加"动画制作工具1"，在其下将"位置"的y轴设为-110，将文字向上偏移离开"宽条"处在的白色区域。展开"范围选择器1"，在第4秒20帧时单击打开"偏移"前面的秒表记录关键帧，当前为0%，第5秒10帧时为100%。

（6）选中"官方简体中文版"层，在工具栏中选择矩形工具，在其上建立一个矩形的蒙版，只在"宽条"下方的蓝色区域内显示，如图13-98所示。

图13-98　设置文本动画和添加蒙版

（7）查看动画效果，如图13-99所示。

图13-99　预览动画效果

步骤4：设置第三组文字动画

（1）将时间移至第7秒处，单击打开两个文字层"位置"前面的秒表记录关键帧，将时间移至第6秒15帧处，设置"隆重"层的"位置"为（20，-63），设置"推出"层的"位置"为（-6，-23），如图13-100所示。

图13-100　设置文本入点和位置动画

（2）查看动画效果，如图13-101所示。

图13-101　预览文本动画

（3）将时间移至第8秒处，单击关键帧属性前面的◇添加关键帧，当前数值不变。将时间移至第9秒处，"位置"的x轴数值均修改为-160，跟随"动画控制"的关键帧向右侧移出画面，如图13-102所示。

图 13-102 设置父级关系和变换动画

（4）查看动画效果，如图 13-103 所示。

图 13-103 预览动画

步骤 5：设置第四组文字动画

（1）将时间移至第 9 秒 15 帧处，单击打开"理论"层"位置"前的秒表记录关键帧，此时数值不变，将时间移至第 9 秒处，将"位置"的 y 轴设为 145，这样制作文字从右侧相同颜色的区域向左移动显示出来的动画。

（2）同样，设置另外 3 个文字的"位置"关键帧动画，制作文字从另一侧移出的动画效果。其中"实践"的"位置"的 y 轴在第 9 秒 05 帧时为 250，第 9 秒 20 帧时为 153；"视频教"的"位置"的 y 轴在第 9 秒 15 帧为 120，第 10 秒 05 帧时为 270；"程"的"位置"的 y 轴在第 10 秒时为 220，第 10 秒 10 帧时为 175，如图 13-104 所示。

图 13-104 设置文本位置动画

（3）查看动画，如图 13-105 所示。

图 13-105 预览动画

步骤 6：设置第五组文字动画

（1）将时间移至第 12 秒处，打开当前文字层"缩放"前面的秒表记录关键帧，设为（2800，2800%），将时间移至第 13 秒处，设为（25，25%）。将时间移至第 12 秒 22 帧处，打开"锚点"前面的秒表记录关键帧，此时为（-5，-115），"超"字中局部的"口"字部分位于画面中心，将时间移至第 13 秒处，设为（0，0），如图 13-106 所示。

图 13-106　设置变换动画

（2）单击打开时间轴上部的 ▇ 开关切换到图表编辑器，双击"缩放"属性，选中两个关键帧，单击下部的 ▇ 按钮设置缓动关键帧，改善原来一晃而过的缩放动画效果，如图 13-107 所示。

图 13-107　设置关键帧曲线

（3）将时间移至第 13 秒处，选中" ——人民邮电出版社"层，按 T 键展开其"不透明度"属性，单击其前面的秒表记录关键帧，第 13 秒时设为 0%，第 14 秒时设为 100%，这样文字逐渐显示出来，如图 13-108 所示。

图 13-108　设置"不透明度"

（4）查看这两个文字的动画效果，如图 13-109 所示。

图 13-109　预览动画效果

步骤 7：设置纹理层的旋转动画

（1）在上层添加 3 个纹理层，设置叠加方式、"缩放"和"不透明度"，如图 13-110 所示。

图 13-110　添加纹理层并设置

（2）单击"动画控制"层的"旋转"属性名称，这样全选其关键帧，按 Ctrl+C 键复制。

（3）将时间移至第 1 个关键帧处，即第 2 秒处，选中 3 个纹理层，按 R 键展开其"旋转"属性，按 Ctrl+V 键粘贴，这样纹理层与"动画控制"层保持相同的旋转动画，如图 13-111 所示。

图 13-111　设置旋转关键帧

提示

在后面学过表达式之后，可以用表达式来更方便地进行链接"旋转"属性的操作，达到同样的效果。另外纹理层并没有像文字层一样设置父级层为"动画控制"，这是因为放大会导致纹理图像的失真，所以这里只跟随旋转而没有跟随缩放。

（4）最后放置音频素材配乐，完成实例的制作，按小键盘的 0 键预览视频音频动画效果。

测试题

1．文本层是否能在"项目"面板中查看？

2．输入文本时按主键盘和数字小键盘的 Enter 键有何不同？

3．点文本与段落文本的建立方法有何不同？

4．源文本可以制作颜色、大小、字体的动画吗？可以制作文字内容的变化吗？

5．简述文本动画制作工具与图层变换属性动画的区别。

6．如何制作文本的逐字 3D 动画？

7．文本动画的预设如何调用？

第 14 章
形状图形动画

形状图层像文本图层一样，是矢量图层，由矢量图形对象组成，许多适用于文本图层的规则也适用于形状图层。不同于位图类型的图像和视频，矢量图形能够维持清晰的边缘并在调整大小时不丢失细节。

形状依赖于路径的概念，通过形状工具和钢笔工具，可以创建和编辑各种路径。路径包括段和锚点，段是连接锚点的直线或曲线，锚点定义路径的各段开始和结束的位置。拖动路径锚点、锚点的方向线（或切线）末端的方向手柄或路径段自身，可以更改路径的形状。

形状路径有两种：参数形状路径和贝塞尔曲线形状路径。绘制后可以在时间轴面板中修改和设置动画制作的属性，用数值定义参数形状路径。由可以在"合成"面板中修改的锚点和段的集合定义贝塞尔曲线形状路径，可以按与使用蒙版路径相同的方式使用贝塞尔曲线形状路径，所有蒙版路径也都是贝塞尔曲线路径。本章对形状图形的建立和动画制作进行专项讲解。

14.1　使用形状工具建立图形

默认情况下，形状图形由路径、描边和填充组成。使用形状工具或钢笔工具，可以在"合成"视图面板中绘制创建形状图层，这里将先使用形状工具来建立图形。

操作 1：建立正圆形

（1）在打开的合成中没有选中任何图层时，双击工具栏中的椭圆工具，会按合成的尺寸建立一个最大化的椭圆形状。例如，在高清合成中建立的椭圆形状，展开图层，可以看到"大小"为（1920，1080），如图 14-1 所示。

图 14-1　建立椭圆形状

（2）取消约束比例，将"大小"的两个值更改为相同的数值，得到正圆的形状，如图 14-2 所示。

图 14-2　设置正圆形状

操作 2：建立圆角方框

（1）在打开的高清合成中没有选中任何图层时，双击工具栏中的矩形工具，会按合成的尺寸建立一个最大化的矩形形状，展开图层，可以看到"大小"为（1920，1080）。取消约束比例，将"大小"更改为（600，600），得到一个正方形，如图 14-3 所示。

图 14-3　建立正方形

（2）设置"圆度"为 100、"描边宽度"为 50，取消填充得到一个圆角方框，如图 14-4 所示。

图 14-4　设置圆角方框

操作 3：建立和修改图形

（1）在打开的高清合成中没有选中任何图层时，双击工具栏中的星形工具建立星形，展开图层，关闭描边的显示状态，如图 14-5 所示。

图 14-5　建立星形

（2）修改"内径"为20、"外径"为200、"外围度"为200%，并更改"颜色"，如图14-6所示。

图14-6　更改形状

（3）在"内容"右侧的"添加"后单击菜单按钮，选择"中继器"命令，设置"副本"为3、"偏移"为-1、"位置"为（412，0），得到复制排列的图形，如图14-7所示。

图14-7　设置"中继器"复制图形

14.2　合并路径

像蒙版路径的布尔运算一样，多个形状路径也可以进行合并操作，通过添加"合并路径"，可以为多个形状路径设置"合并""相加""相减""相交""排除交集"的方式来显示图形。

操作4：合并形状路径

（1）新建一个高清尺寸的合成，选择"图层 > 新建 > 形状图层"命令，在时间轴中建立一个"形状图层1"。

（2）展开图层，在"内容"右侧的"添加"后单击菜单按钮，选择"椭圆"，添加一个"椭圆路径1"，将"大小"设为（800，800），如图14-8所示。

（3）在"内容"右侧的"添加"后单击菜单按钮，选择"矩形"，再添加一个"矩形路径1"，将"大小"设为（400，400），此时选中图层后显示有形状的路径，如图14-8所示。

图14-8　建立形状路径

（4）在"内容"右侧的"添加"后单击 按钮，选择"合并路径"，同时添加了"描边1"和"填充1"，此时合并路径的"模式"为"相加"，如图14-9所示。

图 14-9　添加"合并路径"

（5）修改模式为"相减"和"相交"时的效果如图 14-10 所示。

图 14-10　设置"合并路径"的模式

14.3　使用钢笔工具绘制图形

使用钢笔工具可以创建不规则的图形，可以是封闭的形状（用来填充颜色显示为图形），也可以是开放的路径（用来进行描边显示为线条）。

操作 5：绘制图形

（1）按 Ctrl+N 键打开"合成设置"对话框，将合成名称设为"放射条单个"，先将"预设"选择为"HDTV 1080 25"，确定方形像素和帧速率，然后将"宽度"和"高度"均设为 2000，将持续时间设为 10 秒，单击"确定"按钮建立合成。

（2）单击合成视图面板左下方的"选择网格和参考线选项"按钮，弹出选项菜单，选中"标题 / 动作安全"后会显示中心十字参考线。操作过程中可以缩放视图，参照十字线位置使用钢笔工具在中心单击，建立一个居中的点，接着使用钢笔工具在视图的一角建立两个点，然后单击中心点封闭路径，这样在时间轴中建立一个形状图层，如图 14-11 所示。

图 14-11　建立形状

（3）从"项目"面板中将"放射条单个"拖至"新建合成"按钮上释放新建合成，在"项目"面板中按主键盘的 Enter 键将新合成命名为"放射条"。

（4）在"放射条"合成时间轴中，选择"放射条单个"图层，按 Ctrl+D 键创建一个副本，并按住 Shift 键不放同时按两次小键盘的＋键，即旋转 20°。用同样的方法继续创建多个副本并旋转，完成放射状图形的制作，如图 14-12 所示。

图 14-12　创建副本并旋转

（5）按 Ctrl+N 键打开"合成设置"对话框，将合成名称设为"五星与背景"，将"预设"选择为"HDTV 1080 25"，将持续时间设为 10 秒，单击"确定"按钮建立合成。

（6）按 Ctrl+Y 键新建一个纯色层，命名为"四色背景"。选中"四色背景"层，选择"效果 > 生成 > 四色渐变"命令，设置"颜色 1"为 RGB（0，75，125）、"颜色 2"为 RGB（125，50，0）、"颜色 3"为 RGB（125，100，0）、"颜色 4"为 RGB（0，30，40），如图 14-13 所示。

图 14-13　设置 4 色渐变

（7）添加"放射条"到"四色背景"层之上，设置为"叠加"的图层模式，如图 14-14 所示。

（8）在工具栏中双击星形工具，在合成中建立一个星形，如图 14-14 所示。

图 14-14　建立星形

（9）在图层下将"内径"修改为 206，得到一个五角星，填充颜色设为 RGB（146，0，89），如图 14-15 所示。

图 14-15　渐变色的五角星

（10）选中"形状图层 1"，按 Ctrl+D 键创建一个副本"形状图层 2"，设置填充颜色为 RGB（189，111，142）、"缩放"为（70，70%），如图 14-16 所示。

图 14-16　缩放副本

（11）选中两个五星的形状层，选择"图层 > 预合成"命令，弹出"预合成"对话框，将"新合成名称"命名为"五星"，单击"确定"按钮，如图 14-17 所示。

图 14-17　预合成图层

14.4　实例：制作形状元素动画

形状元素的创建和动画设置给包装制作带来很多便利，本实例使用形状元素制作包装动画，这个实例没有使用素材，如图 14-18 所示。

图 14-18　实例效果

实例的合成流程图示如图 14-19 所示。

图 14-19　实例的合成流程图示

步骤 1：建立"珍珠环"合成

（1）按 Ctrl+N 键打开"合成设置"对话框，将合成名称设为"珍珠环"，将"预设"选择为"HDTV 1080 25"，将持续时间设为 10 秒，单击"确定"按钮建立合成。

（2）在工具栏中双击椭圆工具，在合成中建立一个椭圆形的形状，展开图层，修改"大小"为（800，800），得到一个正圆形，同时关闭"填充 1"的显示，如图 14-20 所示。

图 14-20　设置正圆形状

（3）展开"描边 1"，将"描边宽度"设为 16、"线段端点"设为"圆头端点"，单击"虚线"后的 ➕ 按钮添加一个"虚线"属性和一个"偏移"属性，再单击"虚线"后的 ➕ 按钮添加一个"间隙"属性。将"虚线"设为 0，将"间隙"设为 18，放大局部查看图形，如图 14-21 所示。

图 14-21　设置圆点描边

（4）接下来创建多个副本，仅环形的大小和小圆珠的大小不同。选中"形状图层 1"，按 Ctrl+D 键 4 次，展开各层的"描边宽度"和"缩放"属性，并分别进行修改，得到一组 5 个珍珠环图形，如图 14-22 所示。

图 14-22　创建副本并修改设置

（5）在时间轴空白处右击，选择"新建 > 调整图层"命令，建立一个"调整图层"，放置在顶层。选择"效果 > 生成 > 四色渐变"命令，添加效果并设置"颜色 1"为 RGB（252，252，141）、"颜色 2"为 RGB（142，153，142）、"颜色 3"为 RGB（251，169，251）、"颜色 4"为 RGB（149，149，251），如图 14-23 所示。

图 14-23　设置渐变颜色

步骤 2：建立"立体标题"合成

（1）按 Ctrl+N 键打开"合成设置"对话框，将合成名称设为"立体标题"，将"预设"选择为"HDTV 1080 25"，将持续时间设为 10 秒，单击"确定"按钮建立合成。

在时间轴空白处右击，选择"新建 > 文本"命令，输入"闪亮登场"，在"字符"和"段落"面板中进行设置，如图 14-24 所示。

图 14-24　建立文本

（2）选中文本层，选择"效果 > 生成 > 梯度渐变"命令，添加渐变颜色效果，设置"渐变起点"为（560，420）、"起始颜色"为 RGB（224，114，253），"渐变终点"为（1370，660）、"结束颜色"为 RGB（255，218，255），如图 14-25 所示。

图 14-25　设置渐变颜色

（3）选中文本层，按 Ctrl+D 键复制一份，选中上面层，按主键盘的 Enter 键将其重命名为"表面"。选中下面层，按主键盘的 Enter 键将其重命名为"侧面"。

（4）暂时关闭"表面"层，选中"侧面"层。修改"梯度渐变"下的"起始颜色"为 RGB（215，90，255），"结束颜色"为 RGB（115，0，130），如图 14-26 所示。

图 14-26　创建副本并设置颜色

（5）打开两个图层的"三维图层"开关，选中"侧面"层，按 Ctrl+D 键多次连续创建副本层"侧面 1"、"侧面 2"直至"侧面 18"。然后按 P 键展开全部图层的"位置"，以"侧面 10"为中心，上方图层逐个向上修改"位置"的 z 轴数值为 -1、-2 直至 -9，下方图层修改"位置"的 z 轴数值为 1、2 直至 9，如图 14-27 所示。

图 14-27　设置"位置"的 z 轴数值

提示

可以按 Ctrl+A 键全选时间轴中的图层，然后按 P 键展开所有图层的"位置"属性，或者在不选中任何图层的情况下按 P 键也可以展开所有图层的"位置"属性。

（6）可以使用自定义视图来查看文字的立体效果，如图 14-28 所示。

图 14-28　使用自定义视图查看效果

（7）选中"表面"层，按 Ctrl+D 键创建一个副本层，按主键盘的 Enter 键重命名为"表面蒙版"，放在顶层，设为"屏幕"模式。在工具栏中选择矩形工具，在其上绘制一个矩形蒙版，旋转至一个倾斜的角度，将时间移至第 0 帧处，单击"蒙版路径"前面的秒表，记录关键帧，如图 14-29 所示。

图 14-29　建立蒙版并设置关键帧

（8）将时间移至第 9 秒 24 帧处，调整蒙版的位置和旋转角度，如图 14-30 所示。

图 14-30　设置蒙版关键帧

步骤 3：建立"闪亮登场动画"合成

（1）导入本章操作的项目文件，将前一操作制作的"五星与背景"合成重命名为"闪亮登场动画"。

（2）打开"五星"和"放射条"两个图层的"三维图层"开关。

（3）选择"图层 > 新建 > 摄像机"命令，打开"摄像机设置"对话框，从中将类型设为"双节点摄像机"，将"预设"选择为 24 毫米，单击"确定"按钮创建摄像机。在时间轴中设置摄像机的位置为向右下部偏移一些，"位置"设为（1200，800，-1280），并设置"Z 轴旋转"为 -5°，如图 14-31 所示。

（4）设置"五星"层的"缩放"为（140，140，140%）、"位置"的 z 轴为 50。设置"放射条"层"缩放"为（300，300，300%）、"不透明度"为 20%、"位置"的 z 轴为 100，如图 14-31 所示。

图 14-31　设置变换属性

（5）从"项目"面板中将"珍珠环"拖至时间轴中"五星"图层之上，打开"三维图层"开关，设置"珍珠环"层为"相加"模式，"缩放"为（160，160%）。选择"效果 > 模糊和锐化 >CC Radial Fast Blur"命令，设置效果下的"Zoom"为"Brightest"，如图 14-32 所示。

（6）选中"珍珠环"层按 Ctrl+D 键创建一个副本，设置副本层的"缩放"为（60，60%），如图 14-32 所示。

图 14-32　设置图层效果和创建副本

（7）在时间轴空白处右击，选择"新建 > 文本"命令，输入"AE CC"，并在"字符"和"段落"面板中进行设置，如图14-33所示。

图14-33　建立文本

（8）选中"AE CC"文字层，选择"图层 > 从文本创建形状"命令，按照文字的轮廓自己建立一个"AE CC"轮廓层，打开"三维图层"开关，暂时单独显示"AE CC"轮廓层。展开其"内容"下的"A"，打开"描边1"的显示，关闭"填充1"的显示，设置"描边宽度"为10、"线段端点"为"矩形端点"，单击"虚线"后的"加号"按钮添加一个"虚线"属性和一个"偏移"属性，将"虚线"设为20。在第0帧时单击打开"偏移"前面的秒表记录关键帧，当前为0，时间移至第9秒24帧处，设为200，如图14-34所示。

图14-34　设置轮廓效果

（9）为另外3个字母轮廓图形进行同样的设置，均在第0帧处打开"偏移"前面的秒表，当前值均为0，将时间移至第9秒24帧处，均设为200，如图14-35所示。

图14-35　设置偏移关键帧

（10）恢复全部图层的显示，选中"AE CC"文字层，选择"效果＞生成＞梯度渐变"命令，添加渐变效果。设置"渐变起点"为（700，220）、"起始颜色"为 RGB（225，136，225）、"渐变终点"为（1200，880）、"渐变颜色"为白色，然后在"字符"面板中为文字添加"10 像素"的描边，并将图层的"不透明度"设为 50%，设置两个层"位置"的 z 轴为 -50，如图 14-36 所示。

图 14-36　设置渐变和位置

（11）从"项目"面板中将"立体标题"拖至时间轴中，打开"三维图层"开关，将"缩放"的 z 轴放大为 200%，将"位置"的 z 轴设为 -100。选择"效果＞风格化＞发光"命令，添加发光效果。设置"发光阈值"为 90%、"发光半径"为 30，如图 14-37 所示。

图 14-37　设置标题效果

步骤 4：设置"闪亮登场动画"的关键帧动画

（1）将时间移至第 9 秒处，展开摄像机层下的"位置"和"Z 轴旋转"，单击打开两个属性前面的秒表记录关键帧，此时分别为（1200，800，-1280）和 -5°。按 Home 键将时间移至开始的第 0 帧处，设置摄像机的"位置"的 x 轴为 1600，"Z 轴旋转"为 -20°。按 End 键将时间移至结尾的第 9 秒 24 帧处，设置摄像机的"位置"为（960，540，-30），"Z 轴旋转"为 10°，如图 14-38 所示。

图 14-38　设置摄像机关键帧

（2）如下分别设置各层的入点时间、"缩放"或"位置"关键帧，如图 14-39 所示。

"五星"层的入点为第 0 帧，"缩放"第 0 帧时为（0，0，0%），第 15 帧时为（160，160，160%），第 20 帧时为（140，140，140%）。

下层"珍珠环"的入点为第 15 帧，"缩放"第 15 帧时为（0，0，0%），第 1 秒 05 帧时为（180，180，180%），第 1 秒 10 帧时为（160，160，160%）。

上层"珍珠环"的入点为第 20 帧，"缩放"第 20 帧时为（0，0，0%），第 1 秒 10 帧时为（70，70，70%），第 1 秒 15 帧时为（60，60，60%）。

将"AE CC"轮廓层的父级层选择为"AE CC"文字层，两层的入点均为第 1 秒 10 帧。设置"AE CC"文字层的"位置"第 1 秒 10 帧时为（960，540，-1280），第 2 秒时为（96，540，-30），第 2 秒 05 帧时为（960，540，-50）。

"立体标题"层的入点为第 2 秒，设置"位置"第 2 秒时为（960，540，-1100），第 2 秒 15 帧时为（96，540，-80），第 2 秒 20 帧时为（960，540，-100）。

图 14-39　设置图层关键帧

（3）查看此时的动画效果，如图 14-40 所示。

图 14-40　预览动画效果

（4）为各个图形元素设置缩放抖动的动画。设置"五星"层"缩放"第 3 秒时为（140，140，140%），第 3 秒 05 帧时为（160，160，160%），第 3 秒 10 帧时为（140，140，140%），第 3 秒 15 帧时为（160，160，160%），第 3 秒 20 帧时为（140，140，140%）。同样为其他几个图形元素每隔 5 帧设置缩放抖动的动画效果，如图 14-41 所示。

图 14-41　设置抖动关键帧

（5）同样，复制和粘贴各层的缩放抖动关键帧，在后面的动画中重复两次，如图 14-42 所示。

图 14-42　复制关键帧

（6）在时间轴空白处右击，选择"新建 > 调整图层"命令，放置在顶层，入点移至第 9 秒处。选择"效果 > 模糊和锐化 > 径向模糊"命令，设置"类型"为"缩放"，在第 9 秒处单击打开"数量"前面的秒表记录关键帧，第 9 秒时为 0，第 9 秒 24 帧时为 30，如图 14-43 所示。

图 14-43　设置调整图层

（7）查看此时的动画，如图 14-44 所示。

图 14-44　预览动画效果

（8）添加音乐素材为动画配乐，完成实例的制作，按小键盘的 0 键预览最终的视频音频动画效果。

测试题

1．操作绘制形状与绘制蒙版有何区别？

2．使用形状工具绘制形状后，如何调整图形？

3．多个形状路径通过什么来合并显示复杂图形？

第 15 章
人偶控点动画

使用人偶控点工具可将比较自然的运动便捷地添加到位图图像和矢量图形中，包括静止图像、形状和文本字符。虽然应用操控工具之后显示为"操控"效果，但是"效果"菜单或"效果和预设"面板中没有该效果，需要选中工具栏中的操控工具，直接在合成视图面板中添加使用。应用操控效果时，将根据添加和移动的人偶控点位置来使图像的某些部分变形。本章讲解操作点动画制作中 3 种工具的使用，并制作图形和图像的人偶控点动画。

15.1　人偶控点工具的基本使用

进行控制动画制作时，通常先使用人偶控点工具为图像添加位置控点，然后通过移动位置控点来影响图像制作动画。

操作 1：添加人偶位置控点

（1）打开本章操作对应的合成，卡通人物调整好了头部和身体的比例大小，使得头部和手臂不重叠到一起。从工具栏中选择 人偶位置控点工具，在第 0 帧处从下至上在人物中建立 4 个位置控点，同时在时间轴的图层上会增加"操控"效果，如图 15-1 所示。

图 15-1　建立位置控点

（2）移动上面的"操控点 4"的"位置"，可以直接在合成视图中拖动鼠标指针移动位置控点，在第 12 帧处将其向右侧移动，如图 15-2 所示。

图 15-2　移动位置控点

（3）将时间移至第 1 秒处，复制第 0 帧处的关键帧粘贴到第 1 秒的位置，这样预览动画时，产生人物挥手的动作，如图 15-3 所示。

图 15-3　设置位置控点动画关键帧

操作 2：网格旋转调整

（1）打开本章操作对应的合成，从工具栏中选择 人偶位置控点工具，第 0 帧时在人物胸口和一只手上建立两 个位置控点，同时在时间轴的图层上会增加"操控"效果，如图 15-4 所示。

图 15-4　设置位置控点动画关键帧

（2）在第 12 帧处移动"操控点 2"，此时可以发现人物的身体受影响，旋转为倾斜的状态，如图 15-5 所示。

图 15-5　设置位置控点动画关键帧

（3）修改"网格旋转调整"的数值为最小值 1，人物身体恢复为直立的状态，如图 15-6 所示。

图 15-6　设置网格旋转调整

操作 3：网格密度与扩展

（1）打开本章操作对应的合成，从工具栏中选择 ★ 人偶位置控点工具。选中"格子旗"层，第 0 帧时在左端添加 3 个位置控点，在右端添加两个位置控点，在工具栏处勾选"网格显示"，设置"密度"

和"扩展"均为 0，如图 15-7 所示。

图 15-7　添加位置控点并显示和设置网格

（2）在第 0 帧处配合 Shift 键同时选中并调整右侧两个位置控点，如图 15-8 所示。

15-8　调整位置控点

（3）在第 2 秒处配合 Shift 键同时选中并调整右侧两个位置控点，此时旗帜边缘有明显的折痕和尖角，旗杆处的旗帜边缘也有明显的凸出，如图 15-9 所示。

图 15-9　调整位置控点动画

（4）设置"密度"为"12"，旗帜的边缘变得平滑，设置"扩展"为 100，消除旗杆处旗帜的凸出现象，如图 15-10 所示。

图 15-10　调整网格的密度和扩展

（5）复制第 0 帧的两个关键帧到合成尾部的第 4 秒处，制作一个旗帜飘动的动画循环。

15.2　控点工具类型切换

使用人偶控点工具为图像添加位置控点后，还可以改变控点类型，使其在"位置""扑粉""弯曲""高级"之间进行切换。

操作 4：位置控点

（1）打开本章操作对应的合成，在"击剑人 A.ai"层上添加 3 个"位置"控点，如图 15-11 所示。

图 15-11　添加"位置"控点

（2）可以通过移动手部的位置控点来调整动画，如图 15-12 所示。

图 15-12　通过"位置"控点调整动画

操作 5：扑粉控点

（1）在操作 4 的基础上，将"固定类型"由"位置"更改为"扑粉"控点，可以看到其下的"位置"

属性消失，控点由黄色变为红色并固定不动，如图 15-13 所示。

图 15-13　更改"固定类型"为"扑粉"

（2）第 0 帧处在人物腰部再添加一个"位置"控点，第 5 帧处移动这个"位置"控点，"扑粉"控点起固化不变形的作用，跟随"位置"控点的平移而平移，如图 15-14 所示。

图 15-14　添加"位置"控点并移动

操作 6：弯曲控点

（1）在操作 5 基础上，将"固定类型"为"扑粉"的控点更为"弯曲"，可以看到其下增加的"缩放"和"旋转"属性，控点由红色变为棕色，并显示出调整角度的圆形和调整大小的小方框调整指示，如图15-15 所示。

图 15-15　更改"固定类型"为"弯曲"

（2）在第 0 帧处调整"缩放"为 80%、"旋转"为 13°，使手部和剑缩小并旋转剑至水平角度，如图 15-16 所示。

图 15-16　调整"弯曲"控点

（3）在第 5 帧处调整"缩放"为 120%，使手部和剑放大，这样制作击剑动作，如图 15-17 所示。

图 15-17　设置"弯曲"控点动画

操作 7：高级控点

（1）在操作 6 基础上，将"固定类型"为"弯曲"的控点更为"高级"，可以看到其下的显示有"位置""缩放""旋转"属性，控点变为绿色，并显示有路径、圆形和小方框调整指示，如图 15-18 所示。

图 15-18　更改"固定类型"为"高级"

（2）使用"高级"类型的控点可以更灵活地设置动画，例如这里设置第 5 帧的"位置"和"旋转"，如图 15-19 所示。

图 15-19　调整"高级"控点动画

15.3　使用人偶重叠控点工具

在添加了位置控点制作动画的过程中，图像的两部分重叠时，一部分在另一部分之下，如果需要其位于上面，就需要使用重叠控点工具来调整。使用重叠控点工具可放置重叠控点，它可以在扭曲导致图像各个部分互相重叠时，指示图像的哪些部分应当位于其他部分的前面。

操作 8：人偶重叠控点工具

（1）打开本章操作对应的合成，从工具栏中选择人偶重叠控点工具，在第 0 帧处，在人物之上建立 7 个"位置"控点，如图 15-20 所示。

图 15-20　建立"位置"控点

（2）第 0 帧时将手腕上面的两个"位置"控点向左侧移动，如图 15-21 所示。

图 15-21　移动"位置"控点

（3）将时间移至第 13 帧，将上面的两个"位置"控点向右侧移动，并复制这两个"位置"控点第 0 帧处的关键帧，粘贴到第 1 秒处，如图 15-22 所示。

图 15-22　移动和复制"位置"控点

（4）可以看到第 13 帧处人物左上角位置控点在右移时，将手移至头部的后面。在工具栏中选择人偶重叠控点工具，在原手掌位置单击增加一个"重叠"点，并在图层中增加"重叠"属性，在其下将"程度"增大为 200，可以看到手掌被调整到头部之前，如图 15-23 所示。

图 15-23　使用操控叠加工具修正前后顺序

15.4　绘制图形制作操控动画

AE 软件具有一定的图形创建能力，可以给合形状工具和钢笔工具绘制形状，然后在形状上添加人偶控点工具制作图形动画。

操作 9：绘制图形制作动画

（1）打开本章操作对应的合成，其中有一个渐变的"背景"层、一个"足球"层和一个绘制的"球员"层，如图 15-24 所示。

图 15-24　打开绘制图形的合成

（2）在第 0 帧处，从工具栏中选择"位置"控点工具，在人物之上建立控点，并调整运动姿势。在第 1 秒处，调整腿和脚部踢球动作的控点，在第 2 秒 24 帧处，调整控点设置踢球的姿势。同时在这 3 个时间点设置"足球"的位置动画，如图 15-25 所示。

图 15-25　为人物添加控点

（3）这 3 个关键帧相应的动画效果如图 15-26 所示。

图 15-26　控点关键帧

15.5　实例：制作头像卡通动画

在 AE 中制作卡通风格的动画，人偶控点工具是常用的工具，本实例使用人偶控点工具对卡通图像进行动画制作，实例效果如图 15-27 所示。

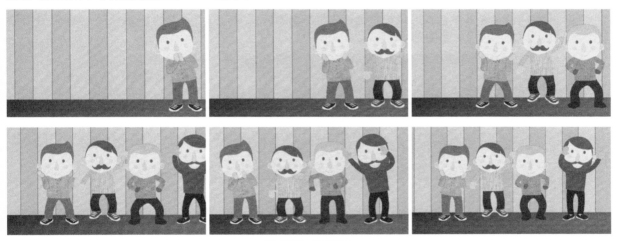

图 15-27　实例效果

实例的合成流程图示如图 15-28 所示。

图 15-28　实例的合成流程图示实例文件

步骤 1：导入素材

在"项目"面板中双击打开"导入文件"对话框，将本实例准备的图片文件全部选中，单击"导入"，将其导入"项目"面板。

步骤2：建立"1拍手人"合成

（1）在"项目"面板中选择"人物1"字样的7个图像文件，拖至面板下部的"新建合成"按钮上释放，在弹出对话框中选择"单个合成"，静止持续时间为1秒，单击"确定"按钮建立合成。按Ctrl+K键打开"合成设置"对话框，将合成重命名为"1拍手人"，为合成指定一个背景色，方便透明图像的查看。

（2）在时间轴中调整图层的顺序，将除与胳膊和头像有关图像层的父级层设为身体层，调整头像到合适的位置，这里设置完父级层之后的"位置"为（800，560），如图15-29所示。

图15-29　调整图层顺序和位置并设置父级层

（3）将时间移至第6帧，在工具栏中选择人偶位置控点工具，在"人物1胳膊和手1.png"层图像上建立3个"位置"控点，如图15-30所示。

图15-30　建立"位置"控点

（4）将时间移至第0帧，配合Shift键选中手上的两个"位置"控点，准备做拍手的动作，向中间拖动，如图15-31所示。

图15-31　移动"位置"控点1

（5）单独选中手指上面的一个"位置"控点，准备做与另一只手合掌的动作，向中间拖动，如图15-32所示。

图15-32　移动"位置"控点2

（6）同样，为另一只胳膊与手制作对应的动作。将时间移至第 6 帧，使用人偶位置控点工具在"人物 1 胳膊和手 2.png"层图像上建立 3 个"位置"控点，如图 15-33 所示。

图 15-33　建立"位置"控点

（7）将时间移至第 0 帧，配合 Shift 键选中手上的两个"位置"控点，准备做拍手的动作，向中间拖动，如图 15-34 所示。

图 15-34　移动"位置"控点 1

（8）单独选中手指上面的一个"位置"控点，做与另一只手合掌的动作，向中间拖动，如图 15-35 所示。

图 15-35　移动"位置"控点 2

（9）选中"人物 1 胳膊和手 1.png"层，按 U 键显示关键帧，将时间移至第 12 帧，框选选中设置动作的 4 个关键帧，按 Ctrl+C 键复制，再按 Ctrl+V 键粘贴，如图 15-36 所示。

图 15-36　复制和粘贴关键帧

（10）将时间移至第 1 秒，框选选中第 0 帧处的两个关键帧，按 Ctrl+C 键复制，再按 Ctrl+V 键粘贴，完成一个循环动画，如图 15-37 所示。

图 15-37　复制和粘贴关键帧

提示

如果仅将关键帧粘贴到第 24 帧，在循环这一段动画时将产生第 0 帧和第 24 帧数值相同的停顿现象。

（11）同样，选中"人物 1 胳膊和手 2.png"层，按 U 键显示关键帧，将时间移至第 12 帧，框选选中设置动作的 4 个关键帧，按 Ctrl+C 键复制，再按 Ctrl+V 键粘贴。然后再将时间移至第 1 秒，框选选中第 0 帧处的两个关键帧，按 Ctrl+C 键复制，再按 Ctrl+V 键粘贴，完成一个循环动画，如图 15-38 所示。

图 15-38　制作循环动画的关键帧

（12）打开图表编辑器，单击打开"人物 1 胳膊和手 1.png"层设置动作控点的开关，显示属性关键帧曲线，然后单击面板下部的"选择图表类型和选项"按钮，选择"编辑速度图表"命令，如图 15-39 所示。

图 15-39　使用图表编辑器

（13）框选选中第 0 帧处的两个关键帧，单击面板右下部的按钮设置缓出关键帧，即合上的双手分开时有一个迟缓的效果，如图 15-40 所示。

（14）框选选中第 6 帧处的两个关键帧，单击面板右下部的按钮设置缓动关键帧，即分开到两侧的双手准备向中间合拢时有一个迟缓的效果，如图 15-41 所示。

图 15-40　设置缓出关键帧

图 15-41　设置缓动关键帧

（15）同样，框选选中第 12 帧处的两个关键帧，单击 按钮设置缓出关键帧。框选选中第 18 帧处的两个关键帧，单击面板右下部的 按钮设置缓动关键帧，如图 15-42 所示。

（16）完成"人物 1 胳膊和手 1.png"层关键帧速率的调整后，用同样的方法设置"人物 1 胳膊和手 2.png"层关键帧速率，完成设置后关闭图表编辑器，查看设置完的关键帧类型，如图 15-43 所示。

图 15-42　设置缓出和缓动关键帧

图 15-43　设置关键帧速率

（17）选中"人物 1 身体 .png"层，展开"变换"属性，准备制作人物扭动腰部的动画，即调整"旋转"的角度变化，默认旋转中心依据的锚点在视图的中心点，如图 15-44 所示。

图 15-44　查看锚点

（18）在工具栏中选择 锚点工具，在合成视图中将锚点向下移至衣服下部纽扣附近，然后在第 0 帧单击打开"旋转"前面的秒表记录关键帧，设置第 0 帧时为 -10°，第 12 帧时为 10°，第 1 秒时为 -10°，如图 15-45 所示。

图 15-45　调整锚点并设置旋转动画

（19）打开图表编辑器，双击"人物 1 身体 .png"层的"旋转"，选中全部关键帧，单击面板右下部的 按钮设置缓动关键帧，如图 15-46 所示。

图 15-46　设置缓动关键帧

（20）按小键盘的 0 键可以循环预览动画效果。

步骤 3：建立"1 拍手人 10 秒"合成

（1）在"项目"面板中选中"1 拍手人"，将其拖至面板下部的"新建合成"按钮上释放建立合成。按 Ctrl+K 键打开"合成设置"对话框，将合成重命名为"1 拍手人 10 秒"，将"持续时间"设为 10 秒。

（2）在时间轴中选中图层，按 Ctrl+D 键 9 次，创建 9 个副本，如图 15-47 所示。

图 15-47　创建副本

（3）按 Ctrl+A 键选中所有图层，选择"动画 > 关键帧辅助 > 序列图层"命令，在打开的对话框中确认不要勾选"重叠"复选框，单击"确定"按钮，将时间轴中的图层前后连接放置，这样得到一个 10 秒长度的动画，如图 15-48 所示。

图 15-48　连接图层

步骤 4：建立"1 拍手人脚步"合成

（1）在"项目"面板中选中"1 拍手人"，按 Ctrl+D 键创建一个副本，并重新命名为"1 拍手人脚步"，打开时间轴面板。

（2）选中"人物 1 腿脚 .png"层，将时间移至第 0 帧处，在工具栏中选择位置控点工具，在其上建立"位置"控点，准备制作两腿分开的动画，如图 15-49 所示。

图 15-49　建立"位置"控点

（3）将时间移至第 12 帧处，移动锚点分开双腿，并将顶上的一个"位置"控点下移，如图 15-50 所示。

图 15-50　移动"位置"控点

（4）将时间移至第 1 秒处，框选选中第 0 帧处的控制点关键帧，按 Ctrl+C 键复制，再按 Ctrl+V 键粘贴，如图 15-51 所示。

图 15-51　复制和粘贴关键帧

（5）选中"人物 1 身体 .png"层，将时间移至第 0 帧处，按 P 键展开"位置"属性，单击打开其前面的秒表记录关键帧。第 0 帧时位置不变，第 12 帧时参照双腿分开时身体高度降低，将"位置"下移，这里为（828，1100），将时间移到第1秒处，选择第0帧处的关键帧，按Ctrl+C键复制，再按Ctrl+V键粘贴，如图15-52所示。

图15-52　设置"位置"关键帧

步骤5：建立"1拍手人脚步10秒"合成

（1）在"项目"面板中选中"1拍手人脚步"，将其拖至面板下部的 "新建合成"按钮上释放建立合成。按Ctrl+K键打开"合成设置"对话框，将合成重命名为"1拍手人脚步10秒"，将"持续时间"设为10秒。

（2）在时间轴中选中图层，按Ctrl+D键9次，创建9个副本。

（3）按Ctrl+A键选中所有图层，选择"动画＞关键帧辅助＞序列图层"命令，在打开的对话框中确认不要勾选"重叠"复选框，单击"确定"按钮，将时间轴中的图层前后连接放置，这样得到一个10秒长度的动画，如图15-53所示。

图15-53　创建副本并连接图层

步骤6：建立另外3个人物的动画合成

（1）在"项目"面板中使用"人物2"字样的图像文件，建立"2跳跃人""2跳跃人10秒""2跳跃人脚步""2跳跃人脚步10秒"的合成动画，如图15-54所示。

图15-54　建立"人物2"位置控点动画

（2）在"项目"面板中使用"人物 3"字样的图像文件，建立"3 下蹲人""3 下蹲人 10 秒""3 下蹲人脚步""3 下蹲人脚步 10 秒"的合成动画，如图 15-55 所示。

图 15-55　建立"人物 3"位置控点动画

（3）在"项目"面板中使用"人物 4"字样的图像文件，建立"4 挥手人""4 挥手人 10 秒""4 挥手人脚步""4 挥手人脚步 10 秒"的合成动画，如图 15-56 所示。

图 15-56　建立"人物 4"位置控点动画

步骤 7：建立"头像卡通动画"合成

（1）按 Ctrl+N 键打开"合成设置"对话框，将合成名称设为"头像卡通动画"，将"预设"选择为"HDTV 1080 25"，将持续时间设为 20 秒，单击"确定"按钮建立合成。

（2）从"项目"面板中将"地板 .jpg"和"背景 .jpg"拖至时间轴中，均打开"三维图层"开关。

（3）在时间轴空白处右击，选择"新建＞摄像机"命令，在打开的"摄像机设置"对话框中，将"预设"选择为"50 毫米"，单击"确定"按钮建立摄像机。

（4）设置"地板 .jpg"层的"方向"为（90°，0°，90°），"位置"为（960，1300，1000），"缩放"为（200，200，200%）。设置"背景 .jpg"的"位置"为（960，540，3000），"缩放"为（250，250，250%），如图 15-57 所示。

图 15-57　设置场景

（5）从"项目"面板中将"1拍手人10秒""2跳跃人10秒""3下蹲人10秒""4挥手人10秒"拖至时间轴中，以由下向上的图层顺序放置。设置"1拍手人10秒"的"位置"为（-100，480，1300）、"2跳跃人10秒"的"位置"为（600，480，1300）、"3下蹲人10秒"的"位置"为（1300，480，1300）、"4挥手人10秒"的"位置"为（2000，480，1300），如图15-58所示。

图 15-58　放置人物图层

（6）选择这4个人物层，按Ctrl+C键复制，再按Ctrl+V键粘贴，并将复制图层的入点移至第10秒处，如图15-59所示。

图 15-59　复制和粘贴图层

（7）在前4段人物图层上面建立一个"空1"层，打开"三维图层"开关，将前4段人物图层的父级层设为"空1"层，并配合Alt键从"项目"面板中拖放，替换成含"脚步10秒"字样的对应图层。

（8）选中"空1"层，按P键展开"位置"属性。将时间移至第10秒处，单击打开其前面的秒表记录关键帧，再将时间移至第0帧处，将位置设置为（3100，540，0），如图15-60所示。

图 15-60　设置父级层动画

（9）查看此时的动画效果，如图15-61所示。

图 15-61　预览动画效果

（10）选中摄像机层，将时间移至第0帧处，按P键展开"位置"属性。单击打开其前面的秒表记录关键帧，再将时间移至第 19 秒 24 帧处，设置为（960，540，-3500），将摄像机镜头逐渐拉开，如图 15-62 所示。

图 15-62　设置摄像机动画

（11）将音频素材拖至时间轴中配乐，完成制作，按小键盘的 0 键预览最终的视频音频动画效果。

测试题

1．人偶动画基本原理是什么？

2．按位置类型添加的控点还能改变为其他哪些类型吗？

3．人偶动画时图像部分互相重叠时，怎样控制前后显示顺序？

第16章
3D 文字和图形

AE 的合成渲染器有 3 种，分别为常用的"经典 3D"渲染器、可以制作 3D 文字和图形的"CINEMA 4D"渲染器和"光线追踪的 3D（弃用）"渲染器，其中第 2 种与第 3 种功能相似，但第 3 种渲染器对硬件兼容性较差、运算较慢，新版 AE 中不推荐。因此这里使用 CINEMA 4D 渲染器在 AE 中制作 3D 的文字和图形。

16.1 建立立体文字

前面的内容中，有将多个三维图层按其 z 轴方向每隔一层移动一个像素的方法，可制作叠加起来的三维文字。这里使用新的方法，在合成中使用"CINEMA 4D"渲染器，直接将三维文字层设置为具有厚度的立体效果。

操作 1：使用"CINEMA 4D"渲染器功能建立立体字

（1）在合成中新建一个文本，打开"三维图层"开关，使用"自定义视图 3"查看，如图 16-1 所示。

图 16-1　新建文本

（2）按 Ctrl+K 键打开"合成设置"对话框，将"渲染器"由默认的"经典 3D"选项改变为"CINEMA 4D"选项，如图 16-2 所示。

图 16-2　使用"CINEMA 4D"选项

（3）确定"CINEMA 4D"选项后，合成时间轴中三维文本层的"几何选项"属性被激活为可用状态。将其下的"凸出深度"设为 50，原来在空间中只具有平面效果的文字出现了具有立体厚度的效果，如图 16-3 所示。

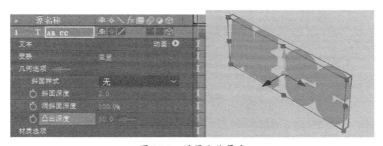

图 16-3　设置立体厚度

（4）可以简单地创建一个副本，改变文本颜色，并将"凸出深度"设为 0，这样区分出表面与侧面的颜色，如图 16-4 所示。

图 16-4　创建一个文字表面

操作 2：创建斜切和凸出的三维文本

（1）在制作中通常配合使用灯光来表现三维表面的光线效果。使用操作 1 中的三维文字，合成的"渲染器"同样使用"CINEMA 4D"选项，删除白色表面文字层，并创建类型为"聚光"的"灯光 1"和类型为"环境"的"灯光 2"，如图 16-5 所示。

图 16-5　建立三维文字和灯光

（2）将文本层"几何选项"下的"斜面样式"设为"尖角"，将"斜面深度"设为 10，如图 16-6 所示。

图 16-6　设置"斜面样式"

（3）将文本层"几何选项"下的"斜面样式"设为"凹面"和"凸面"时的效果如图 16-7 所示。

图 16-7　将"斜面样式"设为"凹面"和"凸面"时的效果

16.2　建立立体图形

除了文字具有设置立体厚度的效果之外，同为矢量类型的形状图层也可以设置 z 轴的厚度，制作立体的图形效果，前提是同样需要将合成设为"CINEMA 4D"选项。

操作 3：创建三维图形

（1）在合成中使用星形工具、椭圆工具和钢笔工具创建图形，如图 16-8 所示。

图 16-8　绘制图形

（2）在"合成设置"中将"渲染器"设置为"CINEMA 4D"选项，打开图形层"三维图层"开关，将"几何选项"下的"凸出深度"设为 50，使用自定义视图，调整视角查看效果，如图 16-9 所示。

图 16-9　设置厚度

（3）创建类型为"聚光"的"灯光 1"和类型为"平行"的"灯光 2"，如图 16-10 所示。

图 16-10　建立灯光

（4）将"斜面样式"设为"凸面"、"斜面深度"设为 3，可以看到图形轮廓向外扩展，如图 16-11 所示。

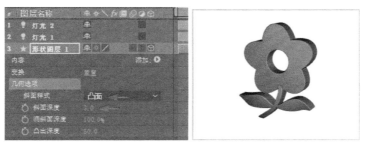

图 16-11　设置"凸面"

（5）在"内容"右侧的"添加"后单击弹出菜单按钮，选择"位移路径"命令，添加"位移路径 1"。在其下设置数值为 -3，即用收缩图形轮廓来抵消因设置"凸面"引起的扩展，如图 16-12 所示。

图 16-12　修正轮廓的扩展

操作 4：从图像中转换形状创建三维 Logo

（1）按 Ctrl+N 键新建一个合成，"预设"选择为"HDTV 1080 25"，设置浅绿色背景，在合成中放置"Adobe Logo.jpg"图像。

（2）选中"Adobe Logo.jpg"图像，选择"图层 > 自动追踪"命令，在打开的对话框中勾选"预览"，将"通道"选择为"明亮度"，对照合成视图中的效果进行设置，如图 16-13 所示。

图 16-13　设置自动追踪蒙版

（3）单击"确定"按钮，自动建立"自动追踪的 Adobe Logo.jpg"层，其下为追踪产生的多个蒙版。全选蒙版，将运算方式设为"差值"，并精简上部直线蒙版路径的锚点，如图 16-14 所示。

图 16-14　设置运算方式并精减锚点

（4）选择"图层 > 新建 > 形状图层"命令，新建形状图层，命名为"Logo"，在其"内容"右侧的"添加"后单击弹出菜单按钮，选中"组"，添加一个"组 1"，将其重命名为"图形路径"。选中"图形路径"，单击"添加"后的弹出菜单按钮，选择"路径"，添加"路径 1"。选中"路径 1"，按 Ctrl+D 键创建两个副本。这样在"图形路径"下建立 3 个路径，用来在下一步复制蒙版中的路径，如图 16-15 所示。

（5）在"自动追踪的 Adobe Logo.jpg"图层中用不同颜色的蒙版标明了上部图形的 3 个蒙版，展开蒙版的"蒙版路径"，按住 Ctrl 键或者 Shift 键的同时单击选中这 3 个蒙版的"蒙版路径"，按 Ctrl+C 键复制。再展开"Logo"层中"路径 1"至"路径 3"下的"路径"，按住 Ctrl 键或者 Shift 键的同时单击选中这 3 个"路径"，按 Ctrl+V 键粘贴，将蒙版中的路径粘贴到图形层，如图 16-16 所示。

图 16-15　建立组和路径

图 16-16　复制和粘贴图形部分的路径

提示

复制时要选中最低级别的"蒙版路径"，粘贴时要选中最低级别的"路径"，选中上级复制粘贴时，会误将蒙版应用到图形层上。

（6）选中"Logo"层"图形路径"，在"添加"后单击弹出菜单按钮，选中"填充"，为当前的路径填充红色，如图 16-17 所示。

图 16-17　添加填充颜色

（7）用同样的方法，在"Logo"层中的"添加"后单击弹出菜单按钮，选中"组"，添加一个组，将其重命名为"文字路径"。选中"文字路径"，在"添加"后单击弹出菜单按钮，选中"路径"，添加"路径 1"。查看"自动追踪的 Adobe Logo.jpg"图层中文字部分的蒙版数量为 10 个，选中"文字路径"下的"路径 1"，连续按 Ctrl+D 键创建路径至"路径 10"，这样在"图形路径"下建立 10 个路径。

（8）在"自动追踪的 Adobe Logo.jpg"图层中展开文字部分蒙版的"蒙版路径"，按住 Ctrl 键或者 Shift 键的同时单击选中这 10 个蒙版的"蒙版路径"，按 Ctrl+C 键复制。再展开"Logo"层中"路径 1"至"路径 10"下的"路径"，按住 Ctrl 键或者 Shift 键的同时单击选中这 10 个"路径"，按 Ctrl+V 键粘贴，将蒙版中的路径粘贴到图形层，如图 16-18 所示。

图 16-18　复制和粘贴文字部分的路径

（9）选中"Logo"层"文字路径"，在"添加"后单击弹出菜单按钮，选中"填充"，添加"填充 1"，将"颜色"设为白色，如图 16-19 所示。

图 16-19　添加填充颜色

（10）此时文字填充覆盖了其中的空隙，修改"填充规则"为"奇偶"可以修正这一现象，不过考虑到后面还要进一步制作立体效果，需要采用合并路径的方法。选中"文字路径"，单击"添加"后的弹出菜单按钮，选择"合并路径"，添加"合并路径 1"，将"模式"设为"排除交集"，如图 16-20 所示。

图 16-20　添加"合并路径"

（11）将"Logo"层的"三维图层"开关打开，创建类型为"聚光"的"灯光 1"和类型为"环境"的"灯光 2"，如图 16-21 所示。

图 16-21　打开"三维图层"开关并创建灯光

（12）确认在"合成设置"中将"渲染器"设置为"CINEMA 4D"选项，将"Logo"层的"几何选项"下的"斜面样式"设为"凹面"，将"凸出深度"设为 50，使用自定义视图，调整视角查看效果，如图 16-22 所示。

图 16-22　设置"凹面"效果

16.3　"CINEMA 4D"渲染器中的材质设置

在合成中将渲染器选项选择为"CINEMA 4D"之后，原来的三维图层材质选项产生变化，减少了"透光率"属性，增加了"在反射中显示""反射强度""反射锐度""反射衰减"属性，其他属性不变，如图 16-23 所示。

图 16-23　渲染器使用默认的"经典 3D"和"CINEMA 4D"时材质选项的区别

操作 5：三维场景材质效果

（1）在合成中使用操作 4 中的"Logo"图形层设置立体效果，将其中"文字路径"下的填充颜色设为深灰色，RGB 为（50，50，50），建立一个 28 毫米的"摄像机 1"，将视图选择为"活动摄像机"。创建类型为"聚光"的"灯光 1"和类型为"平行"的"灯光 2"，如图 16-24 所示。

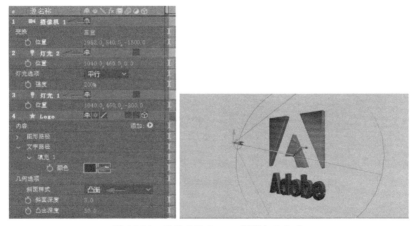

图 16-24　设置立体 Logo、摄像机和灯光

（2）选中"Logo"层的"文字路径"，单击"添加"后的弹出菜单按钮，选择"斜面 > 颜色"，添加"斜面颜色"，设置为白色。再次单击"添加"后的弹出菜单按钮，选择"边线 > 颜色"，添加"侧面颜色"，设置为红色，如图 16-25 所示。

图 16-25　添加斜面和侧面颜色

（3）再按 Ctrl+Y 键建立一个纯色层，命名为"环境杂色"，选择"效果 > 杂色和颗粒 > 分形杂色"，设置一个纹理图像，如图 16-26 所示。

图 16-26　建立纹理图像

（4）选中纯色层，选择"图层＞环境图层"，将"环境杂色"层转换为环境层，将其移至底层，如图 16-27 所示。

图 16-27　转换环境层

（5）新建一个纯色层，设置与合成背景相同的浅绿色，将其放置在环境层上面遮挡环境层的图像，将"Logo"层"材质选项"下的"反射强度"设为 100%，如图 16-28 所示。

图 16-28　设置"反射强度"并建立纯色层遮挡环境层

16.4　实例：制作立体文字片头

AE 中自从增加了"CINEMA 4D"渲染器选项之后，制作实用的立体元素变得容易实现，本实例在使用"CINEMA 4D"的合成中制作立体文字的片头动画，实例效果如图 16-29 所示。

图 16-29　实例效果

实例的合成流程图示如图 16-30 所示。

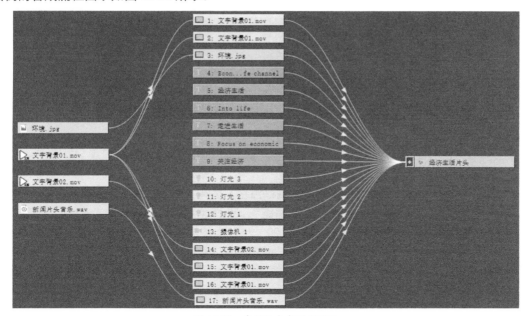

图 16-30　实例的合成流程图示

步骤 1：导入素材

在"项目"面板中双击打开"导入文件"对话框，将本实例准备的视频文件"文字背景 01.mov"、"文字背景 02.mov"，图片文件"环境 .jpg"和音频文件"新闻片头音乐 .wav"全部选中，单击"导入"，将其导入"项目"面板。

步骤 2：建立"经济生活片头"合成并放置素材

（1）按 Ctrl+N 键打开"合成设置"对话框，将合成名称设为"经济生活片头"，将"预设"选择为"HDV/HDTV 720 25"，将持续时间设为 15 秒，单击"确定"按钮建立合成。

（2）从"项目"面板中将"文字背景 01.mov""文字背景 02.mov""新闻片头音乐 .wav"拖至时间轴中，选中"文字背景 01.mov"层，按 Ctrl+D 键创建一个副本，将其中一个"文字背景 01.mov"图层的"缩放"的 x 轴设为负值，即左右反向区别视频的动态效果，如图 16-31 所示。可以按小键盘的 0 键在预览视频的同时监听其中音频的声音，将 3 个背景层前后连接。

图 16-31　放置素材

步骤 3：建立初步的文字动画

（1）在时间轴空白处右击，选择"新建 > 文本"命令，输入"关注经济"，按小键盘上的 Enter 键结束输入状态。在"字符"面板中设置字体为"汉仪菱心体简"、大小为 100 像素，在"段落"面板中设置为居中对齐文本，如图 16-32 所示。

图 16-32　建立文本

（2）在时间轴空白处右击，选择"新建 > 摄像机"命令，在打开的"摄像机设置"对话框中将"预设"选择为"15 毫米"，单击"确定"按钮建立摄像机。

（3）展开文字层，单击"动画"后面的弹出菜单按钮，选择"启用逐字 3D 化"。

（4）单击"动画"后面的按钮，选择"字符间距"，将添加一个"动画制作工具 1"，在第 0 帧处单击打开其下"字符间距大小"前面的秒表，设为 100，将时间移至第 4 秒处，设为 10，如图 16-33 所示。

（5）单击"添加"后面的按钮，选择"属性 > 旋转"，将在"动画制作工具 1"下添加旋转属性。将时间移至第 0 帧处，单击打开"Y 轴旋转"前面的秒表，设为 -60°，将时间移至第 4 秒处，设为 0°。暂时只显示文字层，如图 16-33 所示。

图 16-33　设置文本旋转动画

（6）查看文字动画，文字向中心合拢的同时，由倾斜的侧面转正，如图 16-34 所示。

图 16-34　预览文本动画

（7）单击"添加"后面的按钮，选择"属性 > 位置"，将在"动画制作工具 1"下添加"位置"属性。将时间移至第 4 秒处，单击打开"位置"前面的秒表，设置第 4 秒时为（0，0，0），第 4 秒 24 帧时为（0，0，-540）。将第 4 秒 24 帧的"Y 轴旋转"设为 90°，然后按 Alt+] 键剪切图层出点，如图 16-35 所示。

图 16-35　设置文本位置动画

（8）查看文字动画，文字旋转的同时向近处飞出画面，如图 16-36 所示。

图 16-36　预览文本动画

（9）选中文字层，按 Ctrl+D 键创建一个副本，双击副本层修改文字为"Focus on economic"，按小键盘的 Enter 键结束输入状态。在"字符"面板中修改英文字体为"Arial Bold"、大小为 50，设置基线偏移为 -100。在时间轴中将时间移至第 0 帧处，将"字符间距大小"修改为 50，如图 16-37 所示。

图 16-37　创建副本并修改设置

（10）查看文字动画，如图 16-38 所示。

图 16-38　预览动画效果

（11）选中这两个文字层，按 Ctrl+C 键复制，再按 Ctrl+V 键粘贴，接着将复制产生的两个新层入点移至第 5 秒处，将文字分别修改为"走进生活"和"Into life"。然后修改"Into life"层的"字符间距大小"第 5 秒处为 20，第 9 秒处为 100，如图 16-39 所示。

图 16-39　复制文字并修改

（12）查看文字动画，如图 16-40 所示。

图 16-40　预览文字动画

（13）再选中"走进生活"和"Into life"两个层，按 Ctrl+C 键复制，再按 Ctrl+V 键粘贴。然后将复制产生的两个新层入点移至第 10 秒处，将文字分别修改为"经济生活"和"Economic life channel"，并在"字符"面板中修改"经济生活"大小为 140，如图 6-41 所示。

（14）选中"经济生活"，按 U 键展开关键帧属性。将时间移至第 10 秒处，重新设置"位置"为（0，0，-540）、"Y 轴旋转"为 60°、"字符间距大小"为 100。第 12 秒 12 帧处设置"位置"为（0，0，0）、"Y 轴旋转"为 0°、"字符间距大小"为 10，删除其他关键帧，如图 6-41 所示。

（15）选中"Economic life channel"，按 U 键展开关键帧属性。将时间移至第 10 秒处，重新设置"位置"为（0，0，-540）、"Y 轴旋转"为 60°、"字符间距大小"为 50。第 12 秒 12 帧处设置"位置"为（0，0，0）、"Y 轴旋转"为 0°、"字符间距大小"为 3，删除其他关键帧，如图 16-41 所示。

图 16-41　复制和修改文字

（16）查看动画，如图 16-42 所示。

图 16-42　预览文字动画

步骤 4：设置立体文字效果

（1）按 Ctrl+K 键，打开文字"合成设置"对话框，在合成中将渲染器选项选择为"CINEMA 4D"，单击"确定"按钮。

提示

如果预览运算量比较大，可以适当地降低预览质量来换取较快的预览速度，例如将视图面板下的分辨率设为"自动"或者"四分之一"。

（2）先来设置"经济生活"的立体文字效果。展开当前层下的"几何选项"，将"斜面样式"设为"凸面"、"斜面深度"设为 5、"凸出深度"设为 50，如图 16-43 所示。

图 16-43　设置文字厚度

（3）在时间轴的空白处右击，选择"新建＞灯光"命令，在打开的"灯光设置"对话框中设置"灯光类型"为"聚光"、"强度"为 50%，单击"确定"按钮建立"灯光 1"。在时间轴中将其"位置"的 z 轴设为 -1000，在自定义视图中查看，如图 16-44 所示。

图 16-44 建立"灯光 1"

（4）在时间轴的空白处右击，选择"新建 > 灯光"命令，在打开的"灯光设置"对话框中设置"灯光类型"为"平行"、"强度"为 50%，单击"确定"按钮建立"灯光 2"。在时间轴中将其"位置"的 x 轴设为 1500，如图 16-45 所示。

图 16-45 建立"灯光 2"

（5）在时间轴的空白处右击，选择"新建 > 灯光"命令，在打开的"灯光设置"对话框中设置"灯光类型"为"平行"、"强度"为 35%，单击"确定"按钮建立"灯光 3"。在时间轴中将其"位置"的 x 轴设为 0，如图 16-46 所示。

图 16-46 建立"灯光 3"

（6）将不再操作的灯光层和摄像机层移至文字层之下，查看此时的立体字效果，如图 16-47 所示。

图 16-47 预览立体字效果

（7）在"经济生活"层单击"动画"后面的按钮，选择"前面 > 颜色 >RGB"，这样添加了一个"动画制作工具 2"。在其下将"正面颜色"设为 RGB（255，255，0）的黄色，如图 16-48 所示。

图 16-48　添加正面颜色

（8）查看文字表面被指定的颜色，如图 16-49 所示。

（9）在"动画制作工具 2"下单击"添加"后面的按钮，选择"属性 > 斜面 > 颜色 >RGB"，添加一个"斜面颜色"，设为 RGB（255，150，0）的橙黄色，如图 16-50 所示。

图 16-49　预览文字颜色

图 16-50　添加斜面颜色

（10）在"动画制作工具 2"下单击"添加"后面的按钮，选择"属性 > 边线 > 颜色 >RGB"，添加一个"侧面颜色"，设为 RGB（255，100，0）的橙色，如图 16-51 所示。

图 16-51　添加侧面颜色

（11）从"项目"面板中将"环境 .jpg"拖至时间轴中，选择"图层 > 环境图层"命令转变图层类型。

（12）展开"经济生活"层的"材质选项"，设置"漫射"为 70%、"镜面反光度"为 0%、"反射强度"为 30%，如图 16-52 所示。

图 16-52　转变环境图层并设置材质选项

（13）选中"Economic life channel"层，展开"几何选项"，将"斜面样式"设为"凸面"、"凸出深度"设为 5 。展开"材质选项"，设置"漫射"为 70%、"镜面反光度"为 0%、"反射强度"为 30%，如图 16-53 所示。

图 16-53　设置立体文本和材质选项

（14）同样为其他文字设置立体效果，可以使用复制和粘贴的方法来制作。在"经济生活"层下，按住 Ctrl 键依次单击选中"动画制作工具 2""几何选项""材质选项"，按 Ctrl+C 键复制。选中"关注经济"和"走进生活"两个图层，按 Ctrl+V 键粘贴，这样将设置立体文字的属性进行了复制操作，如图 16-54 所示。

图 16-54　复制图层的属性设置 1

（15）在"Economic life channel"层下，按住 Ctrl 键依次单击选中"几何选项"和"材质选项"，按 Ctrl+C 键复制。选中"Focus on economic"和"Into life"两个图层，按 Ctrl+V 键粘贴，这样将设置立体文字的属性进行了复制操作，如图 16-55 所示。

图 16-55　复制图层的属性设 2

（16）将"关注经济"和"走进生活"两个图层"几何选项"下的"斜面深度"均修改为 3，"凸出深度"均修改为 10，如图 16-56 所示。

（17）查看文字立体效果，如图 16-57 所示。

（18）为第 0 帧及第 5 秒处开始的光效制作遮挡文字的效果。选中第 0 帧处的"文字背景 01.mov"，按 Ctrl+D 键创建副本，接着将其移至顶层，按 T 键展开其"不透明度"，在第 0 帧时单击打开其前面的秒表，设为 100%，将时间移至第 10 帧处，设为 0%，并按 Alt+] 键剪切出点。选中第 5 秒处的"文字背景 01.mov"，按 Ctrl+D 键创建副本，然后将其移至顶层，按 T 键展开其"不透明度"，在第 5 秒时单击打开其前面的秒表，

图 16-56　设置凸出效果

设为 100%，将时间移至第 5 秒 10 帧处，设为 0%，并按 Alt+] 键剪切出点，如图 16-58 所示。

图 16-57　预览立体效果

图 16-58　设置光效

（19）查看光效效果，如图 16-59 所示。

图 16-59　预览光效

（20）这样完成实例的制作，按小键盘的 0 键预览最终的视频音频动画效果。

测试题

1．如何启用图层中的几何选项？

2．利用几何选项制作三维效果适用于什么图层？

3．简述如何从图像中转换形状创建三维 Logo？

4．如何设置材质的反射效果？

第 17 章
镜头跟踪与稳定

对视频素材中镜头画面的跟踪处理，可以往真实的环境中合成制作元素，对视频的稳定处理则可以挽救因拍摄晃动而导致效果不理想的拍摄素材。在较新版本的 AE 中，跟踪和稳定处理的功能都有很大增强。本章对跟踪和稳定的操作方法进行列举和讲解。

17.1 跟踪摄像机

"3D 摄像机跟踪器"效果对动态视频进行分析以提取摄像机运动和三维场景数据，通过分析得到的数据，在合成中创建匹配视频画面的动态摄像机和三维图层。

操作 1：创建跟踪摄像机

（1）打开本章操作对应合成，其中有一个"摇镜头 .mov"视频图层。选择"窗口 > 跟踪器"命令，显示"跟踪器"面板。选中"摇镜头 .mov"图层，单击"跟踪器"面板中的"跟踪摄像机"按钮，会在合成视图中显示"在后台分析"的提示，在"效果控件"面板中为图层添加"3D 摄像机跟踪器"效果，并显示分析进度的提示。分析运算完成之后，在视图画面中创建有多个跟踪点，如图 17-1 所示。

图 17-1　为视频添加"3D 摄像机跟踪器"

（2）单击"3D 摄像机跟踪器"效果中的"创建摄像机"按钮，将创建一个匹配当前视频视角的"3D 跟踪器摄像机"层，如图 17-2 所示。

图 17-2　创建摄像机

（3）在"3D 摄像机跟踪器"效果处于选中的状态下，在视图中选择 3 个跟踪点，这样会显示一个圆形的平面。在其中一个跟踪点上右击，选择"创建实底"命令，在合成中创建一个打开"三维图层"开关的"跟踪实底 1"纯色层，如图 17-3 所示。

图 17-3　创建实底

（4）对"跟踪实底 1"纯色层进行适当的调整，进一步匹配图像，如图 17-4 所示。

图 17-4　进一步调整纯色层匹配视频内容

（5）选中"跟踪实底 1"纯色层，按住 Alt 键，从"项目"面板中将"窗花 .jpg"拖至"跟踪实底 1"纯色层上释放将其替换。设置图层为"变暗"模式，减小"缩放"数值，如图 17-5 所示。

图 17-5　替换纯色层为图像

（6）预览动画效果，如图 17-6 所示。

图 17-6　预览动画效果

操作 2：跟踪摄像机详细分析

（1）在操作 1 中，选中"3D 摄像机跟踪器"效果，查看跟踪点，可以看出在地面和右侧的墙面中没有跟踪点，如果在这些区域合成元素，需要摄像机进行更详细的分析。新建一个合成并放置"摇镜头.mov"素材，单击"跟踪器"面板中的"跟踪摄像机"按钮，或者在图层上右击，选择"跟踪摄像机"命令，会在"效果控件"面板中为图层添加"3D 摄像机跟踪器"效果。展开"高级"，勾选"详细分析"，进行"在后台分析"，并显示分析进度的提示。分析运算完成之后，在视图画面中将创建更多的跟踪点，如图 17-7 所示。

图 17-7　使用详细分析

（2）将鼠标指针移至右侧墙面区域，会自动检测鼠标指针是否处于 3 点确定平面的位置，在显示圆形平面提示时单击，会选中 3 点确定的平面，如图 17-8 所示。

图 17-8　自动检测和确定平面

（3）在其中的一个跟踪点上右击，选择"创建文本和摄像机"命令，会在合成中创建匹配视频的摄像机和打开"三维图层"开关的文本层，如图 17-9 所示。

图 17-9　创建文本和摄像机

（4）在时间轴中调整"文本"层的"缩放"和"方向"中的 y 轴数值，使文本进一步匹配画面内容，如图 17-10 所示。

图 17-10　进一步匹配文本与画面内容

（5）按住 Ctrl 键或 Shift 键，在地面选择多个跟踪点，会根据所选择的点显示圆形平面，当圆形平面与地面的角度相符时，在其中一个跟踪点上右击，选择"创建实底"命令，会在合成中创建打开"三维图层"开关的纯色层，如图 17-11 所示。

图 17-11　选择地面上的跟踪点建立匹配的平面

（6）预览动态跟踪效果，此时可以修改文本层，替换纯色层来合成需要的元素，如图 17-12 所示。

图 17-12　预览创建的元素与视频画面的匹配效果

17.2　变形稳定器

在处理拍摄的视频素材时，常会遇到因种种原因导致抖动的视频片段，利用"变形稳定器"可以自动对抖动的视频片段进行稳定处理。不过，在拍摄无法避免抖动的视频时，需要注意做两个准备：第 1 是要尽可能地提高摄像机快门的速度，保证每一帧的视频都为清晰的画面，正常或较慢的快门速度会导致抖动时有若干帧画面模糊，"变形稳定器 VFX"无法将模糊的画面修正为清晰的画面；第 2 是要尽可能避免快速的透视变形，例如拍摄满桌面的物品，快速上下晃动若干次摄像机，会使桌面上前后物品中的后面物品多次"露头"，这种多余的内容将无法修正。

操作 3：创建变形稳定器

（1）在合成中放置"航拍 1.mov"素材，这是一段在拍摄时存在抖动问题的视频。选中"航拍 1.mov"层，单击"跟踪器"面板中的"变形稳定器"按钮，或者在图层上右击，选择"变形稳定器 VFX"命令，会在"效果控件"面板中为图层添加"变形稳定器 VFX"效果。进行"在后台分析"，并显示分析进度的提示，如图 17-13 所示。

图 17-13　为抖动的视频添加"变形稳定器 VFX"

（2）分析结束后，自动对画面进行稳定处理。因为修正抖动时边缘出现空隙，"变形稳定器 VFX"效果对画面进行适当的放大，同时显示了缩放的比例，如图 17-14 所示。

图 17-14　自动修正抖动视频

17.3　跟踪运动

视频跟踪过程是在画面中搜索跟踪某一特征像素区域的过程，这一特征像素的"RGB""明亮度""饱和度"与周围其他像素相比，区别越明显跟踪越准确。特征像素区域由内部特征框的范围来定义，搜索区域由外部搜索框的范围来定义。

操作 4：创建跟踪运动

（1）在合成中放置"汽车 .mov"素材，选中"汽车 .mov"层，单击"跟踪器"面板中的"跟踪运动"按钮，自动切换到图层视图中，在视图中心显示有一个跟踪线框，如图 17-15 所示。

图 17-15　使用"跟踪运动"

（2）此时会在时间轴中的图层下添加"跟踪器 1"，同时在"跟踪器"面板中，"当前跟踪"为"跟踪器 1"，设置"跟踪类型"为"变换"，勾选"位置"，如图 17-16 所示。

图 17-16　设置跟踪类型

（3）在第 0 帧处，将鼠标指针移至跟踪框内，等鼠标指针变为移动的形状，将跟踪线框拖至汽车图像右上部的白色圆点上，并将鼠标指针放在内部小的特征框的一角，拖动改变大小，将圆点全部包括在内。再拖动外部大的搜索框的一角，调整为较大的宽度，并按一下 Page Down 键测试出下一帧白色的圆点是在搜索框内，然后按 Page Up 键返回第 0 帧，如图 17-17 所示。

提示

当搜索框较小，特征像素移动到搜索框之外时将不能正确跟踪，搜索框过大则分析过程变慢。

图 17-17　调整跟踪线框

（4）单击"跟踪器"面板的"选项"按钮，将"通道"选择为"RGB"，单击"确定"按钮。单击"跟踪器"面板中的"开始分析"按钮，进行跟踪分析，如图 17-18 所示。

图 17-18　进行分析

（5）分析结束后在图层中产生逐帧跟踪的关键帧，如图 17-19 所示。

图 17-19　分析结束产生跟踪关键帧

（6）切换回合成视图，在时间轴中取消图层的选中状态。双击工具栏中的星形工具建立一个"形状图层 1"，取消"描边 1"的显示，在"填充 1"下设置颜色为 RGB（200，50，50），如图 17-20 所示。

图 17-20　建立一个图形

（7）双击"汽车 .mov"层切换到图层视图，单击"跟踪器"面板中的"编辑目标"按钮，打开"运动目标"面板。将运动应用于的图层选择为"形状图层 1"，单击"确定"按钮，如图 17-21 所示。

图 17-21　设置目标图层

（8）再单击"跟踪器"面板中的"应用"按钮，弹出对话框选择"应用维度"为"X 和 Y"，单击"确定"按钮，这样在时间轴中为"形状图层 1"添加关键帧，使其与跟踪点一同运动。对照视图将"形状图层 1"的"缩放"设为（8，7%），如图 17-22 所示。

图 17-22　应用目标层自动添加跟踪关键帧并手动调整大小

（9）预览动画效果，如图 17-23 所示。

图 17-23　预览跟踪动画

操作 5：透视边角定位跟踪运动

（1）在合成中放置"相册 .mov"素材，选中"相册 .mov"层，单击"跟踪器"面板中的"跟踪运动"按钮，此时会在时间轴中的图层下添加"跟踪器 1"，并自动切换到图层视图中。设置"跟踪类型"为"透视边角定位"，如图 17-24 所示。

图 17-24　设置"跟踪类型"

（2）将 4 个跟踪线框移至画面中黑色区域 4 个角的位置，并调整特征框与搜索框的大小，如图 17-25 所示。

图 17-25　调整跟踪线框

（3）单击"跟踪器"面板中的"开始分析"按钮，进行跟踪分析，产生 4 组跟踪点的关键帧，如图 17-26 所示。

图 17-26　进行跟踪分析

（4）向时间轴添加一个"小动物图 01.jpg"，在"跟踪器"面板中单击"编辑目标"按钮，将目标设为"小动物图 01.jpg"图层。单击"应用"按钮，为"小动物图 01.jpg"图层添加"边角定位"效果和"位置"关键帧，如图 17-27 所示。

图 17-27　添加图层并编辑目标

（5）将"小动物图 01.jpg"图像向左侧偏移一点并调整变大一点，因为图层的"位置"已添加有关键帧，所以通过"锚点"来调整位置，然后调整图层的"缩放"为合适的大小，如图 17-28 所示。

图 17-28　进一步调整跟踪图层图像的"缩放"和"位置"

（6）预览跟踪的动画效果，如图 17-29 所示。

图 17-29　预览跟踪动画效果

操作 6：跟踪运动的附加点设置

（1）在合成中放置"小动物图 01.jpg"和"相册 .mov"素材，选中"相册 .mov"层，单击"跟踪器"面板中的"跟踪运动"按钮，添加"跟踪器 1"，并自动切换到图层视图中。设置"跟踪类型"为"透视边角定位"，因为合成中只有一个可应用跟踪的目标图层，所以"运动目标"自动设为"小动物图 01.jpg"，如图 17-30 所示。

图 17-30　设置"跟踪类型"

（2）设置跟踪线框，其中"搜索框"中的"附加点"可以移至需要的位置，这个位置点信息将是应用目标层的位置依据。将 4 个附加点移至准备放置照片的 4 个角的位置，单击"跟踪器"面板中的■按钮，进行跟踪分析，如图 17-31 所示。

图 17-31　设置跟踪线框并进一步确定好 4 个附加点的位置

（3）分析结束之后单击"应用"按钮，将目标层"小动物图 01.jpg"直接添加跟踪关键帧，并将其合成到相册动画中，如图 17-32 所示。

图 17-32　应用目标图层后图像的 4 个角自动匹配到 4 个附加点处

17.4　稳定运动

稳定运动与跟踪运动的原理相同，只不过稳定运动应用目标是自身，通过跟踪画面中移动的像素，分析抖动的位置偏移变化校正抖动幅度，分析两个跟踪点之间的角度变化校正旋转，计算两个跟踪点之间的距离变化校正缩放。

操作 7：创建稳定运动

（1）通过前面操作中使用的"变形稳定器"可以了解到，要处理抖动的视频素材，"变形稳定器"是一种方便实用的方法。将"落日 .mov"拖至时间轴中，单击"跟踪器"面板中的"变形稳定器"按钮，因为画面风格不同，对于模糊或对比度不高的视频素材，自动化的"变形稳定器"有时会出现无法使用的现象，如图 17-33 所示。

图 17-33　模糊效果的画面中"变形稳定器"失效

（2）此时可以使用"稳定运动"来手动设置跟踪和稳定的操作。选中"落日 .mov"层，单击"稳定运动"按钮，自动切换到图层视图中，并在画面中出现一个跟踪线框，如图 17-34 所示。

图 17-34　使用"稳定运动"

（3）勾选"位置""旋转""缩放"，当视频中需要对"旋转"或"缩放"进行跟踪时，将出现有两个跟踪线框，用来对比角度确定"旋转"，或者对比距离确定"缩放"。单击"选项"按钮，在打开的对话框将"通道"选择为"明亮度"，单击"确定"按钮关闭对话框。在图层视图中挑选在视频中应该为稳定状态并且对比度相对明显的区域，调整跟踪线框的位置和大小，如图 17-35 所示。

图 17-35　设置稳定选项

（4）单击"开始分析"按钮进行跟踪分析，分析结束后在"跟踪点 1"和"跟踪点 2"产生系列关键帧，如图 17-36 所示。

图 17-36　进行跟踪分析

（5）在"跟踪器"面板单击"应用"按钮，在弹出的对话框中，将"应用维度"设为"X 和 Y"，单击"确定"按钮，在图层的"变换"属性下应用跟踪的关键帧，如图 17-37 所示。

图 17-37　应用跟踪关键帧抵消抖动

（6）预览此时的效果，抖动通过变换关键帧进行校正，同时边缘也出现空隙，如图17-38所示。

图17-38　稳定后出现边缘空隙

（7）选择"效果 > 扭曲 > 变换"命令，为图层添加一个"变换"效果。将"缩放"增大，并调整合适的"位置"，预览动画，检查边缘不再出现空隙，如图17-39所示。

图17-39　添加"变换"效果并调整"缩放"和"位置"来消除边缘空隙

17.5　实例：制作相框跟踪动画

拍摄一组带有相框的视频，并且视频中的相框有可跟踪的特征，这样就可以使用跟踪运动来合成需要的照片的动画。本实例在相框视频中合成照片，并制作合成光斑效果，实例效果如图17-40所示。

图17-40　实例效果

实例的合成流程图示如图17-41所示。

图17-41　实例的合成流程图示

步骤1：导入素材

在"项目"面板中双击打开"导入文件"对话框，将本实例准备的视频、图片和音频文件全部选中，将其导入"项目"面板。

步骤 2：建立照片组合成

（1）按 Ctrl+N 键打开"合成设置"对话框，将合成名称设为"照片 01 横向"，先将"预设"选择为"HDTV 1080 25"，确定方形的像素比和 25 帧 / 秒的帧速率，然后将"宽度"设为 1500，将"高度"设为 1000，将"持续时间"设为 10 秒，单击"确定"按钮建立合成。从"项目"面板中将"小动物 01.jpg"拖至时间轴中。

（2）按 Ctrl+N 键打开"合成设置"对话框，将合成名称设为"照片 02 纵向"，将"宽度"设为 1000，将"高度"设为 1500，将"持续时间"设为 10 秒，单击"确定"按钮建立合成。从"项目"面板中将"小动物 02.jpg"拖至时间轴中。

（3）在"项目"面板中选中"照片 01 横向"，按 Ctrl+D 键创建副本，重命名为"照片 03A 横向"。打开时间轴面板，从"项目"面板中将"小动物 03.jpg"拖至时间轴中。

（4）在"项目"面板中选中"照片 02 纵向"，按 Ctrl+D 键创建副本，重命名为"照片 03B 纵向"。打开时间轴面板，从"项目"面板中将"小动物 04.jpg"拖至时间轴中。

步骤 3：建立"相框 01 跟踪"合成

（1）从"项目"面板中将"相框 01.mov"拖至面板的"新建合成"按钮上释放，新建合成，将其重命名为"相框 01 跟踪"，然后将"照片 01 横向"也拖至时间轴中放在上层，如图 17-42 所示。

图 17-42　建立合成并旋转图层

（2）双击"相框 01.mov"层打开其图层视图面板，选择"窗口 > 跟踪器"命令，打开"跟踪器"面板，单击"跟踪运动"按钮，这样产生"跟踪器 1"。将"跟踪类型"选择为"透视边角定位"，如图 17-43 所示。

图 17-43　设置跟踪类型

（3）将时间移至第 0 帧处，放大视图，将"跟踪点 1"的线框移至相框中部白色照片区的左上角，同样将其他 3 个跟踪点线框分别移至对应位置点，如图 17-44 所示。

提示

放大视图的操作有多种，可以使用 ` 键（Esc 键下面的 ~ 键）来切换最大化状态，按 > 或 < 键放大或缩小视图，滚动鼠标中键放大或缩小视图，按 / 键以 100% 的原始比例显示。在放大的状态下按住空格键可临时将鼠标指针切换为手形工具移动视图。

（4）单击"跟踪器"面板中的"开始分析"按钮，进行跟踪运算，结束后在"相框 01.mov"的"跟踪器1"下产生一系列跟踪关键帧，如图17-45所示。

图17-44　设置跟踪线框

图17-45　进行跟踪分析

（5）在"跟踪器"面板中查看"运动目标"为"照片01横向"，单击"应用"按钮，在"照片01横向"层上自动添加"边角定位"效果和关键帧，同时"变换"属性下的"位置"也添加了关键帧，如图17-46所示。

图17-46　应用目标图层

（6）在切换回的合成视图面板中，查看到照片具有了系列"位置"关键帧，照片被放置在相框中跟随相框一起移动，如图17-47所示。

图17-47　目标图像被跟踪到视频动画中

（7）选中"照片 01 横向"层，按 S 键展开"缩放"，将其设为（95，95%），将照片缩小一些，露出相框中白色区域的边缘，如图 17-48 所示。

图 17-48　手动调整目标图像的大小匹配视频内容

步骤 4：建立"相框 02 跟踪"合成

（1）从"项目"面板中将"相框 02.mov"拖至面板的"新建合成"按钮上释放新建合成，将其重命名为"相框 02 跟踪"，然后将"照片 02 纵向"也拖至时间轴中放在上层。

（2）双击"相框 02.mov"层，打开其图层视图面板，单击"跟踪运动"按钮，产生"跟踪器 1"，将"跟踪类型"选择为"透视边角定位"。将时间移至第 0 帧处，将 4 个跟踪点移至相框中部白色照片区对应的 4 个角上，单击"跟踪器"面板中的"开始分析"按钮，进行跟踪运算。然后单击"应用"按钮，如图 17-49 所示。

图 17-49　设置"跟踪类型"并进行跟踪分析和应用目标图层

（3）在切换回的合成视图面板中，查看到照片具有了系列位置关键帧，照片被放置在相框中跟随相框一起移动。选中"照片 02 纵向"层，按 S 键展开"缩放"，将其设为（95，95%），露出相框中白色区域的边缘，如图 17-50 所示。

图 17-50　手动调整目标图像的大小

步骤 5：建立"相框 03 跟踪"合成

（1）从"项目"面板中将"相框 03.mov"拖至面板的"新建合成"按钮上释放新建合成，将其重命名为"相框 03 跟踪"，然后将"照片 03A 横向"和"照片 03B 纵向"也拖至时间轴中放在上层。

（2）双击"相框03.mov"层，打开其图层视图面板，单击"跟踪运动"按钮，产生"跟踪器1"，将"跟踪类型"选择为"透视边角定位"。将时间移至第0帧处，将4个跟踪点移至相框横向照片区对应的4个角上，单击"跟踪器"面板中的"开始分析"按钮，进行跟踪运算，如图17-51所示。

图17-51　设置"跟踪器1"并进行跟踪分析

（3）在"跟踪器"面板中单击"编辑目标"按钮，在弹出的"运动目标"对话框中选择"照片03A横向"，单击"确定"按钮，然后在"跟踪器"面板中单击"应用"按钮，将"跟踪器1"的结果应用到"照片03A横向"层上，如图17-52所示。

图17-52　编辑目标图层应用

（4）在切换回的合成视图面板中，查看"照片03A横向"被放置在相框横向照片区中跟随相框一起移动。同样将其"缩放"设为（95，95%），露出相框中白色区域的边缘，如图17-53所示。

图17-53　手动调整图像大小

（5）再次双击"相框03.mov"层，打开其图层视图面板，单击"跟踪运动"按钮，此时产生另一个"跟踪器2"，将"跟踪类型"选择为"透视边角定位"。将时间移至第0帧处，将4个跟踪点移至相框纵向照片区对应的4个角上，单击"跟踪器"面板中的 ▶ "开始分析"按钮，进行跟踪运算。

（6）运算结束后在"跟踪器"面板中单击"编辑目标"按钮，在弹出的"运动目标"对话框中选择"照片03B纵向"，然后单击"应用"按钮，将"跟踪器2"的结果应用到"照片03B纵向"层上，如图17-54所示。

图 17-54　设置"跟踪器 2"并进行跟踪分析和应用目标图层

（7）在切换回的合成视图面板中，查看"照片 03B 纵向"被放置在相框纵向照片区跟随相框一起移动。同样将其"缩放"设为（95，95%），露出相框中部部分白色区域的边缘，如图 17-55 所示。

步骤 6：建立"相框动画"合成

（1）按 Ctrl+N 键打开"合成设置"对话框，将合成名称设为"相框动画"，将"预设"选择为"HDTV 1080 25"，将持续时间设为 20 秒，单击"确定"按钮建立合成。

图 17-55　手动调整图像大小

（2）从"项目"面板中将"相框 01 跟踪""相框 02 跟踪""相框 03 跟踪"拖至时间轴中前后连接。

（3）按 Ctrl+Y 键创建一个黄色调的纯色层，设置颜色为 RGB（230，255，70），在工具栏中选择 椭圆工具，在其顶部绘制一个椭圆形的蒙版，如图 17-56 所示。

图 17-56　建立纯色层并绘制蒙版

（4）将"蒙版羽化"设为（400，400%），将图层的"不透明度"设为50%，如图17-57所示。

图 17-57　设置"不透明度"

（5）向时间轴添加配乐素材，完成最终的制作，按小键盘的0键查看最终的视频音频效果。

测试题

1．为素材应用 3D 摄像机跟踪器进行默认跟踪分析，当跟踪点较少时需要怎样改进？
2．变形稳定器能否解决画面的抖动模糊？怎样避免模糊效果？
3．跟踪运动设置中，搜索框的大小有什么注意点？
4．跟踪运动的附加点需要一直位于特征框内吗？
5．为晃动的视频使用稳定运动制作后，画面边缘出现空隙怎样消除？

第18章
脚本与表达式

　　脚本是一系列的命令，它告知应用程序执行一系列操作。可以在大多数 Adobe 应用程序中使用脚本来自动执行重复性任务、执行复杂计算，甚至使用一些没有在用户界面直接显露的功能。例如，可以指示 AE 对一个合成中的图层重新排序、查找和替换文本图层中的源文本，或者在渲染完成时发送一封电子邮件。

　　表达式很像脚本，它的计算结果为某一特定时间点单个图层属性的单个值。脚本告知应用程序执行某种操作，而表达式表明属性是什么内容。当创建和链接复杂的动画，但不想手动创建数十乃至数百个关键帧时，可以使用表达式。

　　本章从基本用法开始对脚本与表达式进行列举和讲解，在入门 AE 之后，可以适当了解脚本与表达式的用法，在许多模板的使用修改中会存在表达式的应用。

18.1　脚本的使用

　　AE 脚本使用 Adobe ExtendScript 语言，该语言是 JavaScript 的一种扩展形式，类似于 Adobe Action-

Script。ExtendScript 文件具有 .jsx 或 .jsxbin 文件扩展名。

当 AE 启动时，从"脚本"文件夹加载脚本。对于 AE，"脚本"文件夹默认位于以下位置。

Windows 系统下为：Program Files\Adobe\Adobe After Effects < 版本 >\Support Files。

Mac OS 系统下为：Applications\Adobe After Effects < 版本 >。

AE 自带的几个脚本将自动安装在"脚本"文件夹中，从"文件 > 脚本"菜单可以使用加载的脚本。

默认设置是不允许脚本写入文件或通过网络收发信息。要允许脚本写入文件和通过网络收发信息，需选择"编辑 > 首选项 > 常规"命令，然后勾选"允许脚本写入文件和访问网络"复选框，如图 18-1 所示。

图 18-1　使用脚本前的首选项设置

要运行已加载的脚本，需选择"文件 > 脚本 >[脚本名称]"命令。

要运行尚未加载的脚本，需选择"文件 > 脚本 > 运行脚本文件"命令，找到并选择脚本，单击"打开"。

要停止运行脚本，按 Esc 键。

操作 1：脚本演示 1 查找与替换文本

（1）打开本章操作对应的合成，其中有文本图层，如图 18-2 所示。

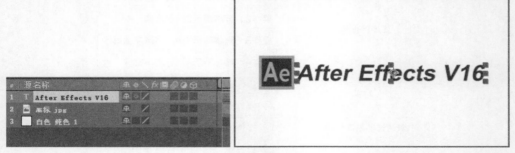

图 18-2　打开合成

（2）选中文本层，选择"文件 > 脚本 >Find and Replace Text"命令，进行查找和替换文本操作。打开脚本浮动面板，在" Find Text"（查找文本）栏中输入"V16"，在" Replacement Text"（替换文本）栏中输入"CC"，单击"Replace All"（替换全部）按钮，可以将图层中的文本进行替换，如图 18-3 所示。

图 18-3　查找和替换文本的脚本

操作 2：脚本演示 2 缩放合成

（1）打开本章操作对应的合成，合成为 1920×1080 的高清尺寸，展开其中图层的"缩放"查看当前的数值，如图 18-4 所示。

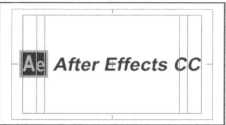

图 18-4　打开合成

（2）选择"文件 > 脚本 >Scale Composition"命令，进行缩放合成操作。打开脚本浮动面板，选择"New Comp Height"（新合成高度），输入"720"，单击"Scale"按钮，等比缩放当前合成的尺寸，由原来的 1080 转变为 720，合成中的图层也自动调整缩放，与合成进行同步缩放，如图 18-5 所示。

图 18-5　使用脚本连同合成与其中的图层进行缩放

提示

打开"合成设置"也可以通过更改"预设"或设置"宽度"和"高度"来改变合成的尺寸，但对于包括多个图层的合成，其中的图层尺寸并没有跟着改变，而此处的脚本则可以很好地解决这一问题，这也是一个很实用的方法。

操作 3：脚本演示 3 按入点排序图层

（1）打开本章操作对应的合成，合成中有多个入点不同的图层，如图 18-6 所示。

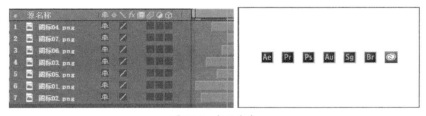

图 18-6　打开合成

（2）选择"文件 > 脚本 >Demo Palette.jsx"命令，打开脚本浮动面板，单击"Sort Layers by In Point"（按入点排序图层）按钮，自动按入点的先后顺序整理合成中图层的顺序，如图 18-7 所示。

图 18-7　使用脚本排序

（3）如果需要入点靠前的图层在下层，即颠倒图层顺序，可以先选中底层，按住 Shift 键再选中顶层，这样按从下至上的顺序选中图层，按 Ctrl+X 键剪切，再按 Ctrl+V 键粘贴。因为粘贴时会按从上至下的顺序，所以此时得到一个颠倒的顺序，如图 18-8 所示。

图 18-8　颠倒图层的排序

操作 4：脚本演示 4　运行脚本文件

（1）新建一个高清尺寸的合成，选择"文件 > 脚本 > 运行脚本文件"命令，在打开的对话框中选择本章操作文件夹中准备好的脚本文件"从文本文件创建 AE 三维文字 .jsx"，单击"打开"按钮。

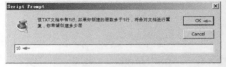

图 18-9　运行脚本文件弹出对话框设置

（2）在提示"请打开一个 TXT 文本"对话框中选择准备好的"文本 .txt"，其内容为一行"After Effects CC"文本，单击"打开"按钮。

（3）弹出创建行数对话框，输入"10"，单击"OK"按钮，如图 18-9 所示。

（4）此时会在合成的时间轴中自动建立 10 个三维文本图层，使用"自定义视图 1"的方式查看合成视图，如图 18-10 所示。

图 18-10　使用脚本文件创建三维文字

提示

以上为 AE 中已加载的脚本，另外可以使用脚本编辑器（ExtendScript 工具包的一部分）编写自己的用于 AE 的脚本。ExtendScript 工具包为创建、调试和测试自己的脚本提供了一个便利界面，有时，需要做的只是对现有脚本稍加修改以便满足要求，这样的小改动常常无需多少计算机编程和脚本语言知识就能完成。选择"文件 > 脚本 > 打开脚本编辑器"命令，可以启动脚本编辑器。

18.2　表达式的基本使用

通过表达式可创建图层属性之间的关系，并使用某一属性的关键帧来动态制作其他图层的动画。

表达式语言基于标准的 JavaScript 语言，但不必了解 JavaScript 就能使用表达式。可以通过使用关联器或者复制简单示例并修改示例的方法来创建和使用表达式，并满足制作需求。

操作 5：添加、禁止和移除表达式

（1）打开本章操作对应的合成，合成中有"前轮"、"后轮"和车身 3 个图层，按 R 键展开"前轮"和"后轮"图层的"旋转"属性，并设置"前轮"图层"旋转"属性的关键帧，如图 18-11 所示。

图 18-11　设置"前轮"旋转动画

（2）按住 Alt 键单击"后轮"图层"旋转"前的秒表，打开表达式输入栏，此时不直接填写表达式，在 "表达式关联器"按钮上按住鼠标左键，并拖至"前轮"图层的"旋转"属性上释放，如图 18-12 所示。

图 18-12 为"后轮"添加表达式链接

（3）这样建立属性链接表达式，预览动画，"后轮"的"旋转"属性数值与"前轮"的"旋转"属性数值一同发生变化，如图 18-13 所示。

图 18-13 预览表达式链接效果

（4）单击 "启用表达式"按钮，使其切换为 状态，这样禁止表达式的使用，但表达式设置仍然保留，再次单击这个按钮将切换为启用状态，如图 18-14 所示。

（5）按住 Alt 键再次单击"后轮"图层"旋转"前的秒表，将移除其上的表达式，恢复原来默认的状态，如图 18-15 所示。

图 18-14 禁止表达式　　　　　　　　　　　图 18-15 移除表达式

操作 6：修改链接表达式数值

（1）链接的表达式数值始终保持与目标数值一致，例如以上表达式中"后轮"与"前轮"的"旋转"数值始终相同。如果想让两者有所区别，前轮在 0°时，后轮为 30°，可以在"后轮"表达式栏中单击，将光标移至表达式尾部，输入"+30"，这样"后轮"将会始终比"前轮"的"旋转"数值大 30°，如图 18-16 所示。

图 18-16 修改链接表达式的数值

（2）对于已添加关键帧的属性，也可以添加表达式。按住 Alt 键单击"前轮"图层"旋转"前的秒表，在原有关键帧的基础上添加表达式。在表达式输入栏中自动生成的表达式后输入"-10"，即在原有关键帧数值的基础上减小 10°，如图 18-17 所示。

图 18-17 在已设置关键帧的属性上进一步设置表达式

操作 7：注释表达式

（1）为表达式添加注释可以使表达式更具可读性，有备忘作用，也方便合作沟通。如果注释仅有一

313

行文字，可以使用"// 注释文字"的格式，如图 18-18 所示。

图 18-18　注释仅有一行文字时的格式

（2）如果注释有多行文字，可以使用在第一行以"/* 注释文字"做开始，在最后一行以"注释文字 */"做结束的格式，如图 18-19 所示。

图 18-19　注释有多行文字时的格式

操作 8：表达式的数组

（1）打开本章操作对应的合成，合成中有 3 个图标图层，按 S 键展开图层的"缩放"属性，并设置"中图标"图层"缩放"从（100，100%）到（200，200%）的动画关键帧，如图 18-20 所示。

图 18-20　设置"中图标"层关键帧

（2）按住 Alt 键单击"左图标"图层"缩放"前的秒表，打开表达式输入栏，填写"x="，然后在 ⊚ "表达式关联器"按钮上按住鼠标左键，并拖至本图层"缩放"属性的 x 轴数值上释放，生成链接表达式，如图 18-21 所示。

图 18-21　为"左图标"层添加表达式链接第 1 个变量

（3）在第 1 行表达式结尾处输入";"结束，按主键盘上的 Enter 键换行，输入"y="，然后在 ⊚ "表达式关联器"按钮上按住鼠标左键，并拖至"中图标"图层"缩放"属性的 y 轴数值上释放，生成链接表达式，如图 18-22 所示。

图 18-22　链接第 2 个变量

提示

未填写完的表达式换行要以半角的逗号来结束。表达式中的语名和字符要以英文的半角字符来输入，例如冒号、括号、逗号、双引号等，注释文字除外。

（4）接着输入 ";" 结束第 2 行表达式，按主键盘上的 Enter 键换行，输入 "[x,y]"，按小键盘的 Enter 键或在表达式栏之外单击，结束表达式的填写。这样 "左图标" 图层 "缩放" 的 y 轴数值随 "中图标" 一起变化，x 轴数值保持原来数值不变，如图 18-23 所示。

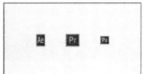

图 18-23　填写完成表达式

提示

缩放属性表达式 "[x,y]" 中括号中的两个数值表示一个二维数组，在链接生成的 "scale[0]" 和 "scale[1]" 中，[0] 表示 x 轴，[1] 表示 y 轴，如果是三维图层，以 [2] 来表示 z 轴。

（5）同样为 "右图标" 建立一个 x 轴随 "中图标" 变化的表达式。其中最后的数值以 "[a,b]" 数组表示，如图 18-24 所示。

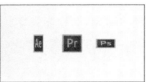

图 18-24　为 "右图标" 层添加表达式

操作 9：表达式中不同属性的数值关联

（1）打开本章操作对应的合成，合成中有 "足球" 和 "地板" 两个图层。按 P 键展开 "足球" 图层的 "位置" 属性，设置第 0 帧时为（960，100）、第 1 秒时为（960，900），如图 18-25 所示。

图 18-25　设置 "位置" 关键帧

（2）按 Shift+S 键增加显示 "缩放" 属性，按住 Alt 键单击 "缩放" 前的秒表，打开表达式输入栏，填写 "a="，然后在 🔘 "表达式关联器" 按钮上按住鼠标左键，并拖至本图层 "位置" 属性的 y 轴数值上释放，生成链接表达式，以半角分号结束第一行表达式，换行输入以下部分。

```
b=900; x=100+((a-)/100); y=100-(a-b)/100;
[x,y]
```

可以在表达式行后添加相应的注释。将时间移至第 0 帧处，可以看到因 "位置" 中 y 轴数值变小使 "缩放" 的 x 轴数值变小、y 轴数值变大，如图 18-26 所示。

图 18-26　设置表达式并注释

（3）预览动画，如图 18-27 所示。

图 18-27　预览动画效果

（4）选中"足球"图层，选择"效果 > 模糊和锐化 > 定向模糊"命令，按住 Alt 键单击"定向模糊"效果下"模糊长度"前的秒表，打开表达式输入栏，填写"(900-transform.position[1])/10"，如图 18-28 所示。

图 18-28　设置模糊效果的表达式

（5）将时间移至第 0 帧处，可以看到"位置"中 y 轴数值变小使"模糊长度"的数值变大，"位置"中 Y 轴数值为 900 时，"模糊长度"的数值为 0。预览动画，如图 18-29 所示。

图 18-29　预览动画

18.3　表达式的控制效果

使用表达式控制效果，可将属性链接到处理一个或多个属性值的控制。单个控制可影响多个属性。

表达式控制效果的名称指示其提供的属性控制类型，包括角度控制、复选框控制、颜色控制、图层控制、点控制、滑块控制和 3D 点控制。

操作 10：表达式滑块控制效果

（1）打开本章操作对应的合成，合成中为一个三维场景，建立一个"空对象"层，命名为"控制层"。选择"效果 > 表达式控制 > 滑块控制"命令，并在图层中展开其下的"滑块"。

（2）再建立一个"环境光"层，展开"灯光选项"下的"强度"，如图 18-30 所示。

图 18-30　打开合成并建立"控制层"和灯光

（3）按住 Alt 键单击"强度"前的秒表，打开表达式输入栏，在"表达式关联器"按钮上按住鼠标左键，并拖至滑块属性上释放，生成链接表达式，如图 18-31 所示。

图 18-31　建立表达式链接

（4）这样设置好使用"滑块"来控制场景的亮度，测试"滑块"的数值，低于 50 时过暗，高于 130 时过亮。可以更改滑条 0 至 100 的默认数值，在"滑块"名称上右击，选择"编辑值"，将"滑块范围"设为 50 至 130，单击"确定"按钮，如图 18-32 所示。

图 18-32　更改"滑块"属性默认数值范围

（5）在设置的滑条上拖动"滑块"的数值，可以调整场景的亮度，如图 18-33 所示。

图 18-33　拖动"滑块"的数值可以调整场景的亮度

操作 11：表达式复选框和 3D 点控制效果

（1）打开本章操作对应的合成，为与操作 10 相同的三维场景。建立一个"空对象"层，命名为"摄像控制"，在"效果和预设"面板的搜索栏中输入"控制"字样，显示"表达式控制"下的效果，依次选中"复选框控制""3D 点控制""滑块控制"，将其一起拖至时间轴的"摄像控制"层上。然后选中"3D 点控制"，按 Ctrl+D 键创建副本，并分别重命名为"复选框控制 景深开关""3D 点控制 摄像机目标""3D 点控制 摄像机位置""滑块控制 焦距"，如图 18-34 所示。

图 18-34　建立"摄像控制"层并添加表达式控制效果

（2）展开"摄像机 1"下的"目标点""位置""景深""焦距"属性，按住 Alt 键的同时单击秒表添加表达式，并在"表达式关联器"按钮上按住鼠标左键，拖至"摄像控制"层上对应效果的属性上释放，生成链接表达式，并分别设置"3D 点控制 摄像机目标""3D 点控制 摄像机位置"的数值，打开"复选框控制 景深开关"，调整"滑块控制 焦距"的数值，如图 18-35 所示。

图 18-35　建立表达式链接

（3）设置"复选框控制 景深开关"第 0 帧时为"开"，第 1 秒 10 帧时为"关"。设置"滑块控制 焦距"第 0 帧时为 2250，第 1 秒时为 5300，如图 18-36 所示。

图 18-36　设置表达式控制效果的关键帧

（4）预览动画效果，景深效果中，第 0 帧时前面第 1 个人物为清晰状态，至第 1 秒时，清晰的景深范围向后移至第 4 个人物处，在第 1 秒 10 帧处，控制景深开关的"复选框"切换为"关"后，景深效果消失，如图 18-37 所示。

图 18-37　预览动画效果

操作 12：表达式角度和颜色控制效果

（1）打开本章操作对应的合成，为与操作 11 相同的三维场景。建立一个类型为"环境"的"灯光 1"，一个类型为"聚光"的"灯光 2"。建立一个"空对象"层并命名为"灯光控制"，为其添加两个表达式控制效果，并分别重命名为"颜色控制 射灯颜色"和"角度控制 射灯角度"，如图 18-38 所示。

（2）展开"灯光 2"下的"X 轴旋转"和"颜色"属性，按住 Alt 键单击秒表添加表达式，并在"表达式关联器"按钮上按住鼠标左键，拖至"灯光控制"层上对应效果的属性上释放，生成链接表达式。设置"颜色控制 射灯颜色"第 0 帧为红色，第 12 帧为绿色，第 1 秒为蓝色。设置"角度控制 射灯角度"第 0 帧为 -20°，第 1 秒为 20°，如图 18-39 所示。

图 18-38　建立灯光和"灯光控制"层

图 18-39　设置表达式连接和表达式控制效果的关键帧

（3）预览动画效果，如图 18-40 所示。

图 18-40　预览动画效果

18.4　实例一：放大镜

本实例将为一张放大镜的图片建立蒙版去除背景，再使用表达式制作查看放大文字的动画效果，实例效果如图 18-41 所示。

图 18-41　实例效果

实例的合成流程图示如图 18-42 所示。

图 18-42　实例的合成流程图示

步骤 1：导入素材

在"项目"面板中双击打开"导入文件"对话框，将本实例准备的图片文件全部选中，单击"导入"，将其导入"项目"面板。

步骤 2：处理放大镜图片

（1）从"项目"面板中将"放大镜 .jpg"拖至"新建合成"按钮上释放，建立"放大镜"合成。

（2）在工具栏中选择椭圆工具，选中"放大镜 .jpg"层，按住 Shift 键在其上按圆形的镜面外轮廓绘制一个圆形的蒙版，调整蒙版的大小和位置与镜面对齐，如图 18-43 所示。

图 18-43　按图像绘制圆形蒙版

提示

可以暂时将蒙版默认的"相加"运算方式修改为"无"，方便查看，在操作中相应放大视图。

（3）选中"蒙版 1"，按 Ctrl+D 键创建副本"蒙版 2"，然后将"蒙版 2"设为"相减"运算方式，"蒙版扩展"设为 -20，如图 18-44 所示。

图 18-44　创建蒙版副本并设置运算方式

（4）在视图面板下方单击 ▣ 按钮，选中"标题 / 动作安全"，这样视图中心会出现十字标记。再次单击 ▣ 按钮，选中"标尺"（快捷键为 Ctrl+R），在合成视图中显示标尺。将鼠标指针移至顶部标尺上，按住鼠标左键向下拖动，拖出一条水平参考线到视图中部。再将鼠标指针移至左侧标尺上，按住鼠标左键向右拖动，拖出一条垂直参考线到视图中部。放大视图，将两个参考线移至十字标记上居中，如图 18-45 所示。

（5）对照参考线移动"放大镜 .jpg"层，使其镜面居中放置，并在工具栏中选择锚点工具，将图层的锚点也移至十字标记上居中，在时间轴上"锚点"和"位置"的数值将发

图 18-45　建立居中的参考线

生改变，如图 18-46 所示。

图 18-46　将图层以镜面图像居中放置

（6）双击打开"放大镜 .jpg"图层，打开其图层视图，将原"蒙版 1"和"蒙版 2"的运算方式暂时设置为"无"。在工具栏中选择钢笔工具，在图层视图中为放大镜手柄绘制"蒙版 3"，如图 18-47 所示。

图 18-47　按图像绘制蒙版

（7）在时间轴中将图层的"缩放"设为（62，62%），完成放大镜图片的处理，如图 18-48 所示。

图 18-48　调整"缩放"

步骤 3：建立"图"合成

（1）按 Ctrl+N 键打开"合成设置"对话框，将合成名称设为"图"，将"预设"选择为"HDTV 1080 25"，将持续时间设为 10 秒，单击"确定"按钮建立合成。

（2）从"项目"面板中将"AE 图 .jpg"拖至时间轴中，这是一个 4K 尺寸的图片，按 Ctrl+Shift+Alt+H 键将图片设置为适合当前合成宽度的比例，如图 18-49 所示。

图 18-49　放置图像并调整比例

步骤 4：建立"放大镜动画"合成

（1）按 Ctrl+N 键打开"合成设置"对话框，将合成名称设为"放大镜动画"，将"预设"选择为

"HDTV 1080 25"，将持续时间设为 10 秒，单击"确定"按钮建立合成。

（2）从"项目"面板中将"放大镜"和"图"拖至时间轴中。选中"图"层，按 Ctrl+D 键创建一个副本，分别按主键盘的 Enter 键将其重新命名为"放大图"和"底图"。

（3）选中"放大图"层，选择"效果 > 扭曲 > 凸出"命令，添加凸透镜放大的效果。

（4）在时间轴中选中"放大镜"层，按 S 键展开"缩放"属性，再展开"放大图"层"凸出"效果属性。按住 Alt 键单击"水平半径"前的秒表建立表达式，并将表达式关联器拖至"放大镜"层"缩放"属性的一个数值上释放，自动建立关联表达式，保持数值与目标一致，如图 18-50 所示。

图 18-50　添加效果并设置表达式

（5）因为圆形的凸出效果中"垂直半径"与"水平半径"一样，所以这里建立一个"垂直半径"并链接到"水平半径"上。按住 Alt 键单击"垂直半径"前的秒表建立表达式，并将表达式关联器拖至"水平半径"属性上释放，自动建立关联表达式，保持数值与目标一致，如图 18-51 所示。

图 18-51　建立表达式链接

（6）此时的凸出效果范围较小，在"水平半径"属性表达式的后面添加输入"*3"，即将目标数值乘以 3，如图 18-52 所示。

图 18-52　修改表达式数值

提示

这里乘以一个系数使凸出效果的范围与放大镜一致，根据放大镜放大倍数的不同，需要乘以不同的系数。

（7）当放大镜移动时，凸出效果的中心点需要跟随放大镜一起移动。选中"放大镜"层，按 P 键展开其"位置"属性，按住 Alt 键单击"凸出中心"前的秒表建立表达式，并将表达式关联器拖至"放大镜"层"位置"属性的名称上释放，自动建立关联表达式，保持数值与目标一致，如图 18-53 所示。

（8）"凸出高度"属性的数值影响着放大效果，选中"放大镜"层，按 S 键展开"缩放"属性，按住 Alt 键单击"凸出高度"前的秒表建立表达式，并将表达式关联器拖至"放大镜"层"缩放"属性的一个数值上释放，自动建立关联表达式。因为这个数值太大，所以在表达式后添加输入"/50"，如图 18-54 所示。

图 18-53　建立表达式链接

图 18-54　设置表达式

（9）这样在制作放大镜动画时，靠近"底图"，即"放大镜"缩小时将减小凸出效果；远离"底图"，即"放大镜"放大时将增大凸出效果，同时在远离"底图"过多时放大镜会产生模糊。选中"放大图"，选择"效果 > 模糊和锐化 > 高斯模糊"命令，并在时间轴中展开"高斯模糊"，按住 Alt 键单击"模糊度"前的秒表建立表达式，在表达式填写栏中输入"a="，将表达式关联器拖至"放大镜"层"缩放"属性的一个数值上释放，自动建立关联表达式，然后输入";"（半角的分号），按主键盘的 Enter 键换行，再输入"a/100*(a-100)"并按小键盘的 Enter 键结束输入状态，其中均使用半角的字符，如图 18-55 所示。

图 18-55　添加效果并设置表达式

（10）按 Ctrl+Shift+A 键取消时间轴中的所有选择，双击工具栏中的椭圆工具，在时间轴中建立了一个形状图层，按主键盘上的 Enter 键将其重命名为"镜面遮罩"，将其拖至"放大图"的上层。

（11）选中"放大镜"层和"镜面遮罩"层，按 P 键展开其"位置"属性，按住 Alt 键单击"镜面遮罩"层"位置"前的秒表建立表达式，并将表达式关联器拖至"放大镜"层"位置"属性名称上释放，自动建立关联表达式，如图 18-56 所示。

图 18-56　添加表达式链接

（12）展开"放大图"的"凸出"效果，再展开"镜面遮罩"下的"椭圆路径 1"，按住 Alt 键单击"大小"前的秒表建立表达式，在表达式填写栏中输入"a="，将 ⊙ 表达式关联器拖至"放大图"层"凸出"效果下的"水平半径"属性上释放，自动建立关联表达式。然后输入";"（半角的分号），按主键盘的 Enter 键换行，再输入"[2*a,2*a]"并按小键盘的 Enter 键结束输入状态，其中均使用半角的字符。这样使遮罩中由宽和长决定的圆的大小与"凸出"效果中的由半径决定的范围保持相同的大小，如图 18-57 所示。

（13）将"放大图"的轨道遮罩设为 Alpha 遮罩"镜面遮罩"，查看镜面中的区域为放大的效果，如图 18-58 所示。

（14）这样设置完毕，可以为"放大镜"制作移动、缩放和旋转的动画，同时自动产生相应的放大效果，如图 18-59 所示。

图 18-57 设置表达式

图 18-58 设置轨道遮罩

图 18-59 设置"放大镜"的关键帧动画

18.5 实例二：制作移动条动画

本实例将纯色层使用表达式制作成随机移动的条块动画，实例效果如图 18-60 所示。

图 18-60 实例效果

实例的合成流程图示如图 18-61 所示。

图 18-61 实例的合成流程图示

步骤 1：导入素材

在"项目"面板中双击打开"导入文件"对话框，将本实例准备的文件选中，单击"导入"，将其导入"项目"面板。

步骤 2：建立"移动条"合成

（1）按 Ctrl+N 键打开"合成设置"对话框，将合成名称设为"移动条"，将"预设"选择为"HDTV 1080 25"，将持续时间设为 10 秒，单击"确定"按钮建立合成。

（2）按 Ctrl+Y 键建立一个灰色的纯色层，RGB 为（128，128，128），按 S 键展开"缩放"，将其设为（5，100%），如图 18-62 所示。

图 18-62　建立纯色层并设置成条状

（3）按住 Alt 键单击"位置"前的秒表建立表达式，在表达式输入栏中输入"x="，然后单击 ◙ 按钮选择"Random Numbers>random(minValOrArray,maxValOrArray)"，在表达式输入栏中加入这样的语句，将其修改为"random(1，1920)"并添加"；"（半角分号），按主键盘的 Enter 键换行，输入"y="。将 ◙ 表达式关联器拖至"位置"属性的 y 轴数值上释放，自动建立关联表达式，如图 18-63 所示。

图 18-63　为"位置"建立表达式

（4）然后输入"；"（半角的分号），按主键盘的 Enter 键换行，再输入"[x,y]"并按小键盘的 Enter 键结束输入状态。查看结果，移动条图形在 1 ～ 1920 的屏幕宽度范围内左右随机移动，如图 18-64 所示。

图 18-64　设置随机左右移动的效果

（5）用相似的方法为移动条建立宽度的随机变化。按住 Alt 键单击"缩放"前的秒表建立表达式，在表达式输入栏中输入"x=random(2,10)"，按主键盘的 Enter 键换行输入"y="。将 ◙ 表达式关联器拖至"缩放"属性的 y 轴数值上释放，自动建立关联表达式，然后输入"；"（半角的分号），按主键盘的 Enter 键换行，再输入"[x,y]"并按小键盘的 Enter 键结束输入状态。查看结果，移动条图形的宽度在

2 ～ 10 之间随机变化，如图 18-65 所示。

图 18-65　建立"缩放"表达式

（6）为移动条的不透明度再建立一个随机变化。按住 Alt 键单击"不透明度"前的秒表建立表达式。在表达式输入栏中输入"random(10,100)"，按小键盘的 Enter 键结束输入状态。查看结果，移动条图形的"不透明度"在 10% ～ 100% 之间随机变化，如图 18-66 所示。

图 18-66　建立"不透明度"表达式

（7）选中纯色层，按 Ctrl+D 键 3 次创建 3 个副本，并选中其中一层，按 Ctrl+Shift+Y 键打开"纯色设置"对话框。将其中的灰色更改为白色，将图层均设为"屏幕"模式，从而得到一组随机的移动条，如图 18-67 所示。

图 18-67　创建副本并设置图层模式

步骤 3：建立"叠加移动条效果"合成

（1）按 Ctrl+N 键打开"合成设置"对话框，将合成名称设为"叠加移动条效果"，将"预设"选择为"HDTV 1080 25"，将持续时间设为 10 秒，单击"确定"按钮建立合成。

（2）按 Ctrl+Y 键建立一个绿色层，RGB 为（50，160，45），按 Ctrl+D 键创建一个副本。

（3）单击打开上面层的"三维图层"开关，展开"变换"属性，设置"X 轴旋转"为 90°，"位置"为（960，1000，0）、"缩放"为（200，200，200%）。再选择"效果 > 生成 > 梯度渐变"命令，设置"起始颜色"为白色、"结束颜色"为 RGB（50，160，45）的绿色，如图 18-68 所示。

图 18-68　建立渐变层

（4）从"项目"面板中将"舞蹈 .mov"拖至时间轴中，按 S 键展开"缩放"属性，将其设为（66，66%），如图 18-69 所示。

图 18-69　放置素材

（5）选中"舞蹈 .mov"层，选择"效果 > 抠像 > 亮度键"命令，抠除黑色的背景，将"阈值"设为 10。由于边缘残留一些黑色，再选择"效果 > 生成 > 填充"命令，将"颜色"设为白色，如图 18-70 所示。

图 18-70　抠除背景色并填充白色

（6）从"项目"面板中将"移动条"拖至时间轴中，设为"屏幕"模式，按 Ctrl+D 键创建一个副本，将其中一层的"位置"设为（960，328），并在第 5 秒处按 Ctrl+Shift+D 键分割图层，如图 18-71 所示。

图 18-71　分割图层

（7）将两个分割开的图层交换前后顺序，从而得到位置不同的移动条，完成实例的制作，如图 18-72 所示。

图 18-72　交换前后顺序

18.6　实例三：滚动与位移

本实例为一张汽车图片进行去背处理，再使用表达式设置由车轮的旋转带动汽车行驶的动画，实例效果如图 18-73 所示。

图 18-73　实例效果

实例的合成流程图示如图 18-74 所示。

图 18-74　实例的合成流程图示

步骤 1：导入素材

在"项目"面板中双击打开"导入文件"对话框，将本实例准备的图片文件选中，单击"导入"，将其导入"项目"面板。

步骤 2：处理汽车图片

（1）从"项目"面板中将"汽车 .jpg"拖至"新建合成"按钮上释放，建立"汽车"合成。按 Ctrl+K 键打开"合成设置"对话框，将合成背景设置为方便查看透明图像的颜色背景，这里为绿色。

（2）在工具栏中选择 Roto 笔刷工具，双击"汽车 .jpg"图层，在打开的图层视图中，在汽车图像上绘涂抠除背景。可以按住 Ctrl 键拖动调节画笔的大小，在边缘处多次绘涂补充选区范围，或者按住 Alt 键绘涂排除选区范围，如图 18-75 所示。

图 18-75　使用 Roto 笔刷工具抠除背景

（3）切换到合成视图，查看边缘，再从工具栏中选择钢笔工具，建立蒙版辅助去除边缘残留的部分，并为后面单独放置轮子的位置留出空间，如图 18-76 所示。

图 18-76　进一步建立蒙版

步骤 3：设置"车轮"合成

（1）从"项目"面板中将"汽车 .jpg"拖至"新建合成"按钮上释放，建立合成，并将合成重新命名为"车轮"。

（2）在工具栏中选择椭圆工具，为"车轮"时间轴中图像的前轮建立一个蒙版，如图 18-77 所示。

图 18-77　建立车轮图像的蒙版

（3）选中图层，按 Ctrl+D 键创建一个副本，选中下面层，将"蒙版扩展"设为 5。选择"效果 > 生成 > 填充"命令，将颜色设为黑色，如图 18-78 所示。

图 18-78　创建副本并填充黑色

（4）在合成视图面板下部选择目标区域，在视图中参照轮子图像建立方形区域，选择"裁剪合成到目标区域"命令，如图 18-79 所示。

图 18-79　裁剪合成

（5）按 Ctrl+K 键打开"合成设置"对话框，将"宽度"和"高度"设置为相同的数值，这里均为160。关闭时间轴中下层的显示，如图 18-80 所示。

图 18-80　设置合成

步骤 4：设置"车轮亮面"合成

（1）在"项目"面板中选中"车轮"，按 Ctrl+D 键创建副本，并重新命名为"车轮亮面"，打开其时间轴，打开下层的显示。选中上层的"汽车.jpg"层，选择"效果＞生成＞填充"命令，设置颜色为白色，如图18-81所示。

（2）选中上层的蒙版向上移动，并将"蒙版羽化"设为（0，10）、"蒙版扩展"设为-2，如图18-81所示。

图18-81　设置"填充"效果和蒙版效果

（3）从"项目"面板中将"车轮"拖至时间轴中，查看轮子的上部有亮光的效果，如图18-82所示。

图18-82　制作轮子上部的亮光效果

步骤5：设置"行驶的汽车"合成

（1）按Ctrl+N键打开"合成设置"对话框，将合成名称设为"行驶的汽车"，将"预设"选择为"HDTV 1080 25"，将持续时间设为10秒，单击"确定"按钮建立合成。

（2）按Ctrl+Y键建立纯色层，选择"效果＞生成＞梯度渐变"命令，设置"渐变起点"为（960，540）、"起始颜色"为RGB（168，168，168）的灰色、"渐变终点"为（1000，1000）、结束颜色为黑色、"渐变形状"为"径向渐变"。单击打开图层的"三维图层"开关，设置"X轴旋转"为90°、"位置"为（960，786，0）、"缩放"为（400，400，400%），如图18-83所示。

图18-83　　设置渐变平面效果

（3）再按Ctrl+Y键建立纯色层，选择"效果＞生成＞梯度渐变"命令，设置"起始颜色"为白色、"结束颜色"为黑色、"渐变形状"为"径向渐变"。单击打开图层的"三维图层"开关，设置"位置"为（960，-285，2000）、"缩放"为（200，200，200%），如图18-84所示。

图 18-84　设置渐变背景

（4）从"项目"面板中将"汽车"拖至时间轴中，将时间移至前面使用 Roto 抠像完成的时间段，这里为图层入点处，选择"图层 > 时间 > 冻结帧"命令。

（5）从"项目"面板中将"车轮"和"车轮亮面"拖至时间轴中，移至汽车图像中的前轮处，然后选中这两层，按 Ctrl+C 键复制，再按 Ctrl+V 键粘贴，并移至汽车图像中的后轮处，如图 18-85 所示。

图 18-85　放置汽车图层

（6）将前轮的两个图层重命名为"前车轮"和"前车轮亮面"，将后轮的两个图层重命名为"后车轮"和"后车轮亮面"。

（7）在时间轴的空白处右击，选择"新建 > 空对象"命令新建一个空层，并重命名为"移动"，如图 18-86 所示。

图 18-86　设置父级层

（8）选中"前车轮"层，按 R 键展开其"旋转"，按住 Alt 键单击其前面的秒表建立表达式，在表达式输入栏中输入以下表达式。

```
距离=thisComp.layer("移动").transform.position[0]; 周长=width*Math.PI;
（距离/周长）*360
```

其中，thisComp.layer（"移动"）.transform.position[0] 可以使用表达式关联器链接到"移动"层"位置"的 x 轴数值上得到。width 在单击 ▶ 按钮弹出的表达式菜单中的 Comp 下，Math.PI 在表达式菜单中的 JavaScript Math 下，如图 18-87 所示。

图 18-87　设置"前车轮"的表达式

（9）选中"后车轮"层，按 R 键展开其"旋转"属性，按住 Alt 键单击其前面的秒表建立表达式，直接使用表达式关联器拖至"前车轮"层的"旋转"属性上释放，建立表达式关联即可，如图 18-88 所示。

图 18-88　设置"后车轮"的表达式

（10）选中地平面的纯色层，按Ctrl+D键创建一个副本，在原层上面将其重命名为"阴影"，修改"梯度渐变"中原来的灰色为黑色，在工具栏中选择圆角矩形工具，参照视图中汽车的底部，在"阴影"层上绘制一个蒙版，将"蒙版羽化"设为（100，100）。将"阴影"层的父级层也选择为"移动"层，如图 18-89 所示。

图 18-89　设置阴影

（11）这样可以为汽车制作轮子跟随转动的行驶动画，这里为"移动"层的"位置"设置关键帧，如图 18-90 所示。

图 18-90　设置行驶动画

18.7　实例四：制作折扇动画

本实例使用一张低分辨率的折扇图片作为参考，重新建立折扇的各部分图形，并使用表达式设置折扇图形的动画效果。通过这个实例会感受到表达式能在某些方面实现"不可能"的想法，实例效果如图 18-91 所示。

图 18-91　实例效果

实例的合成流程图示如图 18-92 所示。

图 18-92　实例的合成流程图示

步骤 1：导入素材

在"项目"面板中双击打开"导入文件"对话框，将本实例准备的图片文件中，单击"导入"，将其导入"项目"面板。

步骤 2：建立"外折片"合成

（1）按 Ctrl+N 键打开"合成设置"对话框，将合成名称设为"外折片"，将"预设"选择为"HDTV 1080 25"，将持续时间设为 10 秒，单击"确定"按钮建立合成。

（2）从"项目"面板中将"折扇.jpg"拖至时间轴中，在视图面板下方单击■按钮，在弹出菜单中选中"标题／动作安全"，视图中心出现十字标记。将折扇调整到扇钉位置视图中心的十字标记处，然后选择工具栏中的锚点工具，将图层的锚点移至中心的十字标记处。调整旋转角度使扇外折位于右侧水平的角度，这里"旋转"为 25.5°。调整适当的大小，这里"缩放"设为（150，150%）。在工具栏中选择钢笔工具，为外折片绘制一个蒙版，如图 18-93 所示。

图 18-93　绘制外折片蒙版

（3）按 Ctrl+Y 键建立一个纯色层，选择"效果 > 杂色和颗粒 > 分形杂色"命令，设置"分形类型"为"涡旋"、"杂色类型"为"线性"、效果中"变换"下的"旋转"为 30°、"统一缩放"为关、"缩放宽度"为 5000、"偏移（湍流）"为（490，300），如图 18-94 所示。

图 18-94　建立纹理图案

（4）选择"效果 > 颜色校正 > 色调"命令，设置"将黑色映射到"为 RGB（183，130，95），设置"将白色映射到"为 RGB（102，81，57），如图 18-95 所示。

图 18-95　映射颜色

（5）选择"效果 > 生成 > 梯度渐变"命令，设置"渐变起点"为（870，500）、"起始颜色"为RGB（64，43，29）、"渐变终点"为（1728，520）、"结束颜色"为RGB（130，92，64）、"与原始图像混合"为30%，将图层的"缩放"设为（100，10%），如图18-96所示。

图 18-96　添加渐变色并缩放大小

（6）将纯色层拖至"折扇.jpg"层的下面，并设置轨道遮罩，如图18-97所示。

图 18-97　设置轨道遮罩

步骤3：建立"内折片"合成

（1）在"项目"面板中选中"外折片"，按Ctrl+D键创建副本，并重命名为"内折片"，双击打开其时间轴面板。

（2）调整"折扇.jpg"蒙版右侧的两个锚点，减小间距，并向左侧移动一些，即缩短折片的长度。"内折片"图形与"外折片"图形的对比如图18-98所示。

图 18-98　设置内折片图形

步骤4：建立"纸面单折"合成

（1）在"项目"面板中选中"外折片"，按Ctrl+D键创建副本，并重命名为"纸面单折"，双击打开其时间轴面板。在其中删除纯色层，删除"折扇.jpg"的蒙版。

（2）在视图面板下方单击▣按钮，在弹出菜单中选中"标题/动作安全"，视图中心出现十字标记。再次单击▣按钮，在弹出菜单中选中"标尺"（快捷键为Ctrl+R），在合成视图中显示标尺。将鼠标指针移至顶部标尺上，按住鼠标左键向下拖动，拖出一条水平参考线到视图中部。

（3）将"折扇.jpg"层的"旋转"设为38°，使其一条内折片与参考线水平。按Ctrl+Y键建立一个纯色层，暂时关闭显示，参照内折片部分的纸面图像绘制一个蒙版，如图18-99所示。

图 18-99　调整图像绘制纸面图形蒙版

（4）打开纯色层的显示，关闭"折扇.jpg"层的显示。在时间轴顶层新建一个"调整图层 1"，选择"效果 > 生成 > 梯度渐变"命令，设置"渐变起点"为（1258，496）、"起始颜色"为 RGB（180，180，180）、"、渐变终点"为（1746，608）、"结束颜色"为 RGB（200，200，200），如图 18-100 所示。

图 18-100　设置渐变色

步骤 5：建立"纸面对折"合成

（1）在"项目"面板中，将"纸面单折"拖至"新建合成"按钮上释放建立合成，并将合成重命名为"纸面对折"。在打开的时间轴中选择"纸面单折"层，按 Ctrl+D 键创建副本，并设置下面层的"缩放"为（100，-100%），如图 18-101 所示。

图 18-101　创建副本

（2）返回到"纸面单折"合成的时间轴中选中"调整图层 1"，按 Ctrl+C 键复制，再切换到"纸面对折"合成的时间轴中，按 Ctrl+V 键粘贴，放在第 2 层，并修改"起始颜色"为 RGB（150，150，150）、"结束颜色"为 RGB（180，180，180），如图 18-102 所示。

图 18-102　设置渐变颜色

步骤 6：建立"折片动画"合成

（1）按 Ctrl+N 键打开"合成设置"对话框，将合成名称设为"折片动画"，将"预设"选择为"HDTV 1080 25"，将持续时间设为 10 秒，将"背景颜色"设为中间色（青色），便于查看透明背景的图像，单击"确定"按钮建立合成。

（2）从"项目"面板中将"内折片"和"外折片"拖至时间轴中，选择"外折片"，按 Ctrl+D 键创建一个副本，然后分别重命名为"右外折片"和"左外折片"。在时间轴空白处右击，选择"新建 > 空对象"命令，建立一个空层，并重命名为"折扇控制"。从上至下按"折扇控制""右外折片""内折片""左外折片"的顺序放置，如图 18-103 所示。

图 18-103　放置图层并建立控制层

（3）选中"折扇控制"层，选择"效果 > 表达式控制 > 角度控制"，选中图层下的"角度控制"效果，按 Ctrl+D 键创建一个副本，然后按主键盘的 Enter 键将这两个效果分别重命名为"右外折片角度控制"和"左外折片角度控制"，如图 18-104 所示。

图 18-104　添加控制效果

（4）展开"折扇控制"层"左外折片角度控制"下的"角度"，选中"左外折片"层，按 R 键展开其"旋转"属性，按住 Alt 键单击"旋转"前的秒表建立表达式，并将 表达式关联器拖至"折扇控制"层"左外折片角度控制"的"角度"上释放，自动建立关联表达式，如图 18-105 所示。

图 18-105　建立表达式

（5）展开"折扇控制"层"右外折片角度控制"下的"角度"，选中"右外折片"层，按 R 键展开其"旋转"属性，按住 Alt 键单击"旋转"前的秒表建立表达式，并将 表达式关联器拖至"折扇控制"层"右外折片角度控制"的"角度"上释放，自动建立关联表达式，如图 18-106 所示。

图 18-106　建立表达式

（6）将"折扇控制"层"右外折片角度控制"的"角度"设为 -10°，将"左外折片角度控制"的"角度"设为 -170°，如图 18-107 所示。

图 18-107　调整控制效果属性数值

（7）选中"右外折片""内折片""左外折片"，按 R 键展开"旋转"属性。按住 Alt 键单击"内折片"层"旋转"前的秒表建立表达式，在表达式填写栏中输入"a="，将◎表达式关联器拖至"右外折片"层的"旋转"上释放，自动建立关联表达式，添加";"（半角分号），按主键盘的 Enter 键换行，输入"b="，将◎表达式关联器拖至"左外折片"层的"旋转"上释放，自动建立关联表达式，添加";"（半角分号），按主键盘的 Enter 键换行，输入以下表达式。

```
m=thisComp.layer("右外折片").index; n=thisComp.layer("左外折片").index; x=(b-a)/(n-m);
(index-m)*x+a
```

按小键盘的 Enter 键结束输入状态，如图 18-108 所示。

图 18-108　建立表达式

（8）此时的"内折片"将根据两个外折片的角度变化，始终位于两个外折片的中间。在时间轴上部栏列名称处右击，选择弹出菜单"列数 > 父级和链接"命令，显示"父级和链接"栏，将"右外折片""内折片""左外折片"层的"父级和链接"栏均设为"折扇控制"，适当下移"折扇控制"层，如图 18-109 所示。

图 18-109　建立父级层

（9）选中"内折片"，按 Ctrl+D 键 24 次，创建 24 个副本，如图 18-110 所示。

图 18-110　创建副本

步骤 7：建立"折纸动画"合成

（1）在"项目"面板中选中"折片动画"，按 Ctrl+D 键创建副本，并重命名为"折纸动画"，打开其合成的时间轴面板。

（2）选中"折纸动画"时间轴中所有"内折片"层，按住 Alt 键的同时从"项目"面板中将"纸面对折"拖至其上释放，将其全部替换，如图 18-111 所示。

图 18-111　替换图层

（3）选中底层的"左外折片"层，按 Ctrl+D 键创建副本层，并将副本层拖至底层，如图 18-112 所示。

图 18-112　创建副本

（4）选中这个副本层，按住 Alt 键从"项目"面板中将"纸面对折"拖至其上释放，将其替换，并按主键盘的 Enter 键将其重命名为"纸面对折补"。这是因为在实际的折扇中，纸面折始终会比内折多一份。然后关闭"左外折片"和"右外折片"图层的显示，如图 18-113 所示。

图 18-113　替换图层

（5）调整"右外折片角度控制"和"左外折片角度控制"的数值，查看效果，如图 18-114 所示。

图 18-114　调整控制属性数值并查看效果

（6）为各个"纸面对折"的宽度设置随折扇的开合而变化的效果。展开"折扇控制"层"右外折片角度控制"和"左外折片角度控制"下的"角度"，选择其中的一个"纸面对折"层，按 S 键展开其"缩放"属性，按住 Alt 键单击"缩放"前面的秒表建立表达式，在表达式填写栏中输入"a="，将表达式关联器拖至"折扇控制"层"右外折片角度控制"的"角度"上释放，自动建立关联表达式。添加"；"（半角分号），按主键盘的 Enter 键换行，输入"b="，将表达式关联器拖至"折扇控制"层"左外折片角度控制"的"角度"上释放，自动建立关联表达式。添加"；"（半角分号），按主键盘的 Enter 键换行，输入"x="，将表达式关联器拖至本层"缩放"的 x 轴数值上释放，自动建立关联表达式。添加"；"（半角分号），按主键盘的 Enter 键换行，输入以下表达式。

```
c=(a-b)/180;      // 宽度变化范围  d=1/3;       // 最小宽度比  y=(d+c*2/3)*100;
[x,y]
```

这样，"纸面对折"层的 y 轴向宽度随折片的展开角度变化而变化，如图 18-115 所示。

图 18-115　建立表达式

（7）单击选中当前设置好的"缩放"属性名称，按 Ctrl+C 键复制，再选中其余所有的"纸面对折"图层，包括"纸面对折补"层，按 Ctrl+V 键粘贴，将这些层添加相同的"缩放"属性表达式。查看效果，如图 18-116 所示。

图 18-116　设置缩放动画效果

（8）选中"纸面对折"层，选择"效果 > 透视 > 投影"命令，设置"不透明度"为 15%、"方向"为 0°、"距离"为 2。然后选中"投影"效果名称，按 Ctrl+C 键复制，再选中其余所有的"纸面对折"图层，包括"纸面对折补"层，按 Ctrl+V 键粘贴，将这些层添加相同的"投影"效果。这样在折扇展开角度较小时也有了折痕，如图 18-117 所示。

图 18-117　设置"投影"效果

步骤 8：建立"折扇开合动画"合成

（1）按 Ctrl+N 键打开"合成设置"对话框，将合成名称设为"折扇开合动画"，将"预设"选择为"HDTV 1080 25"，将持续时间设为 10 秒，单击"确定"按钮建立合成。

（2）切换到"折片动画"合成的时间轴中选中"折扇控制"层，按 Ctrl+C 键复制，再切换回"折扇开合动画"合成时间轴中，按 Ctrl+V 键粘贴。

（3）在"折扇开合动画"时间轴上部的合成名称标签处右击，选择"浮动面板"命令，将"折扇开合动画"转换为浮动面板状态，展开其"折扇控制"下"右外折片角度控制"和"左外折片角度控制"

的"角度"。

（4）切换到"折片动画"合成时间轴中，展开"折扇控制"下"左外折片角度控制"的"角度"，按住 Alt 键单击前面的秒表建立表达式。将 表达式关联器拖至浮动的"折扇开合动画"合成时间轴中对应的"折扇控制"层"左外折片角度控制"的"角度"上释放，自动建立关联表达式，如图 18-118 所示。

图 18-118　使用关联器跨合成建立关联表达式

（5）同样，为"折片动画"合成时间轴中"折扇控制"下"右外折片角度控制"的"角度"建立对应的关联表达式。然后为"折纸动画"合成时间轴中"折扇控制"下的两个角度控制建立同样的表达式关联到"折扇开合动画"合成中的"折扇控制"下，如图 18-119 所示。

图 18-119　在两个合成间建立关联表达式

（6）将"折纸动画"和"折片动画"合成中的"折扇控制"层更改过的"变换"属性重置为默认数值，即将"位置"恢复为（960，540），以视图中心为旋转中心。同时关闭这两个合成中"右外折片"和"左外折片"层的显示。

（7）从"项目"面板中将"折纸动画"和"折片动画"拖至时间轴中，并打开图层的 "折叠变换"开关。

（8）从"折纸动画"合成中选择"右外折片""左外折片"两个图层，按 Ctrl+C 键复制，切换到"折扇开合动画"合成中，按 Ctrl+V 键粘贴，调整各层的顺序，并将"折扇控制"之外图层的父级层均设为"折扇控制"，如图 18-120 所示。

图 18-120　设置父级层

（9）将"折扇控制"层的"位置"设为（960，850），展开其效果，将时间移至第 0 帧处，单击打开两个"角度"前面的秒表，设置"右外折片角度控制"的"角度"为 -90°，设置"左外折片角度控制"的"角度"为 -90°。将时间移至第 9 秒 24 帧处，设置"右外折片角度控制"的"角度"为 0°，设置"左外折片角度控制"的"角度"为 -180°，将"折纸动画"的"旋转"设为 2°，这样纸面与"右外折片"之间不再有空隙和错位，如图 18-121 所示。

图 18-121　设置控制属性数值关键帧

（10）最后，建立一个纯色层或形状层，为折扇绘制一个扇钉，完成实例的制作。查看此时的动画效果，如图 18-122 所示。

图 18-122　预览动画

测试题

1．如何运行脚本？
2．表达式中的 [0]、[1] 和 [2] 分别指什么？
3．表达式如何设置注释？
4．怎样将多个图层的属性通过一个层中的效果来控制？

第 19 章
时间、预览、输出与备份

合成动画制作中，时间概念贯穿始终，有必要对其进行全面的了解和总结。预览和输出也是必须掌握并灵活运用的设置操作，本章对时间、预览、输出和备份的相关内容进行列举和讲解。

19.1 合成中的时间操作

视频制作中，制作者时刻在与时间打交道，在合成制作时，可以采用"时间码"或"帧数"的显示样式。"时间码"显示样式适合大多数情况下的制作，而"帧数"显示样式对于在计算帧数制作动画时比较方便，制作过程中也可以随时切换。

操作 1：合成的时码类型

（1）在合成时间轴的左上方显示了当前时间指示器所在位置的时间码，按住 Ctrl 键在其上单击可以在"时间码"显示样式和"帧数"显示样式之间转换，如图 19-1 所示。

图 19-1　切换时间码和帧数显示

（2）要改变建立合成时默认的时间显示样式，可以选择"文件 > 项目设置"命令，在打开的对话框中选择"时间码"和"帧数"其中的一项，如图 19-2 所示。

图 19-2　更改默认时间显示样式

操作 2：素材和合成的起始时码

（1）合成通常将第 0 帧作为起始时码，但对于一些分段制作的项目，从某个时间点开始对于整个项目来说更直观。可以在"合成设置"对话框中设置"开始时间码"，如图 19-3 所示。

图 19-3　左侧为默认开始时间，右侧为自定义开始时间

（2）对于一些拍摄的素材，可以按源素材时码创建合成，这样可以方便与导演或摄像师之间按源素材时码定镜头时的交流。例如将导入的拍摄素材拖至"项目"面板的"新建合成"按钮上释放，按素材属性新建合成，合成的时码能够以素材的起始时码为起点，前提是"项目设置"中选中了"使用媒体源"的"时间码"，如图 19-4 所示。

图 19-4　使用媒体源时间码

（3）在"项目"面板中选中素材，在其上右击，选择"解释素材 > 主要"命令，或者是选择"文件 > 解释素材 > 主要"命令，在打开的对话框中，可以看到开始时间码的选项和设置。使用"覆盖开始时码"可以更改素材的开始时间码，如图 19-5 所示。

图 19-5　使用"解释素材"命令更改时间码

操作 3：合成的工作区时段

（1）在一个合成中有时只需输出使用其中的一部分，可以使用工作区来确定需要的时段。将时间移至需要时段的开始位置，按 B 键定义工作区开始点。再将时间移至需要时段的结束位置，按 N 键定义工作区结束点。也可以通过拖动工作区的两端确定范围，如图 19-6 所示。

图 19-6　按 B 和 N 键定义工作区

（2）确定了工作区范围之后，可以根据工作区来确定输出文件的时间范围。另外也可以进一步选择"合成 > 将合成裁剪到工作区"命令，自动适配合成持续时间为工作区范围。此时需要注意合成的开始时间码是从第 0 帧或其他时间点，如图 19-7 所示。

图 19-7　裁剪工作区

19.2 视频的快放、慢放、倒放和定格操作

视频的快放、慢放、倒放和定格是制作中经常使用的操作，可以在时间轴中的相关栏目和"时间"菜单中进行设置。

操作 4：视频的快放、慢放和入、出点设置

（1）对于视频图层的速度调整，可以单击时间轴左下方的 ◀▶ 按钮，显示出图层与时间和速度相关的"入""出""持续时间""伸缩"栏目。在其中可以通过拖动"入""出"栏的数值调整素材层自身启用部分的入、出点，即剪切图层的入、出点，相当于按 Alt+[键和 Alt+] 键的方式，如图 19-8 所示。

图 19-8　拖动数值剪切入、出点

（2）如果在"入""出"栏的数值上单击，可以弹出对话框，输入的数值将移动图层在时间轴中的入、出点，即移动图层所处时间位置，相当于按 [键和] 键的方式。例如先恢复素材为原始入、出点，在图层的"入"栏下单击数值，在弹出对话框中输入"100"，即 1 秒，此时图层的入点移至第 1 秒处，如图 19-9 所示。

图 19-9　输入数值移动入、出点

（3）通过拖动或单击的方式调整"持续时间""伸缩"栏的数值，可以修改素材图层的速度，从而影响素材层的长度，如图 19-10 所示。

图 19-10　调整素材速度

操作 5：视频的倒放

（1）在时间轴中选中视频素材层，选择"图层 > 时间 > 时间反向图层"命令，可以将视频设置为倒放效果，如图 19-11 所示。

图 19-11　使用菜单设置倒放

（2）在时间轴中查看，"持续时间"和"伸缩"栏的数值为负数时即为倒放效果，所以也可以通过修改数值为负数的方式得到倒放效果，如图 19-12 所示。

图 19-12　在时间轴中设置倒放

操作 6：视频的定格

（1）在时间轴中选中视频素材层，选择"图层 > 时间 > 冻结帧"命令，可以将动态的视频定格为一幅静止的图像，如图 19-13 所示。

图 19-13　使用"冻结帧"定格整段视频

（2）如果要得到播放到某个时间点再定格的效果，可以选择"图层 > 时间 > 启用时间重映射"命令，将时间移至需要定格的时间点，单击"时间重映射"前面的█按钮添加一个关键帧，然后在这个关键帧上右击，选择"切换定格关键帧"命令，如图 19-14 所示。

图 19-14　使用"时间重映射"设置定格时段

19.3　视频的无级变速操作

无级变速是影视特效中常用的视觉效果，在 AE 中使用时间重映射配合图表编辑器调整关键帧速率，能很快捷地制作出这种效果。

操作 7：视频的无级变速

（1）在时间轴中选中视频素材层，如图 19-15 所示。

图 19-15　使用的视频素材

（2）选择"图层 > 时间 > 启用时间重映射"命令，图层下添加"时间重映射"属性。在素材的入点和出点位置自动添加关键帧，并将原图层的出点向后无限延长，延长部分为出点位置的静帧画面，如图 19-16 所示。

图 19-16　启用时间重映射

（3）准备将原素材第 2 至 4 秒慢放，并且为速度递减和递增的效果。先在第 2 秒、第 4 秒处单击"时间重映射"前面的 ◎ 按钮添加两个关键帧，如图 19-17 所示。

（4）然后选中右侧两个关键帧，同时向右移动两秒，即原第 4 秒的关键帧移至第 6 秒处，如图 19-18 所示。

图 19-17　添加关键帧

图 19-18　增加关键帧间距

（5）单击时间轴上部的 ▣ 按钮，切换到图表编辑器，选中"时间重映射"属性，查看第 2、第 3 个关键帧之间的视频速度降为原来的 50%，此时速度为直接变化，如图 19-19 所示。

（6）选中第 2、第 3 个关键帧，单击 ▦ 按钮，将关键帧转变为自动贝塞尔曲线，此时速度的变化变得缓和，即从 100% 逐渐向 90%、80% 及更低速度下降，并在之后逐渐恢复到 100% 的速度。可以调整速度曲线中关键帧的手柄，使中间的速度更低，如图 19-20 所示。

图 19-19　在图表编辑器中查看

图 19-20　转变为自动贝塞尔曲线并调整速度曲线

（7）播放调整后汽车行驶的效果，开始和结束是以原速行驶，中间部分为逐渐放慢和逐渐恢复速度的效果，如图 19-21 所示。

图 19-21　预览动画

19.4　可循环素材的操作

循环素材的关键是末尾的画面与开始的画面能无缝衔接。AE 中可以将导入的素材设置循环的次数，当素材可循环播放时，就可以设置不受限制的长度了。

操作 8：制作可循环的视频素材

（1）对于不同制式的视频素材，帧速率也有所不同，这里导入一个 NTSC 制式的视频文件"原野流云 .mov"，准备将其转换为 PAL 制式 720P 分辨率的素材。先按 Ctrl+N 键新建一个"预设"为"HDV/HDTV 720 25"的合成，长度设为 25 秒。

（2）将"原野流云.mov"拖至时间轴中，缩放到满屏的大小，并注意其时长，如图 19-22 所示。

图 19-22　放置素材

提示

这里可以按 Ctrl+Shift+Alt+H 键以适配当前合成宽度来等比例缩放素材；按 Ctrl+Shift+Alt+G 键以适配当前合成高度来等比例缩放素材，适合人物照片类素材的缩放操作；如果不考虑宽高是否需要等比缩放，可以按 Ctrl+Alt+F 键。另外将小画面的视频放大为大画面时，画质不会提高，需要注意画质是否符合制作要求。

（3）在"项目"面板中选中"原野流云.mov"，选择"文件 > 解释素材 > 主要"命令，在打开的对话框中，默认使用原来的帧速率，即 29.97 帧 / 秒。选择"匹配帧速率"项，设为 25 帧 / 秒，单击"确定"按钮，原来的素材时长发生相应变化，如图 19-23 所示。

图 19-23　解释素材

（4）将当前时间指示器移至素材中部，选中素材，按 Ctrl+Shit+D 键分割开，将两段素材前后交换顺序，并在中间设置"不透明度"的渐变动画。这里将时间移至第 0 帧处，选中后半段的图层，按 [键，将时间移至第 14 秒 24 帧处，选中原来前半段的图层，按] 键，这样重新调整两层的时间位置，并选中上面层，在开始重叠处设置"不透明度"为 100%，在结束重叠处设置"不透明度"为 0%，并在 14 秒 24 帧处按 N 键设置工作区的结束点，如图 19-24 所示。

图 19-24　分割素材并设置

（5）这样，输出工作区时段为一个新的视频素材之后，因为新素材的入点与出点是原相邻的两帧，所以可以前后无缝衔接。按 Ctrl+M 键将当前合成添加到渲染队列，设置并输出，如图 19-25 所示。

图 19-25　输出素材

操作 9：使用可循环的视频素材

（1）在"项目"面板中导入输出的可循环素材后，选择"文件 > 解释素材 > 主要"命令，在打开的对话框中，将"其他选项"下的"循环"设为 20，单击"确定"按钮，这样 15 秒的素材循环 20 次变成 5 分钟的长度，如图 19-26 所示。

图 19-26　使用"解释素材"菜单设置素材循环

（2）将素材拖至时间轴中，得到一个较长的视频图层，如图 19-27 所示。

图 19-27　使用循环素材

19.5　视频的抽帧动画效果

视频动画是由每秒播放若干幅静态画面形成的，单幅画面即为帧速率中的 1 帧，电影为 24 帧 / 秒，PAL 制视频为 25 帧 / 秒，NTSC 制约为 30 帧 / 秒。如果每秒播放的帧数过低，画面就会产生卡顿的效果，这也是早期帧速率较低的卡通动画效果。播放流畅的视频通过每秒抽去若干帧也可以模拟卡通动画的效果。应用抽帧效果的视频，原来的长度不发生变化。

操作 10：视频的抽帧动画

选中放置到时间轴的视频图层，选择"效果 > 时间 > 色调分离时间"命令，将帧速率大幅降低，设为 3，即每秒只播放 3 帧画面，视频变得跳跃有趣，如图 19-28 所示。

图 19-28　设置抽帧动画效果

提示

此处首次中文化的 AE 版本中将"抽帧时间"效果误命名为"色调分离时间"，不要受名称误导，在后续的版本中会修正。

19.6　视频的超级慢放效果

视频在以低于 50% 速度的伸缩慢放时，容易出现卡顿的不流畅现象，可以考虑使用"时间扭曲"效果来代替伸缩慢放操作，制作出远低于 50% 速度的流畅的超级慢放效果。

操作 11：视频的超级慢放一

（1）选中放置在时间轴中的视频素材，选择"效果 > 时间 > 时间扭曲"命令，将"速度"设为 25，即原来速度的 25%，如图 19-29 所示。

图 19-29　使用"时间扭曲"效果制作慢放

（2）查看效果，速度放慢的同时没有卡顿现象，不过也有两个问题：一个问题是长度不够，即原素材慢放到 1/4 的速度后需要增加至 4 倍的长度才能播放完整；另一个问题是由于车体在地面上有影子，虽然微弱，但也引起了看上去多余的像素变化。先选择"图层 > 时间 > 启用时间重映射"命令，图层下添加"时间重映射"属性，在素材的入点和出点位置自动添加关键帧，并将图层的出点自动向后无限延伸，这样就有了足够的长度播放完视频，如图 19-30 所示。

图 19-30　时间重映射

（3）选中图层，按 Ctrl+D 键在其上层创建一个副本，删除副本层的"时间扭曲"效果，保留"时间重映射"，在地面有多余像素变化的部分建立蒙版遮挡，如图 19-31 所示。

图 19-31　修复画面

提示

"时间扭曲"效果中"时间"属性还可以设置成变化数值的关键帧，这样也可以制作无级变速的效果，而且在慢速效果处理上比"时间重映射"更流畅。

操作 12：视频的超级慢放二

（1）使用"时间扭曲"效果中的"源帧"属性可以更容易控制视频动态的进程。将"下落 .mov"拖至时间轴中，选择"效果 > 时间 > 时间扭曲"命令，将"调整时间方式"设为"源帧"，将时间移至第 0 帧处，单击打开"源帧"前面的码表，设为 0 。将时间移至第 5 秒处，设为 45 帧，即物品碰到地面之前为慢放效果。将时间移至第 5 秒 05 帧，设为 100 帧，即物品瞬间加速爆裂开。将时间移至第 9 秒 24 帧处，设为 120，即物品爆裂开后为慢放效果，如图 19-32 所示。

图 19-32　使用"时间扭曲"效果并设置关键帧

（2）单击时间轴上部的 按钮，切换到图表编辑器，选择"编辑值图表"，双击"源帧"属性选中全部关键帧，单击 按钮将关键帧转变为自动贝塞尔曲线。然后单独调整第一个关键帧的手柄，适当上移，即物品开始下落时速度快一点，调整最后一个关键帧向左侧拉长，即将速度逐渐放慢，如图19-33所示。

图 19-33　调整关键帧曲线

（3）查看物品下落时的变速过程，开始下落时越来越慢，接着加速碰地爆裂，爆裂开后再次慢放并逐渐接近停止的状态，如图19-34所示。

图 19-34　预览效果

19.7　预览提效操作

临时预览合成效果的方法是按空格键，但要实时预览正常速度的视频音频效果，需要按小键盘的0键，预先花费一定的时间计算和存储临时文件，然后再实时播放预览效果。当计算量大时，可以采取一些对应的方法提高效率。

操作 13：计算量大时的预览操作

（1）选择"窗口>预览"命令，显示出"预览"面板。按所选用的快捷键预览，经计算之后，工作区下显示为可以实时播放的绿色线条，并从头实时播放，如图19-35所示。

图 19-35　按选用的快捷键预览

（2）选择"编辑>清理>所有内存与磁盘缓存"命令，弹出对话框，其中显示有缓存文件的大小，单击"确定"按钮，删除缓存。这样可以清除当前和以前的临时缓存，释放磁盘空间，当前工作区的绿色线条也被清除，如图19-36所示。

（3）可以通过低帧速率、跳帧、降低分辨率、设置从当前时间计算和预览的方法来提高预览计算的速度。这种预览方式虽然不是最好的方式，但是可以快速了解当前效果，便于进一步的修改和制作，如图19-37所示。

图 19-36　清除缓存　　　　　　　　　　图 19-37　更改设置加速预览

提示

此外，直接将合成预览设为"自动"或"完整"之下的分辨率，以及降低图层的质量和采样都有助于提高预览速度。甚至可以在某些时候进行"盲操作"，即按一下 Caps Lock 键，禁止预览画面的更新，这样进行一些需要的操作之后再按一下 Caps Lock 键切换为正常预览，节省操作中的预览响应过程。

19.8　输出设置

制作好的合成在预览满意之后，就到了按照"要求"输出成品文件的步骤，这个"要求"可能是对文件格式、编码、文件画面大小、文件存储大小、是否输出音频、文件命名方法等一项或多项的要求。

掌握 AE 的输出设置，有助于顺利输出 AE 制作的最终成品。

操作 14：渲染设置和输出模块

（1）将合成的结果输出为视频音频文件的方法是按 Ctrl+M 键将当前合成添加到渲染队列面板，在其中视需要，设置"渲染设置""输出模块""输出到"之后的文件名称，如图 19-38 所示。

图 19-38　添加渲染队列

（2）单击"渲染设置"后蓝色文字的选项，打开"渲染设置"对话框，在其中可以对输出质量进行设置。这个设置中大多数情况下都使用"最佳"品质，在输出小尺寸小样的情况下，可以将分辨率设置低一些，如"二分之一"或更低，有利于加快输出速度和减小文件存储大小，如图 19-39 所示。

（3）单击"输出模块"后蓝色文字的选项，在打开的对话框中可以对文件的格式进行设置，此外也可以进一步自定义调整输出文件的画面大小，如图 19-40 所示。

图 19-39　更改分辨率

图 19-40　设置文件格式等

（4）在渲染队列面板单击"输出到"可以弹出文件存储的路径选项，选择文件夹并命名文件，最后单击"渲染"按钮即可进行渲染计算并输出文件。

操作 15：输出的格式、编码与压缩设置

（1）在以上的输出操作中，"渲染设置""输出模块""输出到"的右侧均有下拉按钮，例如单击"输出到"后的下拉按钮，在打开的菜单中选择"合成名称"会自动以合成的名称来命名输出文件，如图19-41 所示。

图 19-41　渲染队列中的下拉选项

（2）在"渲染设置""输出模块"后的下拉菜单中可以选择多种模板预设，有利于输出文件质量和格式的统一，也节省重复设置的时间。预设模板时，可以使用下拉菜单中的"创建模板"命令，也可以选择"编辑 > 模板"下的命令。这里先设置一个"三分之一"尺寸输出的模板，用于输出小样时使用。选择"编辑 > 模板 > 渲染设置"命令，打开"渲染设置模板"对话框，单击"新建"按钮，打开"渲染设置"对话框，将"分辨率"设置为"三分之一"，如图19-42 所示。

图 19-42　新建渲染设置模板并更改分辨率

（3）单击"确定"按钮，返回到"渲染设置模板"对话框，对"未命名 1"进行命名，如"1/3 尺寸小样"，单击"确定"按钮。这样在渲染队列面板中打开"渲染设置"后的下拉菜单，就可以选择自定义的选项，如图 19-43 所示。

图 19-43　设置模板名称并在菜单中选择该模板选项

（4）再来自定义"输出模块"，选择"编辑 > 模板 > 输出模块"命令，打开"输出模块模板"对话框。单击"新建"按钮，在打开的"输出模块设置"对话框中，将"格式"选项选择为 QuickTime，然后单击"格式选项"按钮，如图 19-44 所示。

图 19-44　新建输出模块模板并设置文件格式

（5）这样在渲染队列面板中打开"渲染设置"后的下拉菜单，就可以选择自定义的选项，文件的扩展名也将发生变化，如图 19-45 所示。

图 19-45　在渲染队列中选择模板选项

（6）输出文件的格式、编码与压缩设置也很重要，需要根据需求来设置。使用"动画"编码方式的好处是快速、高质量，并且可以选择"RGB+Alpha"通道输出带有透明背景的视频文件，缺点是文件尺寸大，如图 19-46 所示。

图 19-46　设置带 Alpha 透明通道的视频格式

操作 16：渲染队列面板批量渲染操作

按 Ctrl+M 键（选择"合成 > 添加到渲染队列"命令）可以将选项添加到"渲染队列"面板，这个选项可以是打开并激活的合成，可以是"项目"面板中选中的合成，也可以是"项目"面板中选中的素材。选中素材在按 Ctrl+M 键的同时会按素材自动建立合成，即最终渲染对象是与素材属性相同的合成。

从"项目"面板中将合成或素材拖至渲染队列面板中，也可以添加渲染队列。另外同时选中多个选项拖入渲染队列面板，或按 Ctrl+M 键，可以一次性添加多个渲染队列，这样有利于批量操作。当进行相同设置的批量操作时，先设置好第一个"输出到"的存储路径，再添加其余输出队列，沿用设置，可以节省输出路径的重复性操作。准备输出 10 个合成，按统一的预设和相同的路径来输出。

（1）在"项目"面板中选中"合成 1"，按 Ctrl+M 键将其添加到渲染队列面板中，打开"输出到"后的下拉菜单，选择"合成名称"，并指定存储文件的路径文件夹，如图 19-47 所示。

图 19-47　在"输出到"后使用"合成名称"并指定路径

（2）在项目中选中其余的合成，按 Ctrl+M 键或将其拖至渲染队列面板中，"输出到"均与第一个队列保持一致。然后按 Ctrl+A 键全选这些队列，在"渲染设置"和"输出模块"后的下拉菜单中同时选择所需的预设即可，如图 19-48 所示。

图 19-48　全选队列并同时选择预设

19.9 整理和备份

在完成全部的制作之后，整理和备份工作不可忽视。整理项目可以使备份时的项目更加简洁明了，备份则是结束工作和保障成果的好习惯。

操作 17：项目素材的整合、减少与删除未用素材

（1）项目中有时会存在众多的素材和合成，对项目中的素材和合成进行适当的整理，可以使项目简洁明了，有助于修改制作和合作交流。选择"文件 > 整理工程（文件）"命令，在下级有多项子菜单用来整理项目。对于重复导入的素材，例如项目中有 6 个导入两次的素材，选择子菜单"整合所有素材"命令可以将重复的素材进行合并，同时弹出已操作数量提示，如图 19-49 所示。

图 19-49　整合所有素材

（2）对于没有在合成中使用的素材以及相关文件夹，选择子菜单"删除未用过的素材"命令可以将其从"项目"面板中移除，如图 19-50 所示。

（3）对于多余的合成，也可以删除，方法是先选中主合成和其他没有嵌套关系但也有用的合成，选择子菜单"减少项目"命令可以只保留选中的合成及其有嵌套关系的子合成，其他无关合成将被删除，如图 19-51 所示。

图 19-50　删除未用过的素材

图 19-51　减少项目

操作 18：收集文件备份项目

对于已经整理过的项目，进一步对其备份的操作为：选择"文件 > 整理工程（文件）> 收集文件"命令，弹出"收集文件"对话框，在其中将"收集源文件"选择为"全部"，会显示待收集文件数量和所占用存储大小供参考，单击"收集"按钮，弹出存储文件夹选择和命名的对话框，确认后即可收集整个项目的文件保存到目标文件夹中，如图 19-52 所示。

图 19-52　收集备份文件

测试题

1. 合成中如何设置以"帧数"或"时间码"显示的方式？
2. 视频的快慢和无级变速效果通过什么来实现？
3. 视频超级慢放可以使用什么效果？
4. 预览较慢时有哪些改善方法？
5. 渲染输出时主要设置哪 3 项？
6. 如何精简项目并完整备份？

第 20 章
内置效果与外挂插件

效果有时被误认为滤镜。滤镜和效果之间的主要区别是：滤镜可永久修改图像或图层的其他特性，而效果及其属性可随时被更改或删除；滤镜有破坏作用，而效果没有破坏作用。AE 提供使用效果，因此更改没有破坏性。效果根据时间的变化更改效果属性，这样就得到动画的效果。

安装后的 AE 包含 200 多个效果，除此之外，还有大量可利用的外挂插件。

外挂插件也被称作第三方软件或插件，我们在使用 AE 进行制作的过程中，发现了不能解决的制作问题，AE 也没有提供这个功能，我们又不能通过自己的努力来解决，这时候就有可能用到其他组织或个人开发的软件来帮助我们解决问题，我们就称这个组织或个人为"第三方"，"第一方"和"第二方"可以理解为是官方和使用者。效果插件虽然不是软件官方发布的，但因为是遵循一定规范的应用程序接口编写出来的程序，经过安装后，就可以在软件中像内置的效果一样使用了。AE 功能强大的一个原因就是拥有数量庞大的外挂插件，可以弥补软件本身的不足并扩展更广阔的创作空间。

本章对 AE 中的效果和插件进行综述，对效果中的基本调色效果进行列举和讲解，并制作效果实例和插件实例。

内置效果与外挂插件

○ 1 效果的查看和使用

○ 2 内置效果组简介

○ 3 使用帮助文件自助学习内置效果

○ 4 插件使用说明

○ 5 效果实例：制作撕页动画

○ 6 插件实例：制作发散小画面

20.1　效果的查看和使用

AE 包含各种效果，应用于图层上以添加或修改静止图像、视频和音频的特性。例如调色类的效果可以改变图像的曝光度或颜色，生成类的效果可以添加新视觉元素，音频类的效果可以操作声音，扭曲类的效果可以变形图像，以及其他各类效果可以删除颗粒、增强照明或创建过渡效果等。

效果的使用可以从菜单或"效果和预设"面板中选择，前者用法是先选中要应用效果的图层，然后从菜单中打开效果组，从其下级选择效果，这样图层即应用了此效果；后者用法是从"效果和预设"面板中查找或展开效果组，选择需要的效果拖至图层，也可以先选中图层再双击效果名称，都可以应用所选效果。

效果在菜单中的排序与"效果和预设"面板中有所不同，在"效果和预设"面板中通常以"类别"的方式排序，也可以使用"资源管理器文件夹"的方式来集中查看效果。可以在右上角单击▼图标，利用弹出菜单来选择。

在右上角单击█图标，在弹出的菜单中将"显示动画预设"勾选上，在搜索栏中输入内容将把相关的预设和效果一同显示出来。

因为存在英文的预设和部分英文的效果，所以在搜索时输入中文和英文会有不同的结果，如图 20-1 所示。

图 20-1　"显示动画预设"选项和中文版的搜索注意事项

许多效果支持在深度为 16bpc 或 32bpc 时处理图像颜色和 Alpha 通道数据。在 16bpc 或 32bpc 项目中使用 8bpc 效果会导致颜色细节损失。如果某效果仅支持 8bpc，而项目设置为 16bpc 或 32bpc，则在"效果控件"面板的此效果名称旁会显示警告。例如当前为 16bpc 的合成，在添加一个 8bpc 的效果时，效果名称前显示警告图标，如图 20-2 所示。

图 20-2　不同颜色深度的效果

在"效果和预设"面板中，可以通过右上角的菜单，切换"仅显示 16 bpc-capable 效果"，这样在 16 位以上的合成制作时，可以将 8bpc 的效果排除显示，如图 20-3 所示。

图 20-3　将 8bpc 的效果排除显示

AE 渲染蒙版、效果、图层样式以及变换属性的顺序称为渲染顺序，此顺序可能会影响应用效果的最终结果。默认情况下，效果按其应用顺序显示在时间轴面板和效果控件面板中，按此列表中从上至下的顺序进行渲染。这里最后为马赛克的效果，如图 20-4 所示。

要更改渲染效果的顺序，需将效果名称拖到列表中的新位置。例如下面两个效果，顺序不同效果也不同，这里最后为径向模糊的效果，如图 20-5 所示。

图 20-4　效果顺序影响结果 1

图 20-5　效果顺序影响结果 2

20.2　内置效果组简介

AE 效果位于"效果"菜单或"效果和预设"面板的不同分组中，以下按大致的常用顺序对内置效果分组进行简介。

（1）生成组。

生成组中有 20 多种效果，可以在画面上创建一些效果，例如渐变的颜色、网格效果、镜头光晕效果、闪电效果等，是一个常用的效果组。

（2）颜色校正组。

颜色校正组中有 30 多种效果，用来对画面进行色彩方面的调整，例如调整色阶、曲线、色相 / 饱和度、亮度和对比、色调、三色调、保留颜色等。

（3）扭曲组。

扭曲组中有 30 多种效果，用来对图像进行扭曲变形类的处理，例如球面化效果、凸出效果、网格变形处理、边角定位处理、旋转扭曲效果、极坐标处理、波纹效果等。

（4）模糊和锐化组。

模糊和锐化组有 10 多种效果，用来使图像模糊和锐化，其中多数为不同方式的模糊效果，例如高斯模糊、径向模糊、通道模糊、摄像机镜头模糊等。

（5）风格化组。

风格化组有 20 多种效果，用来模拟一些实际的绘画效果或将画面处理成某种风格，例如画笔描边效果、卡通效果、毛边效果、浮雕效果、马赛克效果、纹理化等效果。

（6）透视组。

透视组中的效果有 10 种左右，用来产生简单三维视觉的效果，例如投影效果、径向阴影效果、斜面 Alpha 效果、边缘斜面效果。此外还有根据视频创建摄像机的 3D 摄像机跟踪器效果和模拟 3D 影片的3D 眼镜效果。

（7）杂色和颗粒组。

杂色和颗粒组有 10 种左右的效果，其中有用来移除画面中原有颗粒的效果，但大数多用来在画面中增加新的杂色、颗粒、蒙尘与划痕效果等。

（8）抠像组。

抠像操作，是在影视制作领域被广泛采用的技术，抠像组有 10 种左右的效果，例如颜色范围、线性颜色键、颜色差值键、亮度键、溢出抑制效果等。

（9）遮罩组。

遮罩组下的效果用来生成遮罩，辅助抠像效果进行抠像处理，例如简单阻塞工具、遮罩阻塞工具、调整柔和遮罩、调整实边遮罩效果等。

（10）模拟组。

模拟组有 10 多种效果。用来模拟多种逼真的效果，例如模拟水波、泡沫、碎片以及粒子运动形式的动画效果，这些效果功能强大，部分效果有较多的选项，设置也比较复杂。

（11）过渡组。

过渡组中为制作过渡方式的效果，类似 Premiere 中的在两个镜头之间的过渡效果，例如径向擦除、线性擦除、渐变擦除、卡片擦除、块溶解、百叶窗效果等。

（12）时间组。

时间组中提供和时间相关的特技效果，通常以原素材为时间基准。在应用时间效果的时候，忽略其他使用的效果。

（13）表达式控制组。

表达式控制组下的效果用来设置不同类型的属性动画，链接和控制表达式，有点控制、3D 点控制、复选框控制、滑块控制、角度控制、图层控制和颜色控制。

（14）通道组。

通道组效果用来控制、抽取、插入和转换一个图像的通道，通道包含各自的颜色分量（RGB）、计算颜色值（HSL）和透明值（Alpha），例如复合运算效果、设置通道效果、设置遮罩效果、最小 / 最大效果。

（15）3D 通道。

3D 通道组效果，用来设置导入三维软件中制作的附加信息素材，例如提取 3D 通道信息作为其他特技效果的参数，有 3D 通道提取、ID 遮罩、场深度、深度遮罩、雾 3D 等效果。

（16）实用工具。

实用工具主要调整设置素材颜色的输入、输出，有 HDR 高光压缩、HDR 压缩扩展器、范围扩散、颜色配置文件转换器、应用颜色 LUT、Cineon 转换器等。

（17）CINEMA 4D。

通过 CINEMA 4D 与 AE 之间的紧密集成，可以导入和渲染 C4D 文件。Cineware 效果可直接使用 3D 场景及其元素。

（18）文本组。

文本组效果用来在图层的画面上产生编号、时间码效果，可以兼容早一些的版本，使用文本层也可以制作相似的效果。

（19）音频组。

AE 主要功能偏重于对视频部分的合成和特效制作，此外也有部分音频处理功能。音频组效果用来为音频进行一些简单的音频处理，大多数音频效果需要使用 Premiere Pro 或音频处理软件。

（20）过时组。

过时组中包括基本 3D 效果、基本文字效果、路径文本效果、闪光效果等，为了与 AE 早期版本创建的项目兼容，因而保留了旧版类别的效果。其中基本 3D 效果可以使用"三维图层"来实现，基本文字和路径文本效果可以在文本层中设置实现，闪光效果可以用"高级闪电"来替代。

AE 中预装的效果中，除了内置效果之外还包括 70 多种第 3 方的 CycoreFXHD 效果，分布在多个内置效果组中，效果名称以 CC 字样开头。因为是第 3 方的效果，当前还是以英文版本的形式存在。CC 效果中有很多较为实用，例如扭曲组中的 CC Page Turn（卷页）效果、生成组中的 CC Light Sweep（划光）效果、模糊和锐化组中的 CC Radial Blur（CC 放射状模糊）、模拟组中的 CC Particle World（CC 粒子仿真世界）等。

20.3 使用帮助文件自助学习内置效果

　　帮助文件中有详细权威的中文版详解，本书就不再对内置效果一一加以说明。选择"帮助 > 效果参考"命令可以打开中文在线帮助，随时查看相应效果的详细说明，如图 20-6 所示。

关于 After Effects...	
After Effects 帮助...	F1
了解 After Effects...	
脚本帮助...	
表达式引用...	
效果参考...	
动画预设...	
键盘快捷键...	

图 20-6　使用在线帮助查看效果的使用说明

20.4 插件使用说明

　　在众多的合成软件中，AE 之所以能够脱颖而出，成为使用广泛的合成软件，除了其自身拥有强大的合成制作能力及其对系列同类软件良好的兼容和联用之外，有众多第 3 方的插件支持也是很重要的原因。全世界有不计其数的软件厂商和软件爱好者在为 AE 编写第 3 方的外挂插件，使得其能满足各类制作效果的需求。

　　AE 的插件简单地说就是内置效果的扩展，安装了某个外挂插件之后，就可以像使用内置效果一样来使用外挂插件。AE 外挂插件的安装有两种方式：一部分插件需要运行其安装程序，如运行类似 Setup.exe 或 Install.exe 的安装文件，对其进行安装就可以使用；另一部分插件只要复制到 AE 的插件文件夹中即可使用，如扩展名为 .aex 的插件文件，复制到路径类似 Adobe\Adobe After Effects\Support Files\Plug-ins 的效果文件夹下，就可以使用了。

　　另外为了便于区分和管理外挂插件，也可以在 Plug-ins 下新建一个文件夹，例如 3Plugins，将外挂插件安装或复制到这个文件夹中。

　　对于运行在 64 位系统下的 AE 需要支持 64 位系统的插件，大量原来只支持 32 位系统的插件需要进行进一步的开发和升级，使其可以运行在 64 位系统之下，这样才可以支持 AE。

　　大部分的插件安装之后会在效果菜单下增加相应的效果组，并可以像内置效果一样来使用。

20.5 效果实例：制作撕页动画

　　本实例使用蒙版绘制撕开的部分页面，使用"毛边"效果设置撕开的边缘，再使用"CC Page Turn"（卷页）效果制作撕页的动画，效果如图 20-7 所示。

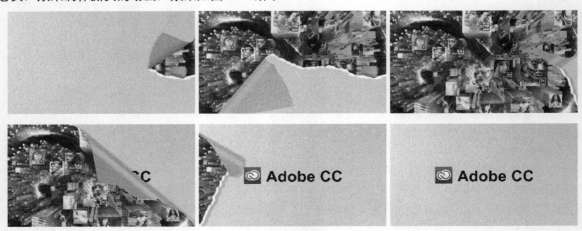

图 20-7　实例效果

合成的流程图示如图 20-8 所示。

图 20-8　合成的流程图示

步骤 1：导入素材

在"项目"面板中双击打开"导入文件"对话框，将本实例准备的图片文件全部选中，将其导入"项目"面板。

步骤 2：建立"A 纸张"合成

按 Ctrl+N 键打开"合成设置"对话框，将合成名称设为"A 纸张"，将"预设"选择为"HDTV 1080 25"，将持续时间设为 10 秒，单击"确定"按钮建立合成。将"纸张 .png"拖至时间轴中。

步骤 3：建立"A 纸张上"合成

（1）在"项目"面板中将"A 纸张"拖至"新建合成"按钮上释放建立合成，将其重新命名为"A 纸张上"。

（2）在工具栏中选择钢笔工具，在"A 纸张"层上绘制撕下一半纸页的蒙版，这里勾选了"反转"，如图 20-9 所示。

图 20-9　绘制撕页蒙版

（3）选中"A 纸张"层，选择"效果 > 风格化 > 毛边"命令，设置"边界"为 75、"分形影响"为 0.7、"比例"为 68，如图 20-10 所示。

图 20-10　设置"毛边"效果

（4）按 S 键展开"A 纸张"层的"缩放"属性，将其设为（105，105%），以将其边缘处的毛边效果放大到画面之外，如图 20-11 所示。

图 20-11　设置"缩放"

步骤4：建立"A纸张下"合成

（1）在"项目"面板中选中"A纸张上"，按Ctrl+D键创建副本，并重命名为"A纸张下"，打开其合成时间轴面板。

（2）选中"A纸张"层，按Ctrl+D键创建副本。

（3）将上层的"蒙版扩展"设为50，将下层的"蒙版扩展"设为65，修改设置下层"毛边"效果下的"边界"为62、"边缘锐度"为3、"分形影响"为"0.7"、"比例"为180，如图20-12所示。

（4）选中下层，选择"效果＞生成＞填充"命令，将颜色设为白色，如图20-12所示。

图20-12　建立"A纸张下"合成

步骤5：建立"A纸张上背面"合成

（1）在"项目"面板选中"A纸张上"，按Ctrl+D键创建副本，将其重新命名为"A纸张上背面"，打开其时间轴面板。

（2）在时间轴的空白外右击，选择"新建＞调整图层"命令，新建调整图层，然后选择"效果＞颜色校正＞亮度和对比度"命令，设置"亮度"为-50，如图20-13所示。

图20-13　建立"A纸张上背面"合成

步骤6：建立"A纸张下背面"合成

（1）在"项目"面板中选中"A纸张下"，按Ctrl+D键创建副本，将其重新命名为"A纸张下背面"，打开其时间轴面板。

（2）切换到"A纸张上背面"，选中其调整图层，按Ctrl+C键复制。切换回"A纸张下背面"合成，按Ctrl+V键粘贴。然后关闭第2层"A纸张"的显示，选中第3层"A纸张"，按E键展开效果，将"填充"效果关闭，如图20-14所示。

图20-14　建立"A纸张下背面"合成

步骤 7：建立"撕纸 A"合成

（1）按 Ctrl+N 键打开"合成设置"对话框，将合成名称设为"撕纸 A"，将"预设"选择为"HDTV 1080 25"，将持续时间设为 10 秒，单击"确定"按钮建立合成。

（2）将"A 纸张上""A 纸张下""A 纸张上背面""A 纸张下背面"拖至时间轴中，按从上至下的图层顺序放置，关闭第 3 层和第 4 层的显示。

（3）选中"A 纸张上"图层，选择"效果 > 扭曲 >CC Page Turn"命令，设置"Controls"为"Classic UI"、"Fold Position"为（1650，1045）、"Fold Direction"为 327°、"Fold Radius"为 100、"Light Direction"为 -177°、"Back Page"为"A 纸张上背面"、"Back Opacity"为 100。在第 0 帧时单击打开"Fold Position"前面的秒表记录关键帧，再将时间移至 20 帧处，设为（-578，210），如图 20-15 所示。

（4）选中"A 纸张上"图层，选择"效果 > 透视 > 投影"命令，设置"方向"为 50°、"距离"为 35、"柔和度"为 30，如图 20-15 所示。

图 20-15　建立"撕纸 A"合成

（5）选中"A 纸张下"图层，选择"效果 > 扭曲 >CC Page Turn"命令，设置"Controls"为"Classic UI"、"Fold Position"为（-700，670）、"Fold Direction"为 130°、"Fold Radius"为 150、"Light Direction"为 -170°、"Back Page"为"A 纸张下背面"、"Back Opacity"为 100。在第 1 秒 10 帧时单击打开"Fold Position"前面的秒表记录关键帧，再将时间移至 2 秒 05 帧处，设为（-1450，1890），如图 20-16 所示。

（5）选中"A 纸张下"图层，选择"效果 > 透视 > 投影"命令，设置"不透明度"为 20%、"方向"为 50°、"距离"为 35、"柔和度"为 20，如图 20-16 所示。

图 20-16　设置卷页与投影

步骤 8：建立"B 纸张"合成

按 Ctrl+N 键打开"合成设置"对话框，将合成名称设为"B 纸张"，将"预设"选择为"HDTV 1080 25"，将持续时间设为 10 秒，单击"确定"按钮建立合成。将"CC 画面 .png"拖至时间轴中。

步骤 9：建立"B 纸张中"合成

（1）在"项目"面板中将"B 纸张"拖至"新建合成"按钮上释放建立合成，并将其重新命名为"B 纸张中"。

（2）在工具栏中选择钢笔工具，在"B纸张"层上绘制撕下左右两侧部分纸页的蒙版。

（3）选中"B纸张"层，选择"效果 > 风格化 > 毛边"命令，设置"边界"为75、"分形影响"为0.7、"比例"为150。

（4）按S键展开"B纸张"层的"缩放"属性，将其设为（105，105%），以将其边缘处的毛边效果放大到画面之外，如图20-17所示。

图20-17　设置毛边效果

（5）选中"B纸张"层，按Ctrl+D键创建一个副本，选中下层，选择"效果 > 生成 > 填充"命令，将颜色设为白色。按P键展开"位置"，设为（983，540），即将其向右侧移动一点，使其左侧不出现白边，右侧露出白边，如图20-18所示。

图20-18　设置白色撕边

步骤10：建立"B纸张左"合成

（1）在"项目"面板中选中"B纸张中"，按Ctrl+D键创建副本，并重命名为"B纸张左"，打开其合成时间轴面板。

（2）先将上层中"蒙版1"的"反转"勾选上，并将"蒙版扩展"设为-30。然后在工具栏中选择矩形工具，绘制一个"蒙版2"，并设为"相减"运算方式，将右侧多余的部分去除，如图20-19所示。

图20-19　建立"B纸张左"合成

（3）同样通过复制和修改为下层设置相同的"蒙版1"和"蒙版2"，如图20-20所示。

图20-20　复制和修改

步骤 11：建立"B 纸张右"合成

（1）在"项目"面板中选中"B 纸张左"，按 Ctrl+D 键创建副本，并重命名为"B 纸张右"，打开其合成时间轴面板。

（2）先将上层中"蒙版 2"修改为"交集"运算方式，然后关闭下层的显示，如图 20-21 所示。

图 20-21　设置"交集"运算方式

步骤 12：建立"B 纸张中背面"合成

（1）在"项目"面板中将"B 纸张中"拖至"新建合成"按钮上释放建立合成，并将其重新命名为"B 纸张中背面"。

（2）从"项目"面板中将"纸张 .png"拖至时间轴下层，将轨道遮罩设为"Alpha 遮罩'B 纸张中'"，如图 20-22 所示。

图 20-22　建立"B 纸张中背面"合成

（3）切换到"A 纸张上背面"合成的时间轴中，选择"调整图层 1"层，按 Ctrl+C 键复制，切换回"B 纸张中背面"时间轴中，按 Ctrl+V 键粘贴，如图 20-23 所示。

图 20-23　复制并粘贴图层

步骤 13：建立"B 纸张左背面"合成

（1）在"项目"面板中选择"B 纸张中背面"，按 Ctrl+D 键创建副本，并重命名为"B 纸张左背面"。

（2）在打开的"B 纸张左背面"时间轴中，选中"B 纸张中"层，按住 Alt 键从"项目"面板中将"B 纸张左"拖至其上释放将其替换，如图 20-24 所示。

图 20-24　建立"B 纸张左背面"合成

步骤 14：建立"B 纸张右背面"合成

（1）在"项目"面板中选择"B 纸张中背面"，按 Ctrl+D 键创建副本，并重命名为"B 纸张右背面"。

（2）在打开的"B 纸张右背面"时间轴中，选中"B 纸张中"层，按住 Alt 键从"项目"面板中将"B 纸张右"拖至其上释放将其替换，如图 20-25 所示。

图 20-25　建立"B 纸张右背面"合成

步骤 15：建立"撕纸 B"合成

（1）按 Ctrl+N 键打开"合成设置"对话框，将合成名称设为"撕纸 B"，将"预设"选择为"HDTV 1080 25"，将持续时间设为 10 秒，单击"确定"按钮建立合成。

（2）从"项目"面板中将 B 纸张右、中、左和其背面共 6 个合成拖至时间轴中，按顺序放置。关闭背面层的显示，此时显示的是一张未撕开的完整的画面，如图 20-26 所示。

图 20-26　建立"撕纸 B"合成

（3）选中"B 纸张右"图层，选择"效果 > 扭曲 >CC Page Turn"命令，设置"Controls"为"Classic UI"、"Fold Position"为（2000，1120）、"Fold Direction"为 325°、"Fold Radius"为 150、"Light Direction"为 275°、"Back Page"为"B 纸张右背面"、"Back Opacity"为 100。在第 0 帧时单击打开" Fold Position "前面的秒表记录关键帧，再将时间移至 20 帧处，设为（0，500），如图 20-27 所示。

图 20-27　设置"CC Page Turn"1

（4）选中"B 纸张中"图层，选择"效果 > 扭曲 >CC Page Turn"命令，设置"Controls"为"Classic UI"、"Fold Position"为（1900，100）、"Fold Direction"为 220°、"Fold Radius"为 150、"Light Direction"为 175°、"Back Page"为"B 纸张中背面"、"Back Opacity"为 100，在第 1 秒 10 帧时单击打开"Fold Position"前面的秒表记录关键帧，再将时间移至 2 秒 05 帧处，设为（600，1800），如图 20-28 所示。

图 20-28　设置"CC Page Turn"2

（5）选中"B 纸张左"图层，选择"效果 > 扭曲 >CC Page Turn"命令，设置"Controls"为"Classic UI"、"Fold Position"为（1300，150）、"Fold Direction"为 -150°、"Fold Radius"为 150、"Light Direction"为 -100°、"Back Page"为"B 纸张左背面"、"Back Opacity"为 100。在第 2 秒 05 帧时单击打开"Fold Position"前面的秒表记录关键帧，再将时间移至 3 秒处，设为（300，1500），如图 20-29 所示。

图 20-29　设置"CC Page Turn"3

（6）选中"B 纸张右"图层，选择"效果 > 透视 > 投影"命令，设置"不透明度"为 20%、"方向"为 106°、"距离"为 35、"柔和度"为 20。然后选中"投影"效果，按 Ctrl+C 键复制，选中"B 纸张中"和"B 纸张左"层，按 Ctrl+V 键粘贴这个效果，如图 20-30 所示。

图 20-30　设置投影

步骤 16：建立"撕纸动画"合成

（1）按 Ctrl+N 键打开"合成设置"对话框，将合成名称设为"撕纸动画"，将"预设"选择为"HDTV 1080 25"，将持续时间设为 10 秒，单击"确定"按钮建立合成。

（2）在"项目"面板中将"撕纸 A""撕纸 B""C 纸张"拖至时间轴中，按从上至下顺序放置。将"撕纸 B"的入点移至第 4 秒处，如图 20-31 所示。

图 20-31　建立"撕纸动画"合成

（3）选中"撕纸 B"层，选择"时间 > 启用时间重映射"命令，然后将时间移至第 0 帧处，按 Alt+[键，将入点延伸至第 0 帧处，即将第 4 秒处的静帧画面延伸至第 0 帧处，查看动画效果，如图 20-32 所示。

图 20-32　启用"时间重映射"调整撕页速度

（4）从"项目"面板中将音频素材拖至合成中为动画配乐，完成实例的制作，按小键盘的0键预览最终的视频音频效果。

20.6　插件实例：制作发散小画面

在画面空间中同时出现众多的画面，使用在空间中放置多个画面的方法时会比较烦琐，本实例使用粒子插件制作发散画面的动画，使制作变得快速简捷。本实例中使用了安装的 Trapcode Particular 插件。

实例效果如图 20-33 所示。

图 20-33　实例效果

实例的合成流程图示如图 20-34 所示。

图 20-34　实例的合成流程图示

步骤 1：导入素材

在"项目"面板中双击打开"导入文件"对话框，将本实例准备的各图片文件全部选中，单击"导入"，将其导入到"项目"面板。

步骤 2：建立"小画面图片"合成

（1）按 Ctrl+N 键打开"合成设置"对话框，将合成名称设为"小画面图片"，先将"预设"选择为"HDTV 1080 25"，然后在"宽度"和"高度"的数值后输入"/4"，自动换算出原来 1/4 的尺寸，即"宽度"为 480，"高度"为 270，将"持续时间"设为 10 秒，单击"确定"按钮建立合成。

（2）从"项目"面板中将图片素材全部选中，拖至时间轴中，在全部图层被选中的状态下，在第 0帧处按 Alt+] 键剪切全部图层的出点，即均设为 1 帧的长度。

（3）选择"动画 > 关键帧辅助 > 序列图层"命令，在打开的对话框中，确认"重叠"未被勾选。单击"确定"按钮，将图层在时间轴中前后连接，如图 20-35 所示。

图 20-35　连接图层

步骤 3：建立"调色小画面"合成

（1）在"项目"面板中将"小画面图片"拖至"新建合成"按钮上释放，新建合成，重命名为"调色小画面"。

（2）在时间轴中将时间移至最后一个小画面处，这里为第 20 秒处，按 Alt+] 键剪切出点。

（3）选中"小画面图片"层，按 Ctrl+D 键两次创建两个副本，前后连接起来，并在最后一个画面处按 N 键设置工作区结束点。

（4）选择"合成 > 将合成裁剪到工作区"命令，将合成的时间设置为 3 个图层连接后的长度，如图 20-36 所示。

图 20-36　将合成裁剪到工作区

（5）选中第 2 个图层，选择"效果 > 颜色校正 > 色相 / 饱和度"命令，勾选"彩色化"复选框，将"着色饱和度"设为 25，如图 20-37 所示。

图 20-37　设置不同的颜色区别画面 1

（6）选中第 3 个图层，选择"效果 > 颜色校正 > 色相 / 饱和度"命令，勾选"彩色化"复选框，将"着色色相"设为 118°，将"着色饱和度"设为 25，如图 20-38 所示。

图 20-38　设置不同的颜色区别画面 2

步骤 4：建立"放射背景"合成

（1）按 Ctrl+N 键打开"合成设置"对话框，将合成名称设为"放射背景"，将"预设"选择为"HDTV 1080 25"，将"持续时间"设为 10 秒，单击"确定"按钮建立合成。

（2）按 Ctrl+Y 键建立一个白色的纯色层，按 A 键展开其"锚点"，设为（0，0）。

（3）双击纯色层，打开其"图层视图"，双击工具栏中的矩形工具，在其上建立矩形蒙版，分别调整其左下角和右上角的路径锚点到右下角处，建立一个三角形的光束。返回到合成视图，因为其"锚点"为（0，0），所以光束图形的发射点位于视图中心，如图20-39所示。

图20-39　建立光束

（4）在时间轴中选中纯色层，按R键展开"旋转"属性。按住Alt键在其前面的秒表上单击，建立表达式，在表达式输入栏中输入"index*15"，即当前层序号乘以15，如图20-40所示。

图20-40　设置表达式

（5）选中纯色层，连续按Ctrl+D键，将会每15帧创建一个新副本层，直至图形围成一周的放射状光束。

（6）在时间轴空白处右击，选择"新建＞空对象"命令，建立空对象层，并将其重命名为"旋转控制"，将全部纯色层的"父级和链接"设为"旋转控制"层。

（7）选中"旋转控制"层，按R键展开"旋转"属性，在第0帧处单击打开其前面的秒表记录关键帧，此时为0°，将时间移至第9秒24帧，设为45°，如图20-41所示。

图20-41　设置父级层和旋转动画

步骤5：建立"发散小画面"合成

（1）按Ctrl+N键打开"合成设置"对话框，将合成名称设为"发散小画面"，将"预设"选择为"HDTV 1080 25"，将持续时间设为10秒，单击"确定"按钮建立合成。

（2）按Ctrl+Y键建立纯色层，选中纯色层，选择"效果＞生成＞梯度渐变"命令，设置"渐变起点"为（960，540）、"起始颜色"为白色、"渐变终点"为（1920，1080）、"结束颜色"为RGB（60，150，210）、"渐变形状"为"径向渐变"，如图20-42所示。

图20-42　建立渐变背景色

（3）从"项目"面板中将"放射背景"拖至时间轴中，设置图层"缩放"为（165，100%）、"不透明度"为 50%。

（4）在工具栏中选择椭圆工具，在"放射背景"上绘制一个大的"蒙版 1"，设置其"蒙版羽化"为 500、"蒙版扩散"为 -200。再绘制一个小的"蒙版 2"，设置其为"相减"运算方式、"蒙版羽化"为 200，如图 20-43 所示。

图 20-43　旋转图层并添加蒙版

（5）从"项目"面板中将"调色小画面"拖至时间轴中，关闭图层的显示。

（6）在时间轴空白处右击，选择"新建 > 纯色"命令，创建一个纯色层，将其命名为"粒子小画面"。

（7）在时间轴空白处右击，选择"新建 > 摄像机"命令，在打开的"摄像机设置"对话框中将预设选择为"15 毫米"，单击"确定"按钮。

（8）选中"粒子小画面"层，选择"效果 >RG Trapcode>Particular"命令，添加 Particular 粒子效果并进行设置，如图 20-44 所示。

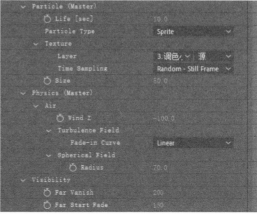

图 20-44　添加粒子效果

（9）选中摄像机层，按 P 键展开其"位置"属性，将 z 轴设为 -400。在时间轴中从原来 0 帧的位置向后拖动时间指示器，查看此时小画面代替粒子向屏幕近处发散的动画效果，如图 20-45 所示。

图 20-45　查看小画面发散的效果

（10）将时间指示器移至开始出现小画面的第 1 秒 20 帧处，选中"粒子小画面"层，按小键盘的 *（星号）键添加一个标记点，然后将标记点移至合成的开始位置，这样一开始便播放发散小画面的动画，如

图 20-46 所示。

图 20-46 确定开始发散小画面的时间点

（11）展开摄像机层的"摄像机选项"属性，将"景深"设为"开"，然后将"光圈"设为 4，这样小画面在靠近屏幕时将产生镜头景深虚化的效果，如图 20-47 所示。

图 20-47 设置摄像机的景深效果

（12）从"项目"面板中将音频素材拖至时间轴中为动画配乐，完成实例的制作，按小键盘的 0 键预览视频音频效果。

测试题

1. 中文版软件中，搜索效果时是否只需输入中文？
2. 8bpc、16bpc 和 32bpc 的效果是否仅适用于对应颜色位数的项目？
3. 简述插件安装的位置和调用的位置。

第 21 章
调色效果

调色是图像和视频类软件的一个重要功能，AE 有着丰富的调色效果和综合、灵活的调色手段。调色应用对操作者的色彩理论知识有一定的要求，对画面细节的调色往往还会涉及蒙版、追踪或多种效果的共同使用。AE 中涉及颜色调整的效果主要集中在"颜色校正"下，有众多的分类调色效果，也有单独的 Lumetri 颜色应用模块。

21.1　查看颜色示波器

颜色示波器用来显示颜色信息，辅助调色工作，检查颜色信号是否准确、是否统一等，用量化的指标代替主观的估计。虽然示波器对于调色来讲是一个辅助性的工具，颜色调整的把握还按照调色人员的感知来判断，但善用颜色示波器，可以为调色人员提供更科学的评判，减少盲目的调试，积累调色理论与实践经验，使得调色工作更加专业、高效。

操作 1：简单颜色校正

（1）打开对应配套项目的合成，查看到拍摄的雪景画面颜色偏蓝，如图 21-1 所示。

图 21-1　偏色的画面

（2）选择"效果＞颜色校正＞色相／饱和度"，添加这个效果。在"效果控件"面板选择"通道控制"为"蓝色"，降低"蓝色色相"的饱和度为 -75，查看到消除了蓝色的偏色，如图 21-2 所示。

图 21-2　校正颜色

操作 2：示波器分类查看

（1）进一步在"颜色"工作区下重新操作调色。使用原始颜色偏蓝的雪景画面层，选择"窗口＞工作区＞颜色"，切换到颜色工作区界面，"Lumetir 范围""效果和预设"面板也被显示出来。在"Lumetir 范围"面板中右击，选择"预设＞所有示波器 RGB"命令，查看原始画面的颜色信息，如图 21-3 所示。

图 21-3　显示出示波器

（2）在"效果和预设"面板中展开"颜色校正"，将"色相／饱和度"拖至画面层，添加这个效果。在"效果控件"面板选择"通道控制"为"蓝色"，降低"蓝色色相"的饱和度为 -75，查看消除了蓝色的偏色后，"Lumetir 范围"面板中示波器的颜色图形也发生了对应的变化，如图 21-4 所示。

（3）在"Lumetir 范围"面板中右击，在弹出的快捷菜单中只保持"波形（RGB）"的勾选，这样在面板中单独显示"波形（RGB）"，对比关闭和打开效果时示波器的变化。原画面通道中的蓝色突出，添加效果单独降低其饱和度后减弱，如图 21-5 所示。

图 21-4　查看示波器

图 21-5　查看"波形（RGB）"的变化

（4）在"Lumetir 范围"面板中右击，在弹出的快捷菜单中只保持"分量（RGB）"的勾选，这样在面板中单独显示"分量（RGB）"，对比关闭和打开效果时示波器的变化。原画面中右侧的 B（蓝色）通道高出 R（红色）和 G（绿色）通道，使画面偏蓝，添加效果单独降低 B 通道的饱和度后，高出的 B 通道部分与 R 和 G 通道保持水平，偏色减弱，如图 21-6 所示。

图 21-6　查看"分量（RGB）"的变化

（5）在"Lumetir 范围"面板中右击，在弹出的快捷菜单中只保持"直方图"的勾选，这样在面板中单独显示"直方图"，对比关闭和打开效果时示波器的变化。原画面中 B（蓝色）通道突出明显，使画面偏蓝，添加效果单独降低 B 通道的饱和度后，B 通道突出的部分降低，偏色减弱，如图 21-7 所示。

图 21-7　查看"直方图"的变化

（6）在"Lumetir 范围"面板中右击，在弹出的快捷菜单中只保持"矢量示波器 YUV"的勾选，这样在面板中单独显示"矢量示波器 YUV"，对比关闭和打开效果时示波器的变化。原画面中颜色图示过度地偏向右下侧蓝色方向，使画面偏蓝，添加效果单独降低 B 通道的饱和度后，查看颜色图示居中，偏色减弱，如图 21-8 所示。

图 21-8　查看"矢量示波器 YUV"的变化

（7）在"Lumetir 范围"面板中右击，在弹出的快捷菜单中只保持"矢量示波器 HLS"的勾选，这样在面板中单独显示"矢量示波器 HLS"，对比关闭和打开效果时示波器的变化。"矢量示波器 HLS"与"矢量示波器 YUV"相似，图示没有坐标、线框与文字，更加简洁。原画面中颜色图示过度地偏向右下侧蓝色方向，使画面偏蓝，添加效果单独降低 B 通道的饱和度后，消除了过度靠近边缘的部分，偏色减弱，如图21-9所示。

图 21-9　查看"矢量示波器 HLS"的变化

操作 3：示波器中的典型颜色

（1）在合成中放置各种颜色的纯色层、渐变色和占位符图层，如图 21-10 所示。

图 21-10　打开合成

（2）使用"预设 > 所有示波器 RGB"的查看方式，查看各图层的颜色信息，白色和黑色画面对应示波器，如图 21-11 所示。

第 1 个"矢量示波器 HLS"图中可以一目了然地显示色相、饱和度、亮度和信号信息，白色显示信号在中心，黑色显示在边缘。

第 2 个"矢量示波器 YUV"为一个有坐标和线框的圆形图（类似于色轮），用于显示视频的色度信息，白色和黑色因为没有彩色的信息均显示在中心。

第 3 个"分量（RGB）"表示数字视频信号中的明亮度和色差通道级别的波形。可以从 RGB、YUV、RGB- 白色和 YUV- 白色分量类型中进行选择。例如，如果习惯查看 YUV 波形，在调整颜色和明亮度时则可以使用 YUV 分量范围。白色的 RGB 均为最大数值，显示在顶部，黑色的 RGB 均为最小数值，显示在底部。

第 4 个"波形（RGB）"显示被覆盖的 RGB 信号，以提供所有颜色通道的信号级别的快照视图。如果要比较红色、绿色和蓝色通道之间的关系，可使用 RGB 分量示波器，它显示代表红色、绿色和蓝色通道级别的波形。"波形（RGB）"与"分量（RGB）"相似，但将 3 个通道叠加在一起，白色在顶部，黑色在底部。

第 5 个"直方图"显示每个颜色强度级别上像素密度的统计分析。直方图可以准确评估阴影、中间调和高光，并调整总体的图像色调等级。白色显示在顶端，黑色显示在低端。

图 21-11　查看示波器的变化 1

（3）因为灰色饱和度低、无彩色，前两个图示显示信号在中心，又因为灰色的 RGB 通道数值均在 127 左右，后 3 个图示显示信号在中部。高饱和度的红色在第 1 个图示中显示在红色部分的边缘，第 2 个图示中显示在对应的框格中，后 3 个图示中显示 R 通道在顶部，如图 21-12 所示。

图 21-12　查看示波器的变化 2

　　（4）渐变色画面的颜色在示波器中显示有渐变的范围，第 1 个图示中的中心显示白色颜色，蓝色方向的边缘显示高饱和度的渐变蓝色范围。第 2 个图示中在蓝色方向，从中心到高饱和度的蓝色框格显示有一条渐变带来的线。后 3 个图示显示相应 RGB 通道的颜色数量，如图 21-13 所示。

图 21-13　查看示波器的变化 3

　　（5）选择"文件 > 导入 > 占位符"命令，可以在"项目"面板中导入一个占位符。占位符是一个彩条画面，可以看到其颜色规则地显示在示波器中，有助于分析和理解颜色对应在示波器中的位置，如图 21-14 所示。

图 21-14　查看示波器的变化 4

21.2　颜色深度

在 AE 项目文件中，可以使用 8 bpc、16 bpc 或 32 bpc 3 种不同的颜色深度。颜色深度（或色位深度）是用于表示像素颜色的每通道位数 (bpc)。每个 RGB 通道（红色、绿色和蓝色）的位数越多，每个像素可以表示的颜色就越多。8 bpc 像素的每个颜色通道可以具有从 0（黑色）到 255（纯饱和色）的值。16 bpc 像素的每个颜色通道可以具有从 0（黑色）到 32768（纯饱和色）的值，如果所有 3 个 RGB 颜色通道都具有最大纯色值，则结果是白色。32 bpc 像素可以具有低于 0.0 的值和超过 1.0（纯饱和色）的值，因此 AE 中的 32 bpc 颜色也是高动态范围（HDR）颜色。HDR 值可以比白色更明亮，项目的颜色深度设置确定整个项目中颜色值的位深度。

在"效果和预设"面板中，效果名称前面显示有 8、16 或 32，表示这些效果可以有效地应用在对应颜色深度合成的画面中。颜色深度向下兼容，32 bpc 效果可以用在全部 3 种颜色深度的画面中，16 bpc 效果可以兼容 8 bpc 颜色深度使用，但达不到 32 bpc 颜色深度的标准。由于受素材的限制，当前普通制作仍以 8 bpc 颜色深度为主，所以普通制作项目中这 3 种颜色深度的效果都可以有效使用。

操作 4：颜色深度切换

（1）制作项目可以在 8 bpc、16 bpc 或 32 bpc 3 种不同的颜色深度之间切换。一种方法是选择"文件 > 项目设置"命令，打开"项目设置"对话框，在"颜色"下的"深度"选项选择颜色深度，如图 21-15 所示。

（2）或单击"项目"面板右上角的弹出菜单，从中选择"项目设置"，打开"项目设置"对话框，进行同样的设置，如图 21-16 所示。

（3）也可以在"项目"面板下部单击 8 bpc 按钮，这样也可打开"项目设置"对话框选择颜色深度，如图 21-17 所示。

图 21-15　选择颜色深度的第 1 种方式　　图 21-16　选择颜色深度的第 2 种方式　　图 21-17　选择颜色深度的第 3 种方式

（4）另外按住 Alt 键的同时单击 8 bpc 按钮，可以快速地在 8bpc、16bpc 和 32bpc 3 种不同的颜色深度间转换。

操作 5：不同颜色深度下的数值显示

（1）在默认项目设置的 8 bpc 颜色深度下，在对应合成中选中图层，从"颜色校正"下将"色阶"添加到图层上，在"效果控件"下查看输入黑色至白色的范围为 0 至 255，如图 21-18 所示。

图 21-18　在 8bpc 颜色深度下的色阶

（2）切换到 16 bpc 颜色深度后，查看到查看输入黑色至白色的范围为 0 至 32768，可以处理层次更为丰富的颜色。再切换到 32 bpc 颜色深度后，查看查看输入黑色至白色的范围为 0.0000 至 1.0000，精确到小数点后 4 位，方便颜色的精细处理，如图 21-19 所示。

图 21-19　在 16bpc 和 32bpc 颜色深度下的色阶

（3）对比查看之后将项目的颜色深度切换回 8 bpc。

21.3　AE 中的分类调色效果

操作 6：颜色、亮度、对比度修正

（1）打开本操作对应的合成，查看到视频素材放置在时间轴中，当前素材的效果如图 21-20 所示。

（2）选中素材图层，选择"效果 > 颜色校正 > 自动颜色"命令，将修正画面的颜色效果，如图 21-21 所示。

图 21-20　当前素材效果　　　　　　　　　　　　　　图 21-21　"自动颜色"效果

（3）与"自动颜色"效果相类似的还有"自动色阶"和"自动对比度"，可以先关闭或删除当前效果，添加"自动色阶"或"自动对比度"，将会得到相似的修正效果，如图 21-22 所示，这些效果也是最简单直接的调色效果。

图 21-22　"自动色阶"和"自动对比度"效果

操作 7：饱和度调整

（1）打开本操作对应的合成，查看到素材放置在时间轴中，当前素材的效果如图 21-23 所示。

（2）选中素材图层，选择"效果 > 颜色校正 > 自然饱和度"命令，并调整效果下的两个参数值，增大饱和度，将得到一个颜色鲜明的画面效果，如图 21-24 所示。

图 21-23　当前素材效果

图 21-24　"自然饱和度"效果

（3）此外，"颜色校正"下的"颜色平衡（HLS）"效果或者"色相／饱和度"效果均可以调整饱和度，如图 21-25 所示。

图 21-25　"颜色平衡（HLS）"或"色相／饱和度"效果

操作 8：黑白效果

（1）打开本操作对应的合成，查看到素材放置在时间轴中，当前素材的效果如图 21-26 所示。

（2）选中素材图层，选择"效果 > 颜色校正 > 黑色和白色"命令，将得到去色的画面效果，如图 21-27 所示。

图 21-26　当前素材效果　　　　　　　图 21-27　"黑色和白色"效果

（3）当调整某一颜色通道的参数时，这一通道的变化将引起黑白画面中相应区域亮度的变化，如图 21-28 所示。

图 21-28　调色颜色通道

（4）"颜色校正"下的"色调"，以及有关饱和度调整的效果，例如"自然饱和度""色相／饱和度""颜色平衡（HLS）"均可以调整黑白效果。将其中的饱和度数值调整为最小的 –100，就可以制作出黑白画面的效果，如图 21-29 所示。

图 21-29　调整饱和度为最小实现黑白效果

操作9：单色调效果

（1）打开本操作对应的合成，查看到素材放置在时间轴中，当前素材的效果如图 21-30 所示。

（2）选中素材图层，选择"效果 > 颜色校正 > 三色调"命令，为效果下的"中间调"设置一个彩色，将得到画面中只包含某一种颜色的效果，如图 21-31 所示。

图 21-30　当前素材效果

图 21-31　"三色调"效果

（3）使用"颜色校正"下的"色相 / 饱和度"效果，勾选"彩色化"并调整"着色色相"和"着色饱和度"，也可以设置单色效果，如图 21-32 所示。

图 21-32　"色相 / 饱和度"效果

（4）另外，使用"颜色校正"下的"黑色和白色"效果，勾选"淡色"，并选择某个颜色，同样可以设置单色效果，如图 21-33 所示。

图 21-33　"黑色和白色"效果

操作 10：保留颜色

（1）打开本操作对应的合成，查看到素材放置在时间轴中，当前素材的效果如图 21-34 所示。

（2）选中素材图层，选择"效果 > 颜色校正 > 保留颜色"命令，使用"要保留的颜色"之后的吸色管在画面中要保留的颜色上单击，然后调整"容差"，并设置"匹配颜色"选项，可以得到将画面去色并保留某一单色的效果，如图 21-35 所示。

图 21-34　当前素材效果

图 21-35　"保留颜色"效果

操作 11：剪影效果

（1）打开本操作对应的合成，查看到素材放置在时间轴中，当前素材的效果如图 21-36 所示。

（2）选中素材图层，选择"效果 > 颜色校正 > 色阶"命令，将"直方图"中左上方的小三角图标向中部拖动，"输入黑色"的数值会发生改变。对照合成视图中的效果变化，可以将图面调整为剪影的效果，如图 21-37 所示。

图 21-36　当前素材效果

图 21-37　"色阶"效果

操作 12：替换颜色

（1）打开本操作对应的合成，查看到素材放置在时间轴中，当前素材的效果如图 20-38 所示。

（2）选中素材图层，选择"效果 > 颜色校正 > 更改为颜色"命令，在效果下使用"自"之后的颜色吸管在画面中红色的信号灯上吸取红色，为 RGB（177，2，2），在第 0 帧时单击打开"至"前面的秒表记录动画关键帧。将时间移至第 2 秒处，将"至"之后的颜色设为黄色，为 RGB（225，220，0）。再将时间移至第 4 秒处，将"至"之后的颜色设为绿色，为 RGB（0，255，0）。选中 3 个关键帧，并在其中一个关键帧上右击，选择"切换定格关键帧"命令，如图 21-39 所示。

图 21-38　当前素材

图 21-39　设置"更改为颜色"效果动画

（3）查看变色效果，如图 21-40 所示。

图 21-40　变色动画效果

操作 13：色彩风格

（1）打开本操作对应的合成，查看到素材放置在时间轴中，当前素材的效果如图 21-41 所示。

图 21-41　当前素材效果

（2）选中素材图层，选择"效果 > 颜色校正 > 照片滤镜"命令，在效果下将"滤镜"选项选择为"暖色滤镜（85）"。再选择"效果 > 颜色校正 > 色相 / 饱和度"命令，在效果下调整"主饱和度"为 -10、"主亮度"为 10，这样得到一个暖色调的效果，如图 21-42 所示。

图 21-42　设置暖色柔光效果

（3）再选择"效果 > 风格化 > 发光"命令，在效果下调整"发光阈值""发光半径""发光强度"，这样得到一个更具暖色柔光风格的效果，如图 21-43 所示。

图 21-43　设置画面做旧效果

21.4　Lumetri 颜色调色模块

作为 Adobe 中两个主要的视频制作软件，AE 和 Premiere Pro 中都更新使用了功能强大的调色模块 "Lumetri 颜色"，其集成包含 "基本校正" "创意" "曲线" "色轮" "HSL 次要" "晕影" 几个部分，可以在软件内部实现颜色的校正、颜色的风格化、画面局部颜色的选取和 2 级调色，完成专业的调色任务。在 "基本校正" 下设有 "输入 LUT" 预设，在 "创意" 下设有 Look 预设，不同器材拍摄的素材如有匹配的的预设，可以快速为对应的素材添加预设的调色效果。

操作 14：Lumetri 颜色基本校正的明暗度

（1）打开本操作对应的合成，查看到素材放置在时间轴中，当前素材的效果如图 21-44 所示。

（2）从 "颜色校正" 下将 "Lumetri 颜色" 添加到素材画面上，在 "效果控件" 面板展开 "基本校正"，其下属性数值默认时均为 0。当前画面偏暗，观察示波器，亮度有一定的提升空间。其中调整亮度有 "曝光度" "高光" "白色" 这几个相关属性，各有特点。

图 21-44　当前素材效果

"曝光度" 一般调整曝光，就是会影响整张照片亮度，对中间调色彩的亮度影响相对明显（中间调就是介于黑和白之间的色彩值）。

"高光" 调整照片高光部分的亮暗。

"白色" 也可以增加照片亮度，比 "高光" 对照片中间调色彩的亮度影响更为明显。

同理，变暗时，"阴影" 调整照片阴影部分的亮暗，"黑色" 对中间调影响更为明显。

整个画面偏暗时，可先调 "曝光度"；画面一处过亮，就调低 "高光"；画面一处过暗，就调高 "阴影"；调低 "高光" 后画面如仍过亮，还可以调低 "白色"。依次调整 "曝光度" "高光" "白色"，如图 21-45 所示。

图 21-45　基本校正调整

（3）对比调整前后"Lumetri 范围"面板示波器的变化，如图 21-46 所示。

图 21-46　对比示波器的变化

操作 15：Lumetri 颜色基本校正的白平衡

（1）打开本操作对应的合成，从"颜色校正"下将"Lumetri 颜色"添加到第 1 段素材画面上，在"效果控件"面板展开"基本校正"，使用"白平衡选择器"在偏蓝色的水面上单击，如图 21-47 所示。

图 21-47　选择白平衡颜色

（2）同样，从"颜色校正"下将"Lumetri 颜色"添加到第 2 段素材画面上，在"效果控件"面板展开"基本校正"，使用"白平衡选择器"在偏黄色的云朵上单击，如图 21-48 所示。

图 21-48　选择白平衡颜色

（3）这样偏蓝色的水面校正为灰白色，偏黄色的云朵校正为白色。重定义白平衡的过程中，查看"色温"同时发生较显著的变化，色温增大时画面偏向暖色调，色温降低时画面偏向冷色调，如图 21-49 所示。

图 21-49 画面的白平衡发生改变

操作 16：Lumetri 颜色的创意

（1）打开本操作对应的合成，从"颜色校正"下将"Lumetri 颜色"添加到素材画面上，在"效果控件"面板展开"创意"，可以在这里改变画面的锐度、色调和饱和度，设置创意效果。其中两个与饱和度相关的属性中，"自然饱和度"比"饱和度"对画面的改变更为自然，使画面颜色的饱和度不至于过强或过弱。这里只将"自然饱和度"降至最低，可以看到整个画面饱和度降低的同时，仍保留部分色彩，如图 21-50 所示。

图 21-50 调整"自然饱和度"

（2）对比只将"饱和度"降至最低，可以看到整个画面饱和度直接降低至色彩消失，如图 21-51 所示。

图 21-51 调整"饱和度"

（3）在"创意"下通过色环调整色调，指定颜色时，在"分离色调"下的色环中单击或拖动均可。这里在"阴影淡色"中蓝色边缘处单击，使得暗部偏蓝，靠近边缘时颜色的饱和度更高。同样在"高光色调"中橙色边缘处单击，使得高光部分偏向橙色，如图 21-52 所示。

图 21-52　改变色调

操作 17：Lumetri 颜色的 RGB 曲线

（1）打开本操作对应的合成，从"颜色校正"下将"Lumetri 颜色"添加到素材画面上，在"效果控件"面板中展开"曲线"和其下的"RGB 曲线"。"RGB 曲线"用来调整亮度和色调范围，其中主曲线表示为一条直的白色对角线，线条的右上角区域代表高光，左下角区域代表阴影。调整主曲线的同时会调整所有 3 个 RGB 通道的值，也可以选择仅针对红色、绿色或蓝色通道调整色调值。

在曲线上直接单击，然后拖动控制点来调整色调区域。向上或向下拖动控制点，使要调整的色调区域变亮或变暗；向左或向右拖动控制点，可增加或减小对比度。按 Ctrl 键并单击控制点，可以删除控制点。当前默认的 RGB 曲线为直线对角线，在"Lumetri 范围"面板中只显示"波形 RGB"，查看波形图示中对应天空中云的部分在中上部约 60% 至 90% 的范围，如图 21-53 所示。

图 21-53　查看 RGB 曲线、示波器与画面

（2）在效果的"RGB 曲线"约 60% 处单击添加一个控制点，向对角线右下方移动，将波形向下拉伸至 30% 处，这样对应的波形也被向下拉伸至 30% 处。此时画面中原来明暗过度较少、层次不明显的云得到了明显的改善，但当前画面偏暗，如图 21-54 所示。

图 21-54　调整曲线 1

（3）在曲线上部单击添加一个控制点向对角线上方移动，将波形向上提高接近 100% 处，改善高光部分的亮度。此时左下部的曲线受影响下降得过低，原来下部的波形被严重压缩，画面中地面部分的暗部变黑，如图 21-55 所示。

图 21-55　调整曲线 2

（4）在曲线下部单击添加一个控制点向上方移动，将底部波形向上拉，将画面中偏暗的部分进行一定程度的恢复，如图 21-56 所示。

图 21-56　调整曲线 3

（5）以上的曲线调整通过拉伸天空原来亮部的颜色范围，将亮部扩展到中间调部分，很好地展现出云的效果，而原来中间调和暗部则相对地被压缩。同理，如果偏重于展现原来偏暗的地面景物，则可以通过压缩亮部来得到。这里在第二段画面上添加"Lumetri 颜色"并展开"RGB 曲线"。在效果的"RGB 曲线"约 60% 处单击添加一个控制点，向对角线上方移动，将波形向上拉伸至 90% 处，这样以牺牲天空的效果为代价，更多地显示地面景物的细节，如图 21-57 所示。

图 21-57　调整曲线 4

（6）熟悉曲线调整的方法后，可以进一步通过添加多点调整曲线，来改善画面的效果。例如在第3段画面上添加"Lumetri 颜色"并展开"RGB 曲线"，为亮部的云、中间调的建筑、暗部的景物植被改善效果，添加多个控制点，对应示波器的波形，分3段来调整，如图 21-58 所示。

图 21-58　调整曲线 5

操作 18：Lumetri 颜色的色相饱和度曲线

（1）"Lumetri 颜色"的"曲线"下除了"RGB 曲线"，还有"色相饱和度曲线"，其下分为"色相（与饱和度）""色相（与色相）""色相（与亮度）""亮度（与饱和度）""饱和度（与饱和度）"几个可调整的曲线。接着上面最后"RGB 曲线"调整的效果，进一步使用"色相饱和度曲线"来调整。在"色相（与饱和度）"下用颜色吸管在画面的蓝天部分单击吸取颜色，这样在"色相（与饱和度）"的直线上产生3个调整点，将中间调整点上移，这样显示出一条垂直的饱和度直线，直线指示饱和度上高下低。这里提高蓝色部分的饱和度，画面中蓝色部分的饱和度增大，蓝天更蓝，如图 21-59 所示。

图 21-59　调整"色相饱和度曲线"1

（2）接着在"色相（与色相）"下为绿色的树叶改变颜色。可以不使用颜色吸管，直接在色相水平直线上的绿色范围两侧添加控制点，然后在绿色中部添加一点并上下移动，这样显示出一条垂直的色相直线，将控制点移至紫红色处，这样绿色部分改变为紫红色，如图 21-60 所示。

图 21-60　调整"色相饱和度曲线"2

（3）先关闭"色相（与色相）"的"现用"开关，停用这个变色调整。在"色相（与亮度）"下直接在色相水平直线上的绿色范围两侧添加控制点，然后在绿色中部添加一点上下移动，这样显示出一条垂直的亮度直线，将控制点移至上部，提亮画面中绿色的部分，如图 21-61 所示。

图 21-61　调整"色相饱和度曲线"3

（4）接着在"亮度（与饱和度）"下在水平直线两端添加两个控制点，将右侧控制点上移，这样为画面中较亮的天空部分增加了饱和度，如图 21-62 所示。

图 21-62　调整"色相饱和度曲线"4

（5）接着在"饱和度（与饱和度）"下在水平直线上任意添加一点，上下移动，可以控制当前整个画面的饱和度，这里下移控制点降低了画面的饱和度，如图 21-63 所示。

图 21-63　调整"色相饱和度曲线"5

操作 19：Lumetri 颜色色轮

（1）打开本操作对应的合成，从"颜色校正"下将"Lumetri 颜色"添加到素材画面上。在"效果控件"面板展开"色轮"，显示出"阴影""中间调""高光"3 个色轮，当前默认设置和画面如图 21-64 所示。

图 21-64　调整色轮之前

（2）提高"高光"的滑块，降低"中间调"的滑块，展现更多"高光"和"中间调"部分的细节，如图 21-65 所示。

图 21-65　调整色轮

（3）在"高光"色轮偏橙色处单击，改变画面"高光"的色彩，然后在与"中间调"色轮相反的偏蓝色处单击，恢复一些"中间调"的偏色，这样通过色轮调整，得到一个偏暖色调的画面，如图 21-66 所示。

图 21-66　调整色轮之后

操作 20：Lumetri 颜色 HSL 次要

（1）打开本操作对应的合成，从"颜色校正"下将"Lumetri 颜色"添加到素材画面上，在"效果控件"面板展开"HSL 次要"，其下包括选择颜色范围的"键"，微调选择范围的"优化"，以及改变选择范围内颜色的"更正"3 个部分。先在"键"下使用"设置颜色"后的颜色吸管，在画面中近处的绿色植物上单击，这里选取的颜色为 RGB（46，60，0），勾选"显示蒙版"，查看被选中的颜色范围，如图 21-67 所示。

图 21-67　设置选取的颜色

（2）在"更正"下色轮的橙色边缘处单击，选取要变成的颜色，切换"显示蒙版"的勾选，查看画面中所选范围的变色效果，如图 21-68 所示。

图 21-68　改变颜色

（3）使用"添加颜色"后的颜色吸管，在画面中黄绿色植物上单击，这里为 RGB（80，88，0），如图 21-69 所示。

图 21-69　添加选取的颜色

（4）在"优化"下将"模糊"增大为 20，这样切换"显示蒙版"开关，可以查看到颜色选区变得模糊，画面颜色的变化也更加柔和，如图 21-70 所示。

图 21-70　设置模糊选区

操作 21：Lumetri 颜色晕影

（1）打开本操作对应的合成，从"颜色校正"下将"Lumetri 颜色"添加到素材画面上。在"效果控件"面板展开"晕影"，设置"数量"为 3，可以使边角变为白色，设置"圆度"为 -30，可以使中心的椭圆拉宽，如图 21-71 所示。

图 21-71　调整晕影设置 1

（2）设置"圆度"为 60，可以使中心的椭圆由两侧向中心收窄，变得更圆，如图 21-72 所示。

图 21-72　调整晕影设 2

（3）增加"羽化"的数值，产生白色晕影的效果，如图 21-73 所示。

图 21-73　调整晕影设置 3

（4）设置"数量"为负值，产生黑色晕影的效果，如图 21-74 所示。

图 21-74　调整晕影设 4

测试题

1．列举几种示波器面板中可以显示的图形种类。

2．列举素材调色中基本的调整项。

3．Lumetri 颜色效果下有哪几个模块？简述各个模块的功能。

第 22 章
模板资源和 AE 使用小技巧

使用 AE 进行制作时，都会有这样的经验：将以前制作过的 AE 项目保存下来，当后来的制作中有相似的需求时，就可以将原来的项目拿来做参考，或者修改使用。此时原来的项目就有了类似模板的作用。AE 广受青睐的原因之一就是有丰富的各类模板资源可以利用。本章介绍模板的使用经验和自己制作模板的方法，此外还介绍一些读者可能感兴趣的小技巧。

22.1　模板的意义及套用经验总结

简单地讲，模板就是一种备用的项目文件，使用者只需简单地修改替换一些与需求相关的文字或素材即可输出成片的项目文件。先制作出 AE 的模板预设可能用得上的某些特效动画或包装效果，并预留出可修改或替换的标题文字、Logo 图层，预设不同的画面尺寸、调色方案，甚至细分出 PAL 制式或NTSC 制式，在"项目"面板中明确分类命名，方便使用者以最简单化的操作将其改造成符合自己需求的视频效果。

AE 经过多年、多版本的发布，使用时间较长，用户群庞大，有大量的模板可供选择使用。在很多没有严格创意要求的情况下，通常都可以找到与需求相符的模板。而且有很多模板凝聚了创作者的创意、技术、时间和精力，普通制作人员不一定能制作出来，或者短时间内难以完成。模板有的可以直接拿来使用，有的需要进行改造。对于初学者来说，分析使用模板的过程也是学习的过程。以下是使用模板的一些经验总结，在此与初学者分享。

（1）使用 AE 打开低版本模板项目（也称工程）文件，会有版本不同的提示，这个对项目没有影响，按提示将打开的项目保存为新的项目文件即可，如图22-1 所示。另外，低版本软件将无法打开高版本软件的模板文件，使用新版软件则能打开任何版本的模板文件。

（2）打开项目时，有时会出现效果丢失提示，通常为第三方的插件效果，需要记下所提示的效果名称，待打开项目后，查看缺少的这个效果对制作结果有没有影

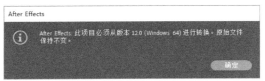

图 22-1　版本提示

响。没有影响的话可以忽略，有影响的话，一种解决方法是使用类似的效果，或者使用其他制作方法来实现这一效果，另一种解决方法是安装提示的插件，如图 22-2 所示。

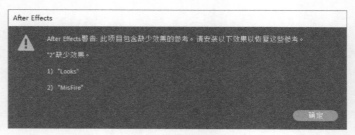

图 22-2　缺少效果提示

（3）打开项目时，有时会有缺少字体的提示，不同用户的电脑系统安装的字体可能不同，出现这种情况也需要在打开的项目中查看缺少的字体对制作结果有没有影响。通常文字是属于重新编辑的内容，可以重新选择合适的字体，如果需要原字体效果，则安装相应的字体，如图 22-3 所示。

图 22-3　缺少字体提示

（4）打开项目时，有时会出现文件丢失提示，通常是由于路径名称改变造成的，需要在打开的"项目"面板选中丢失的素材，按 Ctrl+H 键（选择"文件 > 替换素材 > 文件"命令），在打开的对话框中指定文件所在路径，选中文件导入即可。如果有多个在同一路径的文件丢失，手动替换更新其中的一个文件，其余文件也会随之链接新路径，自动更新，如图 22-4 所示。

图 22-4　文件丢失提示

（5）在打开的项目中，单击"项目"面板中搜索栏的弹出菜单，或者选择"文件 > 整理工程"命令，在其下级有"查找缺失的效果""查找缺失的字体""查找缺失的素材"子菜单，用来查找定位缺失内容，如图 22-5 所示。

图 22-5　在"项目"面板中定位缺失

（6）打开模板项目后，可以在"项目"面板中查看合成的命名情况、时间轴面板中的"合成微型流程图"（Tab 键）、合成视图上部的嵌套层级关系，如图 22-6 所示。

图 22-6　查看合成嵌套关系

或者单击██按钮打开合成流程图，查看合成的嵌套关系，如图 22-7 所示。

图 22-7　查看流程图中的嵌套和图层关系

（7）选中需要的合成，将其他无关的合成及素材精简排除，方法参见本书 19 章部分内容。

（8）查看合成的制式、尺寸及长度。

（9）按 E 键可以展开图层所使用的特效。

（10）按 U 键可以展开图层所添加的关键帧。

（11）快速按两次 U 键可以展开图层所有更改过设置的属性。

（12）使用 开关在视图中只显示打开此开关的图层。

（13）修改复杂合成之前，可以在"项目"面板选中合成，按 Ctrl+D 键创建一个副本，用来参考、对照。

（14）修改复杂设置的图层之前，可以选中这个图层，按 Ctrl+D 键创建一个副本，用来参考、对照。

（15）对于色调不相符的效果，可以新建调整图层并添加"色相/饱和度"等效果进行调色。

（16）对于长度不相符的动画，可以调整其关键帧的时间，或者在新的合成中嵌套整个动画，使用"时间重映射"来调整动画的时长和节奏，可以配合需要的音频和添加标记点来进行操作。

（17）对于尺寸不相符的合成，可以更改合成设置修改尺寸。如果因其中的图层设置而不方便直接修改尺寸的，可以使用嵌套合成的方法。如果不方便使用嵌套，可以使用本书中 18 章"缩放合成"脚本等方法来改变合成与其中图层的尺寸。

（18）对于计算量大的项目，使用本书中 19 章部分相关方法进行预览、输出小样测试效果，满意后输出最终的成品文件。

22.2　实例：自己制作备用模板

通常看起来简单的合成包装效果，在制作过程中也需要花费一定的时间。制作一些可能用得上的模板文件，对提升 AE 技术和积累自己的制作资源库很有帮助。下面通过制作一个简单通用的效果动画，演示自己动手制作模板的全过程，实例效果如图 22-8 所示。

图 22-8　实例效果

实例的合成流程图示如图 22-9 所示。

图 22-9　实例的合成流程图示

步骤1：建立"标题或Logo"合成

（1）按Ctrl+N键打开"合成设置"对话框，将合成名称设为"标题或Logo"，将"预设"选择为"HDTV 1080 25"，将持续时间设为10秒，单击"确定"按钮建立合成。

（2）建立文本"标题或Logo"和"副标题或英文字母"，再使用工具栏中的矩形工具绘制一个线条形状的"形状图层1"，制作一个标题的版面，如图22-10所示。

图22-10　建立预备的文字

步骤2：建立"标题划光"合成

（1）在"项目"面板中将"标题或Logo"拖至"新建合成"按钮上释放，建立合成，将合成命名为"标题划光"。

（2）在时间轴的空白处右击，选择"新建 > 调整图层"命令，建立一个"调整图层1"。

（3）选择"效果 > 生成 >CC Light Sweep（划光）"命令，设置"Direction"（方向）为45°。将时间移至第0帧处，单击打开"Center"（中心）前面的秒表，设为（0，270），将时间移至第9秒24帧，设为（1920，270），如图22-11所示。

图22-11　设置划光效果

步骤3：建立"标题划光倒影"合成

（1）在"项目"面板中将"标题划光"拖至"新建合成"按钮上释放，建立合成，将合成命名为"标题划光倒影"。

（2）在时间轴中选中"标题划光"层，按Ctrl+D键创建一个副本，选择下面的图层，按主键盘的Enter键重命名为"倒影"，并将其"位置"设为（960，760）、"缩放"设为（100，-100）、"不透明度"设为50%，如图22-12所示。

图22-12　创建副本并设置倒影

（3）选中"倒影"层，选择"效果 > 模糊和锐化 > 快速模糊"命令，将"模糊度"设为 7。再选择"效果 > 过渡 > 线性擦除"命令，将"过渡完成"设为 50%，将"擦除角度"设为 180°，将"羽化"设为 300，如图 22-13 所示。

图 22-13　设置倒影渐变

步骤 4：建立各部分所用画面的合成

（1）按 Ctrl+N 键打开"合成设置"对话框，将合成名称设为"部分 01 画面"，将"预设"选择为"HDTV 1080 25"，将持续时间设为 10 秒，单击"确定"按钮建立合成。

（2）按 Ctrl+Y 键创建一个当前合成大小的纯色层。

（3）建立一个说明用途的文本，选中文本层，选择"图层 > 参考线图层"命令。图层名称前面添加了 ⌗ 标志，标明此图层起着参考提示的作用，不参与最终的渲染输出，嵌套在其他合成中也不会显示出来，如图 22-14 所示。

图 22-14　设置参考图层

（4）在"项目"面板中选中"部分 01 画面"，按 Ctrl+D 键创建 4 个副本，依次命名为"部分 02 画面"至"部分 05 画面"，如图 22-15 所示。

图 22-15　创建合成副本

步骤 5：建立各部分画框的合成

（1）在"项目"面板中将"部分 01 画面"拖至"新建合成"按钮上释放，建立合成，将合成命名为"部分 01 画框"。

（2）按 Ctrl+Y 键创建一个当前合成大小的纯色层，命名为"画框"，将其移至底层，并将"部分 01 画面"层的"缩放"设为（95，95%）。

（3）选中"画框"层，选择"效果 > 生成 > 四色渐变"命令，设置"颜色 1"为 RGB（217，217，217），设置"颜色 2"为 RGB（100，100，100），设置"颜色 3"为 RGB（187，187，187），设置"颜色 4"为 RGB（59，59，59）。

（4）选中"画框"层，选择"效果 > 生成 >CC Light Sweep"（划光）命令，设置"Direction"（方向）

为 45°，设置"Width"（宽度）为 100，设置"Sweep Intensity"（划光强度）为 100。将时间移至第 0 帧，单击打开"Center"（中心）前面的秒表，设为（-800，270），将时间移至第 6 秒处，设为（3000，270），如图 22-16 所示。

图 22-16　设置画面边框

（5）在时间轴的空白处右击，选择"新建 > 调整图层"命令，建立一个"调整图层 2"。选择"效果 > 过渡 > 卡片擦除"命令，设置"背面图层"为无、"行数"为 1、"列数"为 10、"翻转轴"为"Y"、"翻转方向"为"正向"、"翻转顺序"为"从右到左"。将时间移至第 0 帧处，单击打开"过渡完成"前面的秒表，设为 100%，将时间移至第 1 秒处，设为 0%，如图 22-17 所示。

图 22-17　设置卡片翻转效果

（6）在"项目"面板中选中"部分 01 画框"，按 Ctrl+D 键创建 4 个副本，依次命名为"部分 02 画框"至"部分 05 画框"，并替换各个合成中对应的图层，如图 22-18 所示。

图 22-18　创建合成副本

步骤 6：建立各部分所用文字的合成

（1）按 Ctrl+N 键打开"合成设置"对话框，将合成名称设为"部分 01 文字"，将"预设"选择为"HDTV 1080 25"，将持续时间设为 10 秒，单击"确定"按钮建立合成。

（2）建立一个内容为"部分 01 文字"的文本层，在其下的"动画"后单击 按钮，选择菜单"启用逐字 3D 化"。在"动画"后再次单击 按钮，选择菜单"位置"，添加"动画制作工具 1"。在"动画制作工具 1"右侧单击"添加"后的■按钮,选择"属性 > 不透明度"命令。然后设置"位置"为(0,0,-2000)、"不透明度"为 0%。将时间移至第 0 帧处,单击打开"范围选择器 1"下"偏移"前面的秒表,设为 0%,将时间移至第 1 秒处,设为 100%,如图 22-19 所示。

图 22-19　建立文本动画

(3)查看文字动画效果,如图 22-20 所示。

图 22-20　预览文本动画效果

(4)在"项目"面板中选中"部分 01 文字",按 Ctrl+D 键创建 4 个副本,依次命名为"部分 02 文字"至"部分 05 文字",如图 22-21 所示。

图 22-21　创建合成副本

步骤 7：建立文字倒影的合成

(1)在"项目"面板中将"部分 01 文字"拖至"新建合成"按钮上释放,建立合成,将合成命名为"部分 01 文字倒影"。

(2)在时间轴中选中"部分 01 文字"层,按 Ctrl+D 键创建一个副本。选中下层,按主键盘的 Enter 键,将其重命名为"倒影"。调整"部分 01 文字"的"位置"为(960,700),"倒影"的"位置"设为(960,746),"缩放"设为(100,-100),"不透明度"设为 50%,如图 22-22 所示。

图 22-22　创建副本并设置倒影

(3)选中"倒影"层,选择"效果 > 模糊和锐化 > 快速模糊"命令,将"模糊度"设为 7。

(4)再选择"效果 > 过渡 > 线性擦除"命令,将"过渡完成"设为 50%,将"擦除角度"设为 180°,将"羽化"设为 300,如图 22-23 所示。

图 22-23　设置倒影渐变

（5）在"项目"面板中选中"部分 01 文字倒影"，按 Ctrl+D 键创建 4 个副本，依次命名为"部分 02 文字倒影"至"部分 05 文字倒影"，如图 22-24 所示。

图 22-24　创建合成副本

步骤 8：建立各部分动画

（1）按 Ctrl+N 键打开"合成设置"对话框，将合成名称设为"第 01 部分"，将"预设"选择为"HDTV 1080 25"，将持续时间设为 10 秒，单击"确定"按钮建立合成。

（2）从"项目"面板中将"部分 01 画框"拖至时间轴中，缩小一半，打开"三维图层"开关，调整位置，设置旋转动画，第 0 帧时为 -20°，第 6 秒时为 10°。然后按 Ctrl+D 键创建副本，并将下层重命名为"倒影"，同样设置"快速模糊"和"线性擦除"效果，如图 22-25 所示。

图 22-25　设置画框倒影和动画

（3）从"项目"面板将"部分 01 文字倒影"拖至时间轴中第 15 帧处，打开"三维图层"开关，设置位置动画，第 15 帧时为（1530，670，0），第 9 秒 24 帧时为（1400，670，0），如图 22-26 所示。

图 22-26　设置文字动画

（4）在"项目"面板中选中"第 01 部分"，按 Ctrl+D 键创建 4 个副本，依次命名为"第 02 部分"至"第 05 部分"，替换合成中对应的图层，如图 22-27 所示。

图 22-27　创建合成副本

步骤 9：建立最终合成

（1）按 Ctrl+N 键打开"合成设置"对话框，将合成名称设为"最终合成"，将"预设"选择为"HDTV 1080 25"，将持续时间设为 1 分，单击"确定"按钮建立合成。

（2）按 Ctrl+Y 键创建一个当前合成大小的纯色层，命名为"背景"。选择"效果 > 生成 > 梯度渐变"命令，设置"起始颜色"为 RGB（189，167，125）、"渐变终点"为（960，700），如图 22-28 所示。

图 22-28　设置渐变背景

（3）从"项目"面板中将"标题划光倒影"、"第 01 部分"至"第 05 部分"按从下至上的顺序拖至时间轴中。选中"第 01 部分"至"第 05 部分"层，将时间移至第 5 秒 04 帧，按 Alt+] 键剪切出点，如图 22-29 所示。

图 22-29　放置图层和剪切出点

（4）设置"标题划光倒影"层的"不透明度"关键帧动画，第 0 帧时为 0%，第 2 秒时为 100%。设置"位置"关键帧动画，第 9 秒 10 帧时为（960，540），第 9 秒 24 帧时为（-420，540）。

（5）设置"第 01 部分"至"第 05 部分"层的"位置"关键帧动画，第 0 帧时均为（2600，540），第 15 帧和第 4 秒 15 帧时均为（960，540），第 5 秒 04 帧时均为（-850，540），如图 22-30 所示。

（6）选中"标题划光倒影"层，按住 Shift 键再单击"第 05 部分"，这样从下至上选中这 6 个图层，选择"动画 > 关键帧辅助 > 序列图层"命令，在打开的对话框中取消"重叠"选项，单击"确定"按钮，将图层前后连接。在 35 秒 24 帧处按 N 键设置工作区出点，并打开除"背景"之外图层的"运动模糊"开关和时间轴上部的"运动模糊"总开关，如图 22-31 所示。

图 22-30　设置动画关键帧

图 22-31　连接图层、设置工作区和打开运动模糊

（7）预览效果，如图 22-32 所示。

图 22-32　预览动画效果

步骤 10：整理工程

（1）在"项目"面板中建立"合成""模板修改部分""输出""素材"文件夹，将以后制作中需要修改的合成放置在"模板修改部分"文件夹中，将除"最终合成"之外的其他合成放置在"合成"文件夹中。"素材"文件夹用来放置视频音频或图像素材，在未使用本模板项目文件之前，没有素材文件。

（2）建立一个名为"输出 _1/3 小样"的合成，设置为 1/3 大小的尺寸和相等的动画范围长度，将"最终合成"拖至时间轴中，按 Ctrl+Alt+F 键缩放为合成尺寸的大小。同样再建立其他常用输出尺寸的合成，例如"输出 _720P"和"输出 _ 高清"，并设置相应选项，放置"最终合成"层，方便输出使用。将用来输出的合成放置在"输出"文件夹中。

（3）查看"项目"面板中的文件夹归类，其中"最终合成"可以放在文件夹外，容易找到，如图 22-33 所示。

（4）将项目文件另存为扩展名为 .aet 的模板项目文件格式，命名为"通用标题和部分版块模板 .aet"，这样在以后打开使用时，将不影响原 .aet 文件。

提示

虽然模板项目的文件格式扩展名为 .aet，但当前大多数 AE 模板仍使用常规 .aep 项目文件，只要有原始备份，在使用和修改上两者没有区别。

（5）如果使用了素材文件，可以在最后选择"文件 > 整理工程（文件）> 收集文件"命令，对项目文件进行备份。

图 22-33　分类整理项目内容

22.3　AE 中的小技巧

以下介绍一些笔者在实际工作中获得的有趣或实用的小技巧，以供爱好者参考并使用。另外，以下的这些小技巧随着版本的更新可能有所改变。

技巧 1：复活节彩蛋

AE 和 PS 一样，不同版本在"帮助"菜单中隐藏着不同的复活节彩蛋。打开方法为按住 Alt 键的同时选择"帮助 > 关于 After Effects"命令，然后就会看到自动打开一个隐秘的项目 secret.aep。可以看到其中有一些制作方法值得借鉴，整个项目使用形状和文本图层，没有调用素材文件，另外还使用了表达式动画，如图 22-34 所示。

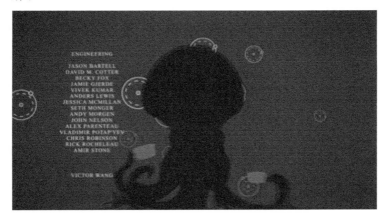

图 22-34　隐秘项目的效果

技巧 2：开启多个 AE 应用界面

作为一个大型的应用软件，AE 每次只能打开一个应用界面，不能像 Word 等软件那样同时打开多份。如果为了学习，可以通过更改快捷方式的设置来实现打开多个应用界面，方法是：在原 AE 的快捷方式上右击，选择"属性"命令，在所打开对话框中的"目标"后添加输入"空格 -m"，这样就可以打开多个应用界面了。例如，在桌面上建立和复制了快捷方式，第 1 个作为常规的快捷方式，第 2 个重新命名，并修改了"属性"中的"目标"参数，这样来选择使用，如图 22-35 所示。

图 22-35　设置打开快捷方式的属性参数

技巧 3：让中文版变成英文版

在 Adobe CC 发布之前，AE 官方只有英文版，AE 中文版的推出，对于英文不好的使用者是个喜讯。不过，对于 AE 中文版的使用者来说，英文版也可以继续发挥重要作用。例如以前版本或国外制作的一些包含较多表达式的项目文件，用中文版打开时，有可能会不断提示表达式错误，如果用英文版打开则没有问题。使用英文版软件打开来制作，或者了解效果和其中的设置，再采取相应对策，是解决问题的办法之一。

After Effects CC2019 版本语言的切换，一种方法是打开安装软件时所使用的 Adobe Creative Cloud 程序，联网并使用 Adobe ID 登录，像安装时一样在 Adobe Creative Cloud 菜单的首选项中切换需要的语言；另一种方法是修改安装文件中的语言设置文件，并使用一个空文本文件来实现中英文切换。这里使用后一种修改文件的方法，实现中文版软件和英文版软件的切换。

（1）在 Windows 开始菜单的"Windows 附件"下显示出"记事本"，也可以在桌面建立其快捷方式。不要直接选中打开，直接打开文本修改后将不能按原文件保存。这里采用的方法是在图标上右击，选择"以管理员身份运行"命令，在提示"你要允许此应用程序对你的设备更改吗"时单击"是"按钮，打开记事本，如图 22-36 所示。

图 22-36　以管理员身份运行记事本

（2）在记事本中选择"文件 > 打开"，找到 C:\Program Files\Adobe\Adobe After Effects CC2019\Support Files\AMT 文件夹下，将文件类型选择为"所有文件（*.*）"，显示出语言版本文件 application.xml，选中并打开，如图 22-37 所示。

图 22-37　选择显示所有文件选项后选择文件

（3）选择"编辑 > 查找"，在查找内容后输入"Languages"，先找到文本的位置，在其后的"zh_CN"文本后增加用半角的逗号分隔开的"，en_US"，保存后关闭文本，如图 22-38 所示。

图 22-38　修改文本

（4）设置好语言文本后，打开 Windows 中常用的"文档"文件夹，在其下建立一个空的文本文件，命名为"ae_force_english.txt"。此时打开 AE，其应用界面将以英文版显示。如果将空文本文件改为其他名称，例如添加括号或叹号，再打开 AE，其应用界面将以中文版显示。通过修改文件的名称，可以有选择地打开英文版或中文版的 AE，如图 22-39 所示。

图 22-39　软件中英文界面对照

技巧 4：管理安装的插件

使用 AE 的制作者通常都会或多或少地安装一些 AE 插件，虽然也存在装得多用得少的情况，但安装的插件不确定什么时候会用得上，所以也不好轻易卸载或删除，AE 则在启动时加载所有安装的插件，导致软件运行速度变慢。其实可以使用一个简单的方法让 AE 决定是否加载某些插件：为软件中插件文件或文件夹的名称添加半角的括号，启动时就不再加载相应的插件了。在类似 Adobe\Adobe After Effects\Support Files\Plug-ins 的路径下建立一个"3plugins"文件夹，将插件安装到这个文件夹中，使用半角的括号将这个文件夹名称括起来后，AE 启动时文件夹中的插件将不被加载，还给软件一个轻装运行的启动环境。或者为其中的某些插件单独添加半角的括号，有选择地加载插件，这个方法同样适用于内置效果。需要注意的是，工作场所的公用软件需谨慎使用此类修改，以免影响其他制作人员的使用。

提示

屏蔽插件文件或插件文件夹时，所添加的括号需要使用半角符号的形式。

测试题

1. 怎样查看模板缺失项？
2. 列举几项分析模板的常用操作。
3. 如何控制安装插件的加载？

附录一
测试题答案

1. 参考答案

AE 可以对图形、图像和视频等素材进行合成处理，制作创意视频。例如 1.1 节中列举的可以让静态的图片运动起来，进行画面抠像、画面调色，将图形的各部分分离出来并组合成立体效果，制作烟雾，在画面中添加风雪效果，制作绚丽的动态元素，制作文字动画等。

2. 参考答案

在工具栏右侧的工作区下拉菜单（或者选择"窗口 > 工作区"命令）可以选择对应的工作区。

如果不小心弄乱了界面的面板，可以使用重置菜单恢复。例如在"标准"工作区状态打开或关闭了一些面板，想恢复到原先的状态，可以选择"窗口 > 工作区 > 将'标准'重置为保存的布局"命令，这样又恢复到初始的状态。

3. 参考答案

界面操作中的常用快捷键如下。

（1）按 Ctrl+0 键，可以切换"项目"面板的显示和关闭。

（2）按 Ctrl+1 至 9 键，可以切换其他不同面板的显示和关闭。

（3）按 Ctrl+Alt+0 键，可以切换"渲染队列"面板的显示和关闭。

（4）按 ~ 键，可以将面板最大化。

（5）按 Ctrl+\ 键，可切换到全屏或最大化界面。

预览合成的几个快捷键如下。

（1）按空格键，及时预览当前时间指示器后的动画。

（2）按小键盘的 0 键，可以通过计算完整预览合成的视频音频动画。

（3）按 Page Up 键，预览上一帧画面（当前时间指示器向左移动一帧）。

（4）按 Page Down 键，预览下一帧画面（当前时间指示器向右移动一帧）。

（5）按 Del 键，仅预览音频。

常用的工具快捷键如下。

（1）V 键，为选择工具。

（2）H 键，为手形工具。

（3）Z 键，为放大工具（Alt+Z 键为缩小工具）。

（4）W 键，为旋转工具。

（5）Q 键，为蒙版工具。当连续按 Q 键时，会循环选中蒙版工具组中的其他形状工具。

（6）G 键，为钢笔工具。

（7）Ctrl+T 键，为文本工具。

1. 参考答案

在"项目"面板中双击打开"导入文件"对话框，选择对应文件夹中的第一个文件，勾选"序列"复选框，单击"导入"按钮，将图片序列当作一段视频导入到"项目"面板中。

导入时默认的帧速率影响素材播放的快慢和时长。例如，按 PAL 制式 25 帧 / 秒的方式，导入的 30 帧的序列动画长度为 1 秒 05 帧；按 NTSC 制式的 30 帧 / 秒的方式，导入 30 帧的序列动画长度则会变成 1 秒。

2．参考答案

可带 Alpha 透明背景的图像素材有 PNG、TGA、PSD 等格式的图像，可带 Alpha 透明背景的视频素材有 MOV 等格式。

3．参考答案

PSD 分层素材导入方式有以合并图层的方式、以选择部分层的方式、以合成的方式。同样，对导入的图层大小，也有按文档尺寸与按图层自身尺寸两种方式的区别。

4．参考答案

解释素材的方法是：在"项目"面板中选中某个素材，选择"文件 > 解释素材 > 主要"命令，打开"解释素材"对话框进行设置。通常可以解释帧速率、像素比、Alpha 通道方式及素材开始时间码等。

第 3 章　时间轴与合成视图面板的操作

1．参考答案

国内 PAL 制式下，早期常用的标清预设有 PAL D1/DV，当前常用的高清预设有 HDTV 1080 25。

2．参考答案

按 Page Up、Page Down 或 Ctrl+ 左右方向键，可以向左或向右移动 1 帧时间。

按 Shift+Page Up、Shift+Page Down 或 Ctrl+Shift+ 左右方向键，可以向左或向右移动 10 帧时间。

按 Home、End 或 Ctrl+Alt+ 左右方向键，可以将时间定位到合成开始或结束位置。

3．参考答案

按 < 键和 > 键缩放视图画面显示的大小。

按 / 键以 100% 比例显示画面。

按 Alt+/ 键以适合大小的比例显示画面。

第 4 章　一个常规制作流程

1．参考答案

（1）导入和组织素材。

（2）在合成中放置图层。

（3）合成图层动画。

（4）制作特殊效果。

（5）输出和备份。

2．参考答案

在流程的 5 个步骤中，除了最先的导入素材和最后的输出备份，中间的 3 个步骤并没有严格的先后顺序。可能会在放置部分图层后，立即为其制作动画和添加效果，然后再放置其他部分图层，继续制作动画或添加效果，存在一个交替的过程。

3．参考答案

选择"合成 > 添加到渲染队列"命令，或按 Ctrl+M 键，将合成添加到渲染队列面板中，然后在渲染队列面板中设置并输出。

第 5 章　关键帧动画

1．参考答案

在时间轴名称标签右侧弹出菜单中选中"使用关键帧索引"，关键帧图标将变成带有序号的关键帧索引。

2．参考答案

使用转换顶点工具单击合成视图中的关键帧，将在曲线路径和直线路径的类型之间来回切换。

3．参考答案

切换到图表编辑器显示速度图表，这样调整时可以显示直观的关键帧速率曲线。

4．参考答案

时间插值影响属性随着时间的变化方式，如"不透明度"只具有时间插值属性，需要在时间轴中进行属性的数值设置。

空间插值影响运动路径或形状，如"位置"具有时间和空间属性，"缩放"具有时间和形状属性。可以在时间轴中进行属性的数值操作，也可以在合成视图面板中进行直观的空间位置操作。

5．参考答案

图表的显示主要有两项内容：一项为数值图形，显示当前属性的数值；另一项是速度图形，显示当前属性数值变化的速度情况。可以勾选要显示的一个类型，如果在显示"编辑速度图表"的同时勾选了"显示参考图表"，会将"值图表"一同显示出来，但"值图表"不可编辑，仅作参考。

第6章 图层的模式、遮罩与蒙版

1．参考答案

在视图中显示网格和参考线，或者使用"对齐"面板中的"对齐"和"分布"功能。

2．参考答案

多个蒙版除了"相加""相减"，还有"交集""变亮""变暗""插值"的叠加方式。

3．参考答案

蒙版局部羽化的制作，可以使用一个蒙版与另一个设置羽化的蒙版局部运算得到，也可以对一个蒙版的局部使用蒙版羽化工具调整得到。

4．参考答案

先单击选中"蒙版路径"并按 Ctrl+C 键复制，然后单击选中图层的"位置"属性并按 Ctrl+V 键粘贴，这样自动将蒙版路径转化为"位置"的运动路径关键帧。

5．参考答案

轨道遮罩功能是通过一个图层的 Alpha 通道或亮度值定义其下面图层的透明区域，这两个图层为上下层的关系：上面图层为遮罩功能，图层的显示状态为关闭；下面图层应用遮罩显示出部分内容，遮罩可以通过选项来反转显示。设置方法为在下层的轨道遮罩栏选择为"Alpha"遮罩或其他遮罩选项。

6．参考答案

在图层的模式栏默认为"正常"模式，常用的有"相加""屏幕""变暗""变亮"等。

第7章 合成嵌套的使用

1．参考答案

（1）可以将复杂更改应用于整个合成。例如创建包含多个图层的合成，在总体合成中嵌套该合成，并对嵌套合成进行动画制作以及应用效果，以便所有图层在同一时间段内以相同方式更改。

（2）重复使用生成的动画效果。例如可以在一个合成中生成动画，然后根据需要将该合成拖到其他合成中多次使用。

（3）一步更新的作用。例如对嵌套合成进行更改设置时，这些更改设置将影响其他使用嵌套合成的每个合成。

（4）更改图层的默认渲染顺序。例如可以指定 AE 在渲染效果之前渲染旋转变换，以便将效果应用于旋转的素材上。

（5）向图层添加其他系列的变换属性。例如可以使用嵌套来使地球绕地轴自转的同时也绕太阳公转。

2．参考答案

选择"图层 > 预合成"命令，打开"预合成"对话框，其中有两个选项：一个保留所有属性的选项，图层转变为嵌套的合成层时，在嵌套层上保留蒙版和修改过的属性设置；另一个选项则将所有属性移动到新合成。

3．参考答案

在嵌套关系的合成中可以通过时间轴上部的合成微型流程图（快捷键为 Tab），在其中选择要切换的合成名称，或者在合成视图面板的左上部切换嵌套关系的合成。

4．参考答案

单击合成视图右下角的流程图按钮，可以将合成视图切换为流程图，在其中查看合成的嵌套关系。

第 8 章　三维图层的合成

1．参考答案

AE 中的三维合成与三维动画软件中三维制作不同，AE 中的三维空间以片状的图层为基础，如果要制作一个立方体，需要 6 个面来组成，而制作立体的圆球就难以实现。虽然在新功能中可以制作立体的文字和图形元素，但较高的三维制作需求还要用专门的三维动画软件来制作，然后输出结果在 AE 中进行合成。

2．参考答案

二维图层转换为三维图层之后，"锚点""位置""缩放"均增加了 z 轴向数值。原来在二维中的"旋转"只能一个轴向旋转，转换为三维图层后可以在空间任意角度旋转。除了旋转还增加了"方向"属性，其与"旋转"的区别在于"方向"数值小于 360°的范围，"旋转"数值不限，每超过 360°累加一周。

3．参考答案

AE 三维合成场景中可以使用"本地""世界""视图"3 个坐标轴模式。

4．参考答案

在视图布局选项中可以选择"1 个视图""2 个视图""4 个视图"的不同布局。选择多视图布局后，可以为各个视图分配不同的视图类型。

5．参考答案

当在一个合成中嵌套一个有三维空间变换的合成，设置其图层为三维图层，调整其"Y 轴旋转"时，如发现原来的立体状态变成没有厚度的面，可以打开其图层的"折叠变换"开关，图层的立体状态即可得到校正。

第 9 章　三维场景中的摄像机操作

1．参考答案

摄像机分为"单节点摄像机"和"双节点摄像机"两种，单节点摄像机围绕自身定向，而双节点摄像机具有目标点并围绕该点定向。

2．参考答案

移动定焦摄像机像现实中的滑轨摄像机，空间透视变换效果较多。使用变焦镜头的效果接近于对画面的缩放构图和裁剪画面的功能，不能体现空间透视的变化。

3．参考答案

AE 的摄像机也具有现实中摄像机的景深效果，为摄像机勾选"启用景深"复选框，调整"焦距"，并设置"光圈"和"模糊层次"，可以模拟出浅景深的镜头虚化效果，制作景深变化效果。

4．参考答案

AE 中在同一场景中建立多个不同视角的摄像机，在不同的时段使用不同的摄像机，可以实现不同景别镜头的剪接效果。

第 10 章　三维场景中的灯光操作

1．参考答案

灯光的类型分为"平行光""聚光""点光""环境光"。其中"平行光"从无限远的光源处发出无约束的定向光，接近来自太阳等光源的光照；"聚光"从受锥形物约束的光源发出光；"点光"发出无约束的全向光；"环境光"创建没有光源、但有助于提高场景的总体亮度且不投影的光照。因为"环境光"在空间中的位置不影响照明的变化，所以"环境光"在合成视图中没有图标显示。

2．参考答案

摄影行业基本的 3 点布光，一个主光源在前侧方照亮主体表面，一个辅光源在前面的另一侧补充照亮主体的暗面，一个轮廓光源在主体后面照亮主体的轮廓。在 AE 的三维场景中因为三维元素的边缘轮廓通常没有毛发或布料的过渡，轮廓光难以体现，所以不能完全有效。使用主光、辅光和一个为整体场景调整亮度的"环境光"成为 AE 中三维场景的通用布光方法，在此基础上再视需要进行灯光的增减。

3．参考答案

AE 中灯光投影需要 3 个必要条件：一是打开灯光"投影"选项开关，二是投射阴影的三维图层打开"材质选项"下的"投影"选项开关，三是接受阴影的三维图层打开"材质选项"下的"接受阴影"选项开关。可以通过设置和检查这些选项，有选择地控制全部或部分灯光或三维图层的投影。

第 11 章　键控操作

1．参考答案

抠像操作是通过颜色或亮度等的反差将主体和背景分离，一键抠像只在理论上和少数场合适用，大多数情况下，因为背景光线不均匀、主体清晰度有限、颜色反射或主体边缘有颜色过渡等，需要细致设置抠像效果或结合其他方式完成抠像。

2．参考答案

内部 / 外部键效果可在背景中隔离前景对象，适用于不能用色键来区别主体和背景的情况。其创建蒙版来定义要隔离对象的边缘内部和外部。除在背景中对柔化边缘的对象使用蒙版以外，内部 / 外部键效果还会修改边界周围的颜色，以移除沾染背景的颜色。

3．参考答案

Keylight 是一个功能强大的色键抠像插件，擅长处理反射、半透明区域和头发。AE 原有的一些颜色抠像效果已被 Keylight 的功能所覆盖。

第 12 章　蒙版抠像

1．参考答案

根据画面中的 Alpha 通道、RGB 通道或明亮度的特征，来自动追踪并建立蒙版。

2．参考答案

Roto 抠像的基帧之后，默认有 20 帧将按基帧的信息来自动跟踪和计算前景与背景的边缘，这个 20 帧的范围称为"帧范围"。按 Page Down 键或主键盘上的 2 键向右渲染一帧，查看 Roto 跟踪效果。跟踪顺利的话，可以按空格键或小键盘的 0 键，这样连续渲染 Roto 跟踪效果。

查看跟踪过程中如果从某一帧开始有不正确的边缘检测结果，可以在这一帧使用 Roto 笔刷工具建立添加补充的选区，或者按住 Alt 键的同时使用 Roto 笔刷工具建立排除选区，这样建立新的基帧，并从这一帧开始新的跟踪计算。

当跟踪较为简单时，可以将鼠标指针移动到帧范围的右端，指针变化为左右指向的箭头，按住鼠标左键向右拖动至素材的结尾处，将帧范围延长至结尾。

3．参考答案

使用"Roto 笔刷和调整边缘"效果，在"调整边缘遮罩"设置羽化来解决模糊边缘的效果。

第 13 章 文本动画

1．参考答案

AE 中的文本图层是在合成中创建产生，不存在于"项目"面板，也没有自身的图层面板，存在于合成的时间轴面板和合成视图面板。

2．参考答案

输入文本时按主键盘的 Enter 键为换行，按小键盘的 Enter 键为结束输入状态。

3．参考答案

点文本可以使用菜单命令或使用文本工具单击方式建立。

段落文本可以先使用文本工具在合成视图中拖动建立文本框，然后输入文本来建立。

先选中文本层，然后在文本上右击，可以在点文本和段落文本间相互转换。

4．参考答案

源文本可以制作颜色、大小、字体的动画，也可以制作文字内容的变化。文本的字符和段落设置可以作为源文本的定格关键帧。

5．参考答案

文本动画制作工具设置的动画可以细分到文本中的每个字符，使每个字符作独立的旋转等变换动画。

常规的图层变换属性动画只能视当前层为一个整体进行旋转等变换动画。

6．参考答案

需要在文本层"动画"菜单后选择"启用逐字 3D 化"命令，将原来普通的三维文本层转变为逐字三维化动画文本层，这样就可以进一步制作逐字化的三维动画。

7．参考答案

选中文本层，选择"动画 > 将动画预设应用于"命令，弹出选择文件对话框，在"Text"文件夹下选择动画预设，单击"打开"按钮，即可将预设动画添加文本层中。

或者选择"动画 > 浏览预设"命令，在弹出的"Adobe Bridge"中浏览预设，也可以添加到 AE 选中的文本层中。

第 14 章 形状图形动画

1．参考答案

使用形状工具或钢笔工具可以绘制蒙版或形状，在选中某个图层画面上绘制时产生的是蒙版，在未选中任何图层的合成视图上绘制时产生的是形状。当然，在选中的形状层上绘制时同样产生的是形状。

2．参考答案

可以通过视图中的控制点来调整形状大小和比例，或者通过图层的形状属性来进行更多的调整。

3．参考答案：

像蒙版路径的布尔运算一样，多个形状路径也可以进行合并操作，通过添加"合并路径"，可以为多个形状路径设置"合并""相加""相减""相交""排除交集"的方式显示图形。

第 15 章 人偶控点动画

1．参考答案

人偶动画基本原理是为图像添加人偶控点，通过控点来调节图像肢体或局部的动画。

2．参考答案

按位置类型添加的控点还可以改变为其他类型，这样使其在"位置""扑粉""弯曲""高级"这几种类型之间进行切换。

3．参考答案

人偶动画的图像部分互相重叠时，一部分会在另一部分之前，如果需要调整其前后顺序，就需要使用重叠控点工具来调整。使用重叠控点工具可放置重叠控点，它指示在各个部分互相重叠时，图像的哪些部分可以位于其他部分的前面。

第 16 章　3D 文字和图形

1．参考答案

打开"合成设置"对话框，将"渲染器"由默认的"经典 3D"选项改变为"CINEMA 4D"或"光线追踪的 3D"选项后，合成中三维图层的"几何选项"属性被激活启用。

2．参考答案

利用几何选项制作 3D 效果适用于打开"三维图层"开关的 3D 图层。

3．参考答案

为图像使用"图层 > 自动追踪"功能追踪产生 Logo 蒙版，复制蒙版中的路径，建立图形层并粘贴 Logo 蒙版路径到图形层成为 Logo 形状路径。然后就可以在形状图层的几何选项中设置 Logo 的立体效果了。

4．参考答案

在"材质选项"下设置与反射相关的属性，例如增大"反射强度"。

第 17 章　镜头跟踪与稳定

1．参考答案

默认跟踪分析的跟踪点较少时，可以尝试在"3D 摄像机跟踪器"效果下展开"高级"选项，勾选"详细分析"，这样在视图画面中有可能创建更多的跟踪点。

2．参考答案

变形稳定器不能解决画面的抖动模糊。这属于动态模糊，需要在前期的拍摄中解决。拍摄无法避免抖动的视频时，正常或较慢的快门速度会导致抖动时有若干帧画面模糊，因此尽可能地提高摄像机快门的速度，以保证每一帧的视频都为清晰的画面。

3．参考答案

搜索框用来确定特征框像素的搜索范围，以略大于特征像素移动范围的大小为合适的大小。如果搜索框较小，特征像素移动到搜索框之外时将不能正确跟踪；搜索框过大则会使得分析计算量加大，使分析过程变慢。

4．参考答案

跟踪运动的附加点默认位于特征框内，但可以移至特征框或搜索框之外，具体位置取决于应用目标画面到跟踪视频中的具体位置和大小。

5．参考答案

为晃动的视频使用稳定运动制作后，素材画面为了抵消晃动而产生相对的位置偏移动画，可以为图层添加"变换"效果，将"缩放"增大，并调整合适的"位置"，这样裁剪边缘的空隙。

第 18 章　脚本与表达式

1．参考答案

默认设置是不允许脚本写入文件或通过网络收发通信的，使用前先选择"编辑 > 首选项 > 常规"命令，然后选择"允许脚本写入文件和访问网络"选项。

要运行软件默认的脚本，可以选择"文件 > 脚本"命令下的脚本名称来运行脚本。

要运行尚未加载的脚本，可以选择"文件 > 脚本 > 运行脚本文件"命令，找到并选择脚本，单击"打开"来运行脚本。

2．参考答案

表达式中的 [0]、[1] 和 [2] 分别指属性的 x 轴、y 轴和 z 轴数值，例如 "scale[0]" 指 "缩放" 的 x 轴数值，"scale[1] 指 "缩放" 的 y 轴数值，"scale[2]" 指 "缩放" 的 z 轴数值。

3．参考答案

如果注释仅有一行文字，可以使用 "// 注释文字" 的格式，如果注释有多行文字，可以使用在第一行以 "/* 注释文字" 做开始，在最后一行以 "注释文字 */" 做结束的格式。

4．参考答案

可以在一个层上添加表达式控制效果，包括角度控制、复选框控制、颜色控制、图层控制、点控制、滑块控制和 3D 点控制类型的数值或选项控制。

将多个图层的属性链接到控制效果下，可以通过这一个图层中的效果来控制所链接的多图层属性。

第 19 章　时间、预览、输出与备份

1．参考答案

在合成时间轴的左上方有显示当前时间指示器所在位置的时间码，按住 Ctrl 键在其上单击，可以在 "时间码" 显示样式和 "帧数" 显示样式之间转换。

要改变建立合成时默认的时间显示样式，可以选择 "文件 > 项目设置" 命令，在打开的对话框中勾选 "时间码" 和 "帧数" 其中的一项。

2．参考答案

视频的快慢可以通过选择 "图层 > 时间 > 时间伸缩" 命令来设置，无级变速可以通过选择 "图层 > 时间 > 启用时间重映射" 命令来设置。

3．参考答案

视频超级慢放可以选择 "效果 > 时间 > 时间扭曲" 命令，利用 "时间扭曲" 效果来实现。

4．参考答案

预览较慢时，可以尝试关闭其他应用程序、释放占用运行的内存，保障有足够的临时缓存空间。还可以通过低帧速率、跳帧、降低分辨率来提高预览的速度。

5．参考答案

渲染输出时主要有设置 "最佳" "二分之一" 尺寸等设置的 "渲染设置" 选项，设置格式、编码、音频等设置的 "输出模块" 选项，以及设置文件名称、路径的 "输出到" 选项。

6．参考答案

精简项目的操作在 "文件 > 整理工程" 下选择对应菜单来进行。对于重复导入的素材，可以选择 "整合所有素材" 进行合并；对于没有在合成中使用的素材以及相关文件夹，可以选择 "删除未用过的素材" 将其从 "项目" 面板中移除；而先选中有用的主合成，再选择 "减少项目" 命令，可以只保留选中的合成及与其有嵌套关系的子合成，其他无关合成将被删除。

对于已经整理过的项目，进一步对其备份的操作为：选择菜单 "文件 > 整理工程 > 收集文件" 命令，在对话框中将 "收集源文件" 选择为 "全部"，会显示待收集文件数量和所占用存储大小供参考，单击 "收集" 按钮，弹出存储文件夹选择和命名的对话框，确认后即可收集整个项目的文件保存到目标文件夹中。

第 20 章　内置效果与外挂插件

1．参考答案

中文版软件中，除了中文效果，也存在着许多英文名称的效果，在搜索时输入中文和英文会有不同的结果，例如搜索模糊类的效果时，可以用 "模糊" 和 "Blur" 中英文关键词分别进行搜索。

2．参考答案

8bpc、16bpc 和 32bpc 的效果首先是适用于对应颜色位数的项目，但较高颜色位数的效果也适用于

较低位数的项目，例如 16bpc 和 32bpc 的效果适用于 8bpc 的项目。

3．参考答案

外挂插件的安装有两种方式。一部分插件需要运行其安装程序，例如在 Windows 下运行类似 Setup.exe 或 Install.exe 等安装文件，对其进行安装就可以使用。另一部分插件只要复制到 AE 的插件文件夹中即可使用，如扩展名为 .aex 的插件文件，复制到路径类似 Adobe\Adobe After Effects\Support Files\Plugins 的效果文件夹下，就可以使用了。

大部分的插件安装之后会在效果菜单下增加相应的效果组，对其可以像内置效果一样来使用。

第 21 章　调色效果

1．参考答案

示波器面板中可以显示"波形（RGB）""分量（RGB）""直方图""矢量示波器 YUV""矢量示波器 HLS"等。

2．参考答案

素材调色中基本的调整项有亮度、对比度、色相、饱和度、白平衡等。

3．参考答案

Lumetri 颜色效果下有 6 个模块，分别为"基本校正""创意""曲线""色轮""HSL 次要""晕影"。"基本校正"部分中的控件，可以修正过暗或过亮的视频，在剪辑中调整色相（颜色或色度）和明亮度（曝光度和对比度）。

"创意"部分可进一步扩展颜色调整的创意范围，使用直观的滑块和控件，调整饱和度等参数。

"曲线"部分使用 RGB 曲线和色相饱和度曲线进一步优化外观。

"色轮"部分使用色轮调整阴影、中间调和高光，以进行更精确的颜色调整。

"HSL 次要"部分与现有工具相结合，可更精细地调整局部颜色，通常在主颜色校正完成后使用。

"晕影"部分适用于完成所有颜色调整后，创建一个高品质的晕影，让视频效果更丰富。

第 22 章　模板资源和 AE 使用小技巧

1．参考答案

在打开的项目中，单击"项目"面板中搜索栏的弹出菜单，或者选择"文件 > 整理工程"，在其下级有"查找缺失的效果""查找缺失的字体""查找缺失的素材"子菜单，用来查找定位缺失内容。

2．参考答案

打开模板项目后，在"项目"面板中查看合成的命名情况，结合时间轴的"合成微型流程图"（Tab键）、合成视图上部的嵌套层级关系。

选中需要的合成，将其他无关的合成及素材精减排除。

查看合成的制式、尺寸及长度。

按 E 键可以展开图层所使用的特效。

按 U 键可以展开图层所添加的关键帧。

快速按两次 U 键可以展开图层所有更改过设置的属性。

3．参考答案

可以使用一个简单的方法让 AE 决定是否加载某些插件：为软件中插件文件或文件夹的名称添加半角的括号，启动时就不再加载相应的插件了。在类似 Adobe\Adobe After Effects \Support Files\Plug-ins 的路径下建立一个"3plugins"文件夹，将插件安装到这个文件夹中，使用半角的括号将这个文件夹名称括起来后，AE 启动时文件夹中的插件将不被加载。或者为其中的某些插件单独添加半角的括号，有选择地加载插件。

附录二
快捷键列表

　　After Effects 大量的操作方式离不开键盘快捷键，在 After Effects 中选择"编辑 > 键盘快捷键"命令，可以打开键盘快捷键布局窗口，查看和修改快捷键的分配。修改后的快捷键方案将不再是默认方案，可以使用"另存为"按钮进行保存。

　　快捷键编辑器分为以下 3 个部分。

　　键盘布局：在其中查看哪些键已分配了快捷键，以及哪些键可用。

　　命令列表：显示可以分配快捷键的所有命令。

　　键修饰符列表：显示与用户在键盘布局上选择的键相关联的所有修饰符组合和已分配的快捷键。

　　其中，颜色编码的含义分别介绍如下。

　　灰色：在键盘布局中，带有灰色阴影的键未被分配任何快捷键。

　　紫色：在键盘布局中，带有紫色阴影的键被分配了应用程序范围的快捷键。

　　绿色：在键盘布局中，带有绿色阴影的键被分配了面板特定的快捷键。

　　可以在命令选项中分类显示快捷键，如下图。

　　可以从命令下拉列表切换到面板特定的视图，键盘布局仅显示带有绿色阴影的键，这些快捷键仅在特定面板处于活动状态时才有效。例如，当查看一组面板快捷键时，仅显示该面板特定的命令。

　　在命令列表快捷键列中为命令分配快捷键的方法如下。

　　（1）选择相应的命令并在文本字段中键入快捷键。

　　（2）在按搜索条件筛选的命令列表中搜索命令，在"快捷键"列中单击，并在键盘上击键以创建快捷键（包括添加修饰符），以此来分配快捷键。

　　（3）将命令从命令列表拖动到键盘布局上的某个键或修饰符列表中，从而分配快捷键。

　　（4）将键盘布局中的键拖动到命令列表中的命令上，将键分配给命令。

　　当面板的已分配快捷键与应用程序快捷键相同时，如果该面板处于活动状态，则应用程序范围的快捷键不起作用。当 After Effects 检测到不支持的键盘时，默认视图将显示美式英语键盘。默认情况下，显示 After Effects 默认值预设。

After Effects 不允许用户重新分配以下键：A、AA、E、EE、F、FF、L、LL、M、MM、P、PP、R、RR、S、SS、T、TT、U、UU。

注意

使用快捷键时要关闭输入法的中文输入状态。

Adobe 官方快捷键全面、繁多，大部分非必须掌握。因为本书空间有限，这里列出 Windows 系统的快捷键（Mac 系统可对应操作），先精选出实用和常用的部分，修改部分描述使其更加易懂，然后添加了仅供参考的星级标记，帮助读者逐步记忆和掌握。

了解和掌握这些快捷操作，对视频制作和学习有很大的帮助。部分描述不太直观的快捷键，可根据参考位置说明，进一步从书本实例中来验证功能和操作方法。

标记说明：简单键用●标记，难以其他菜单来替代的快捷键用▲标记，应熟练掌握用★标记。

操 作 功 能	快 捷 键	标记	自标记
常规			
全选	Ctrl+A	●	
全部取消选择	F2 或 Ctrl+Shift+A	●	
重命名选中的图层、合成、文件夹、效果、组或蒙版	主键盘上的 Enter	●	
打开选中的图层、合成或素材项	数字小键盘上的 Enter	●	
复制选中的图层、蒙版、效果、文本选择器、动画制作工具、操控网格、形状、渲染项目、输出模块或者合成	Ctrl+D	★	
撤消	Ctrl+Z	●	
重做	Ctrl+Shift+Z	●	
项目			
打开项目	Ctrl+O	●	
恢复默认的首选项设置	按住 Ctrl+Alt+Shift 启动 After Effects 时	▲	
面板、查看器、工作区和窗口			
打开或关闭工具、信息、预览、音频、效果和预设、字符、段落、绘画、画笔面板	Ctrl+1 至 Ctrl+9	★	
为选中的图层打开或关闭效果控件面板	F3 或 Ctrl+Shift+T	★	
最大化或恢复鼠标指针所指的面板	`（重音记号）	★	
调整应用程序窗口或浮动窗口的大小以适应屏幕（再次按下可调整窗口的大小使内容填满屏幕）	Ctrl+\（反斜线）	★	
对当前合成切换合成面板与时间轴面板之间的激活状态	\（反斜线）	★	
在合成面板中激活多视图布局中的某个视图而不影响图层选择	用鼠标中键单击	★	
激活工具			
激活选择工具	V	★	
激活抓手工具	H	★	
暂时激活抓手工具	按住空格键或鼠标中键	★	

续表

操 作 功 能	快 捷 键	标记	自标记
激活放大工具	Z	★	
激活缩小工具	Alt（当放大工具处于活动状态时）	★	
激活旋转工具	W	★	
激活 Roto 笔刷工具或调整边缘工具	Alt+W	★	
激活并且循环切换摄像机工具（统一摄像机、轨道摄像机、跟踪 XY 摄像机和跟踪 Z 摄像机）	C	★	
激活向后平移工具	Y	★	
激活并循环切换蒙版和形状工具（矩形、圆角矩形、椭圆、多边形、星形）	Q	★	
激活并循环切换文字工具（横排和直排）	Ctrl+T	★	
激活并循环切换钢笔和蒙版羽化工具（可在首选项对话框中关闭此设置）	G	★	
当选中钢笔工具时暂时激活选择工具	Ctrl	★	
激活并循环切换画笔、仿制图章和橡皮擦工具	Ctrl+B	★	
激活并循环切换操控工具	Ctrl+P	★	
合成和工作区			
新建合成	Ctrl+N	★	
为选中的合成打开合成设置对话框	Ctrl+K	★	
将工作区的开始或结束设置为当前时间	B 或 N	★	
为活动合成打开合成微型流程图	Tab	★	
基于所选项新建合成	Alt+\	★	
时间导航			
转到时间标尺中的上一个或下一个可见项目（关键帧、图层标记、工作区、Roto 笔刷跨距开始或结束）	J 或 K	★	
前进 1 帧	Page Down 或 Ctrl+ →	●	
前进 10 帧	Shift+Page Down 或 Ctrl+Shift+ →	●	
后退 1 帧	Page Up 或 Ctrl+ ←	●	
后退 10 帧	Shift+Page Up 或 Ctrl+Shift+ ←	●	
转到图层入点、出点	I、O	★	
预览			
开始或停止预览	空格键、数字小键盘上的 0、Shift + 数字小键盘上的 0	★	
拍摄快照	Shift+F5、Shift+F6、Shift+F7 或 Shift+F8	▲	
在活动浏览器中显示快照	F5、F6、F7 或 F8	▲	
视图			
将合成在面板中居中	双击抓手工具	★	
在合成、图层或素材面板中放大或缩小	主键盘上的 .（句点）或 ,（逗号）	★	
在合成、图层或素材面板中缩放到 100%	/（在主键盘上）	★	

续表

操 作 功 能	快 捷 键	标记	自标记
缩放以适应合成、图层或者素材面板	Shift+/（在主键盘上）	★	
放大到100%以适应合成、图层或者素材面板	Alt+/（在主键盘上）	★	
放大时间	主键盘上的＝（等号）	★	
缩小时间	主键盘上的 -（连字符）	★	
将时间轴面板放大到单帧单元（再次按下可缩小以显示整个合成持续时间）	;（分号）	★	
缩小时间轴面板以显示整个合成持续时间（再次按下可重新放大到时间导航器指定的持续时间）	Shift+;（分号）	★	
防止在查看器面板中渲染预览的图像	Caps Lock	★	
显示或隐藏安全区域	'（引号）	★	
素材			
导入一个文件或图像序列	Ctrl+I	●	
将所选项目添加到最近激活的合成中	Ctrl+/（在主键盘上）	★	
将选定图层的所选源素材替换为在"项目"面板中选中的素材项	Ctrl+Alt+/（在主键盘上）	★	
替换选定图层的源	按住 Alt 键并将素材项从"项目"面板拖动到选定图层上	★	
图层（某些操作不会影响消隐图层）			
新建纯色图层	Ctrl+Y	★	
通过图层编号选择某个图层 (1～999)（可快速输入两位数字和3位数字）	数字小键盘上的 0～9（Num Lock 键开启时）	★	
通过图层编号增加图层的选择 (1～999)（可快速输入两位数字和3位数字）	Shift+ 数字小键盘上的 0～9（Num Lock 键开启时）	★	
选择堆积顺序中的上或下一个图层	Ctrl+ ↑或↓	★	
将选择项扩展到堆积顺序中的上或下一个图层	Ctrl+Shift+ ↑或↓	★	
取消选全部图层	Ctrl+Shift+A	★	
显示或隐藏父级序列	Shift+F4	★	
显示或隐藏"图层"开关和模式序列	F4	★	
关闭所有其他"独奏"开关	按住 Alt 键并单击"独奏"开关	★	
拆分选定图层（如果没有选中任何图层，则拆分所有图层）	Ctrl+Shift+D	★	
预合成选定图层	Ctrl+Shift+C	★	
为选定图层打开效果控件面板	F3 或 Ctrl+Shift+T	★	
在素材面板中打开图层的源（在图层面板中打开预合成图层）	按住 Alt 键并双击图层	★	
按时间反转选定图层	Ctrl+Alt+R	★	
为选定图层启用时间重映射	Ctrl+Alt+T	★	
移动选定图层，使其入点或出点位于当前时间点	[（左方括号）或]（右方括号）	★	
将选定图层的入点或出点修剪到当前时间	Alt+[（左方括号）或 Alt+]（右方括号）	★	

操 作 功 能	快 捷 键	标记	自标记
为属性添加或移除表达式	按住 Alt 键并单击秒表	★	
设置时间拉伸的入点或出点	Ctrl+Shift+,（逗号）或 Ctrl+Alt+,（逗号）	★	
移动选定图层，使其入点位于合成的起始点	Alt+Home	★	
移动选定图层，使其出点位于合成的终点	Alt+End	★	
在时间轴面板中显示属性和组（含双字母需要快速连续按两下）			
仅显示锚点（光和摄像机的目标点）、位置、缩放、旋转（旋转）、不透明度（或光的强度）属性	A、P、S、R、T	★	
仅显示蒙版路径属性	M	★	
仅显示缺失效果的实例	FF	★	
仅显示效果属性组	E	★	
仅显示蒙版属性组	MM	★	
仅显示表达式	EE	★	
显示带关键帧的属性	U	★	
仅显示已修改属性	UU	★	
仅显示音频波形	LL	★	
隐藏属性或组	按住 Alt+Shift 并单击属性或组名	★	
修改图层属性			
按默认增量修改属性值	拖动属性值	●	
按 10 倍默认增量修改属性值	按住 Shift 键并拖动属性值	●	
按 1/10 默认增量修改属性值	按住 Ctrl 键并拖动属性值	●	
以当前放大率将选定图层移动 1 个像素（位置）	箭头键	●	
以当前放大率将选定图层移动 10 个像素（位置）	Shift+ 箭头键	●	
将选定图层的旋转角度（z 轴旋转）增大或减小 1°	数字小键盘上的 +（加号）或 -（减号）	●	
将选定图层的旋转角度（z 轴旋转）增大或减小 10°	Shift+ 数字小键盘上的 +（加号）或 Shift+ 数字小键盘上的 -（减号）	●	
修改比例，受素材帧的长宽比约束	按住 Shift 键并使用选择工具拖动图层手柄	★	
缩放并重新定位选定图层以适应合成	Ctrl+Alt+F	★	
关键帧和图表编辑器			
对属性选择所有关键帧	单击属性名称	●	
缓动选定的关键帧	F9	★	
缓入选定的关键帧	Shift+F9	★	
缓出选定的关键帧	Ctrl + Shift + F9	★	
蒙版			
选中蒙版中的所有点	按住 Alt 键并单击蒙版	★	
进入自由变换蒙版编辑模式	使用选择工具双击蒙版或者在时间轴面板中选择蒙版并按 Ctrl+T	★	
退出自由变换蒙版编辑模式	Esc	●	
以自由变换模式缩放中心点周围	按住 Ctrl 键并拖动	★	

续表

操 作 功 能	快 捷 键	标记	自标记
以当前放大率将所选路径点移动 1 个像素	箭头键	●	
以当前放大率将所选路径点移动 10 个像素	Shift+ 箭头键	●	
绘画工具			
为绘画工具设置画笔大小	按住 Ctrl 键并拖动	★	
为绘画工具设置画笔硬度	按住 Ctrl 键并拖动，然后释放 Ctrl 键并拖动	★	
将当前的绘画笔触与上一个笔触相连接	按住 Shift 同时开始描边	★	
将起始采样点设置为当前仿制图章工具指针下的点	按住 Alt 键并单击	★	
形状图层			
对所选形状进行分组	Ctrl+G	★	
对所选形状取消分组	Ctrl+Shift+G	★	
进入自由变换路径编辑模式	在时间轴面板中选择路径属性并按 Ctrl+T	▲	
将矩形约束为正方形；将椭圆约束为圆；将多边形和星形约束为零旋转	当拖动以创建形状时按住 Shift 键	★	
更改形状的外径	当拖动以创建形状时按住 Ctrl 键		
标记			
在当前时间设置标记（在预览和仅音频预览期间生效）	数字小键盘上的（Num Lock 键开启时）*（乘号）	★	
在当前时间设置标记并打开标记对话框	Alt+ 数字小键盘上的（Num Lock 键开启时）*（乘号）	★	
在当前时间设置合成标记并为其编号 (0 ～ 9)	Shift+ 主键盘上的 0 ～ 9	★	
转到合成标记 (0 ～ 9)	主键盘上的 0 ～ 9	★	
移除标记	按住 Ctrl 键并单击标记	★	